新文京開發出版股份有限公司
NEW WCDP
新世紀・新視野・新文京 — 精選教科書・考試用書・專業參考書

NEW WCDP New Wun Ching Developmental Publishing Co., Ltd.
New Age · New Choice · The Best Selected Educational Publications—NEW WCDP

LINEAR ALGEBRA MADE EASY

線性代數

黃河清 • 著

序言 Preface

這是一本供非數學系用的線性代數教材，因此本書係以國內流行「應用線性代數」之英文教材為藍本，按線性聯立方程組與矩陣、行列式、向量空間、線性變換、正交性與特徵值依序展開，不僅可供大學一學期三學分做主教材，亦極適合以原文書為教材者採做參考書。

因為線性代數在學習要求上難度比較高，對許多同學來說並非易學，因此，在顧及教與學二方之現實環境下，本書之寫作方向如下：

1. 內容力求精簡：包括例（習）題避免繁瑣之計算，證明題亦以小型證明為主，全書在架構上針對線性代數基本之核心內容做清晰之導介，沒有過多「旁徵博引」。
2. 說理上盡量平易：全書盡量避免應用過多之符號，對一些較複雜，如定義、定理及附記處都有框表，以提醒應用之公式、定理或該注意處，對教學雙方都有實質之幫助。

我們的目的是協助同學打好未來職場或攻習專業課程所需線性代數之基礎，希望本書能達到各位之期待。末了，作者囿於學力之不足，謬誤之處以及任何改善之處在所難免，尚祈海內外專家不吝賜正，以做為再版改善之參考，在此不勝感荷。

作者 謹識

目錄

Contents

Chapter 01

線性聯立方程組與矩陣

1.1 線性聯立方程組之高斯約丹消去法

▶ 線性聯立方程組

m 個方程式 n 個變數的線性聯立方程組之標準形式如下：

$$\begin{cases} a_{11}x_1 & +a_{12}x_2 & +\cdots & +a_{1n}x_n & =b_1 \\ a_{21}x_1 & +a_{22}x_2 & +\cdots & +a_{2n}x_n & =b_2 \\ \cdots & \cdots & \cdots & \cdots & \cdots \\ a_{m1}x_1 & +a_{m2}x_2 & +\cdots & +a_{mn}x_n & =b_m \end{cases} \quad \text{(I)}$$

若方程組(I)有解，則稱此方程組為**相容**(consistent)，若無解則稱方程組為**不相容**(inconsistent)，當 $b_1=b_2=\cdots=b_m=0$ 時，方程組(II)稱為**線性齊次聯立方程組**(homogeneous equation)：

$$\begin{cases} a_{11}x_1 & +a_{12}x_2 & +\cdots & +a_{1n}x_n & =0 \\ a_{21}x_1 & +a_{22}x_2 & +\cdots & +a_{2n}x_n & =0 \\ \cdots & \cdots & \cdots & \cdots & \cdots \\ a_{m1}x_1 & +a_{m2}x_2 & +\cdots & +a_{mn}x_n & =0 \end{cases} \quad \text{(II)}$$

方程組(II)若

(1)恰有一組解 $\mathbf{0}=(0, 0, \cdots, 0)$ 時，稱此種解為**零解**(zero solution)或 trivial 解。

(2)若存在異於零之解時，稱此種解為**非零解**(nonzero solution)或 non-trivial 解。

▶ 高斯約丹消去法

高斯約丹消去法(Gauss-Jordan elimination)是將線性聯立方程組化成**矩陣**(matrix)形式，透過**基本列運算**(elementary row operations)，最後以**後代法**(back substitution)得到方程組之解。

首先我們先了解什麼是**矩陣**。

▶ 矩陣之定義

定義

$m\times n$ 階矩陣是由 mn 個數元素 a_{ij}（a_{ij} 可為實數、函式等）（$i=1,2,\cdots,m$，$j=1,2,\cdots,n$）排成的 m 個列(row) n 個行(column)之陣列(array)：

$$A=\begin{bmatrix} a_{11} & a_{12} & \cdots & a_{1n} \\ a_{21} & a_{22} & \cdots & a_{2n} \\ \vdots & \vdots & & \vdots \\ a_{m1} & a_{m2} & \cdots & a_{mn} \end{bmatrix}$$

我們稱 A 之階數為 $m\times n$，或稱 A 為 $m\times n$ 階矩陣，以 $\boldsymbol{A}_{m\times n}$（或 $[a_{ij}]_{m\times n}$）表之，在不致混淆之情況下，我們常直接寫成 A

例 1

$A=\begin{bmatrix} 1 & 0 & 4 & 2 \\ 2 & -7 & 3 & 3 \\ -3 & 2 & 2 & 1 \end{bmatrix}$ 是個有 3 個列，4 個行之陣列，因此它是 3×4 階矩陣，

$a_{23}=3$，$a_{31}=-3$，$a_{13}=4$ 由矩陣 A 之最右下角元素之下標可讀出 A 之階數，以例 1 言，A 之最右下角元素是 a_{34}，因此 A 是 3×4 階矩陣。

▶ 一些常用的矩陣

零矩陣(zero matrix)：元素全為 0 的矩陣，$m\times n$ 階零矩陣記做 $\mathbf{0}_{m\times n}$ 或 $\mathbf{0}$。

列矩陣(row matrix)：只有一列的矩陣，即 $1\times n$ 矩陣，

$$A=[a_1,a_2,\cdots,a_n]。$$

行矩陣(column matrix)：只有一行的矩陣，即 $m\times 1$ 矩陣

$$A=\begin{bmatrix} b_1 \\ b_2 \\ \vdots \\ b_m \end{bmatrix}$$

方陣(square matrix)：當 $m=n$ 時，稱 $\boldsymbol{A}$ 為 $\boldsymbol{n}$ 階方陣。

方陣中之 $a_{11}, a_{22}, \cdots, a_{nn}$ 稱為方陣的**主對角線**(main diagonal)，主對角線元素之和，即 $a_{11}+a_{22}+\cdots+a_{nn}$ 稱為方陣的**跡**(trace)。

上三角陣(upper triangular matrix)：非零元素只能出現在主對角線及其上（或右）方的方陣，例如：

$$U=\begin{bmatrix} a_{11} & a_{12} & a_{13} \\ 0 & a_{22} & a_{23} \\ 0 & 0 & a_{33} \end{bmatrix}$$

它的重點是 a_{21}, a_{31}, a_{32} 必須是 0，其他元素有可能為 0。

下三角陣(lower triangular matrix)：非零元素只出現在主對角線及其下（或左）方的方陣，例如：

$$L=\begin{bmatrix} a_{11} & 0 & 0 \\ a_{21} & a_{22} & 0 \\ a_{31} & a_{32} & a_{33} \end{bmatrix}$$

它的重點是 a_{12}, a_{13}, a_{23} 必須是 0，其他元素有可能為 0。

對角陣(diagonal matrix)：主對角線外之元素皆為 0 的方陣。記作

$$\boldsymbol{A}=\operatorname{diag}(a_{11}, a_{22}, \ldots, a_{nn})=\begin{bmatrix} a_{11} & & & \\ & a_{22} & & \mathbf{0} \\ & \mathbf{0} & \ddots & \\ & & & a_{nn} \end{bmatrix}$$

單位陣(identity matrix)： $\boldsymbol{A}=[a_{ij}]_{n\times n}$，若 $a_{ij}=\begin{cases}1 & , & i=j\\ 0 & , & i\neq j\end{cases}$，則稱 $\boldsymbol{A}$ 為單位陣，以 $\boldsymbol{I}$ 或 $\boldsymbol{I}_n$ 表之，即

$$\boldsymbol{I}_n=\begin{bmatrix}1 & & & \mathbf{0}\\ & 1 & & \\ & \mathbf{0} & \ddots & \\ & & & 1\end{bmatrix}_{n\times n}$$

▶ 線性聯立方程組的增廣矩陣

因此，線性聯立方程組(I)可表為 $\boldsymbol{A}x=\boldsymbol{b}$ 之矩陣形式，其中

$$A=\begin{bmatrix}a_{11} & a_{12} & \cdots & a_{1n}\\ a_{21} & a_{22} & \cdots & a_{2n}\\ \vdots & \vdots & & \vdots\\ a_{m1} & a_{m2} & \cdots & a_{mn}\end{bmatrix},\ b=\begin{bmatrix}b_1\\ b_2\\ \vdots\\ b_m\end{bmatrix}$$

$$[A\,|\,\boldsymbol{b}]=\left[\begin{array}{cccc|c}a_{11} & a_{12} & \cdots & a_{1n} & b_1\\ a_{21} & a_{22} & \cdots & a_{2n} & b_2\\ \vdots & \vdots & & \vdots & \vdots\\ a_{m1} & a_{m2} & \cdots & a_{mn} & b_m\end{array}\right] \quad *$$

*為線性聯立方程組(I)的**增廣矩陣**(augmented matrix)，其中最後一行 $\boldsymbol{b}$ 是稱為**右手係數**(right-hand coefficient)，A 為**係數矩陣**(coefficient matrix)。

例 2

將 $\begin{cases}2x_1-3x_2+\ \ x_3=4\\ 3x_1+\ \ x_2-2x_3=5\end{cases}$ 用 $[A\,|\,b]$ 之形式表出

解

$\left[\begin{array}{ccc|c} 2 & -3 & 1 & 4 \\ 3 & 1 & -2 & 5 \end{array}\right]$，其中$\begin{bmatrix} 2 & -3 & 1 \\ 3 & 1 & -2 \end{bmatrix}$為係數矩陣，$\begin{bmatrix} 4 \\ 5 \end{bmatrix}$為右手係數。

▶ 基本列運算

基本列運換有 3 種，若 R_i 表示矩陣的第 i 列則有：

(1)第 i 列與第 j 列互換，以 $R_i \leftrightarrow R_j$ 表之

(2)第 i 列上異於零之常數 k，以 $kR_i \to R_i$ 表之

(3)第 i 列乘上異於零之常數 k 後加到第 j 列後取代原第 j 列，以 $kR_i + R_j \to R_j$

不誇張地說，基本列運算會了，將可克服線性代數一半之計算問題

線性聯立方程組之解不因基本列運算而改變

基本列運算	例子
(1) 任意二列對調	將一、二列對調： $\begin{cases} x+y=3 \\ 2x+y=4 \end{cases} \Rightarrow \begin{cases} 2x+y=4 \\ x+y=3 \end{cases}$ 解 $x=1$，$y=2$　　解 $x=1$，$y=2$
(2) 任一列乘上異於零之數	第一列乘 2 $\begin{cases} x+y=3 \\ 2x+y=4 \end{cases} \Rightarrow \begin{cases} 2x+2y=6 \\ 2x+y=4 \end{cases}$ 解 $x=1$，$y=2$　　解 $x=1$，$y=2$
(3) 任一列乘上一個異於零之數再加到另一列	第一列乘 2 加到第 2 列 $\begin{cases} x+y=3 \\ 2x+y=4 \end{cases} \Rightarrow \begin{cases} x+y=3 \\ 4x+3y=10 \end{cases}$ 解 $x=1$，$y=2$　　解 $x=1$，$y=2$

定義

一個矩陣 A 若滿足：

(1) 非零列的第一個（即最左邊）非零元素均為 1，「1」稱為**領先**(leading one)

(2) 元素全為 0 的列（即零列）在最下方

(3) 對於非零列，第 $i+1$ 列的領先 1 左邊之 0 的個數一定要多於第 i 列領先 1 左邊 0 的個數

就稱矩陣 A 為**列梯形式**(row echelon form)或 A 為**列梯矩陣**(row echelon matrix)

例 3

下面之矩陣是列梯形式：

$$\begin{bmatrix} 1 & 3 & -1 & 2 \\ 0 & 0 & 1 & 4 \\ 0 & 0 & 0 & 1 \\ 0 & 0 & 0 & 0 \end{bmatrix} \cdot \begin{bmatrix} 0 & 1 \\ 0 & 0 \\ 0 & 0 \end{bmatrix}$$

例 4

下列之矩陣不是列梯形式：

$$\begin{bmatrix} 2 & a & b \\ 0 & 0 & 3 \\ 0 & 0 & 4 \end{bmatrix}、\begin{bmatrix} 0 & 0 & 0 \\ 0 & 4 & 1 \end{bmatrix}、\begin{bmatrix} 0 & 1 \\ 1 & 0 \end{bmatrix}$$

解

$\begin{bmatrix} 2 & a & b \\ 0 & 0 & 3 \\ 0 & 0 & 4 \end{bmatrix}$：每個非零列之最左算來第一個非零元素不為 1。

$\begin{bmatrix} 0 & 0 & 0 \\ 0 & 4 & 1 \end{bmatrix}$：非零列在零列下方（即非零列不在零列上方，又非零列最左算來第一個非零元素不為一。

$\begin{bmatrix} 0 & 1 \\ 1 & 0 \end{bmatrix}$：違反列梯形式之定義(3)。

若 $Ax=b$ 之 $[A|b]$ 已為列梯形式，我們便可用後代法而得到解答，若進一步化成**簡化列梯形式**(reduced row echlon form)，將更便於讀出解。

定義

若一矩陣滿足

(1) 列梯形式

(2) 每個領先 1 所在行之其他元素均為 0

則稱此矩陣為簡化列梯形式

例 5

$\begin{bmatrix} 1 & 0 \\ 0 & 1 \end{bmatrix}$、$\begin{bmatrix} 1 & 0 & 0 & 1 \\ 0 & 1 & 0 & 4 \\ 0 & 0 & 1 & 1 \end{bmatrix}$均為簡化列梯形式

▶ 高斯約丹消去法

有了以上之知識，我們便可利用高斯約丹消去法去解線性聯立方程組，它的步驟是：

1. 將線性聯立方程組化成擴張矩陣之形式。

2. 利用基本列運算得到列梯形式。

3. 後代求出解。

若是用基本列運算得到簡化列梯形式，則可容易地得到方程組之解。

例 6

$$\begin{cases} x+2y-z=2 \\ 3x-y+2z=4 \\ y+3z=4 \end{cases}$$

解

$$\left[\begin{array}{ccc|c} 1 & 2 & -1 & 2 \\ 3 & -1 & 2 & 4 \\ 0 & 1 & 3 & 4 \end{array}\right] \xrightarrow{-3R_1+R_2\to R_2} \left[\begin{array}{ccc|c} 1 & 2 & -1 & 1 \\ 0 & -7 & 5 & -2 \\ 0 & 1 & 3 & 4 \end{array}\right] \xrightarrow{R_2\leftrightarrow R_3}$$

$$\left[\begin{array}{ccc|c} 1 & 2 & -1 & 2 \\ 0 & 1 & 3 & 4 \\ 0 & -7 & 5 & -2 \end{array}\right] \xrightarrow[7R_2+R_3\to R_3]{-2R_2+R_1\to R_1} \left[\begin{array}{ccc|c} 1 & 0 & -7 & -6 \\ 0 & 1 & 3 & 4 \\ 0 & 0 & 26 & 26 \end{array}\right] \xrightarrow{\frac{1}{26}R_3\to R_3}$$

$$\left[\begin{array}{ccc|c} 1 & 0 & -7 & -6 \\ 0 & 1 & 3 & 4 \\ 0 & 0 & 1 & 1 \end{array}\right] \xrightarrow[7R_3+R_1\to R_1]{-3R_3+R_2\to R_2} \left[\begin{array}{ccc|c} 1 & 0 & 0 & 1 \\ 0 & 1 & 0 & 1 \\ 0 & 0 & 1 & 1 \end{array}\right]$$

$\therefore x=1,\ y=1,\ z=1$

讀者應了解擴張矩陣每列對應之方程式，並驗證 $x=1,\ y=1,\ z=1$ 都能滿足這些式子。

例 7

解 $\begin{cases} x+2y+z=3 \\ 2x-y+3z=5 \\ 3x+y+4z=6 \end{cases}$

解

$$\left[\begin{array}{ccc|c} 1 & 2 & 1 & 3 \\ 2 & -1 & 3 & 5 \\ 3 & 1 & 4 & 6 \end{array}\right] \xrightarrow[-3R_1+R_3\to R_3]{-2R_1+R_2\to R_2} \left[\begin{array}{ccc|c} 1 & 2 & 1 & 3 \\ 0 & -5 & 1 & -1 \\ 0 & -5 & 1 & -3 \end{array}\right] \xrightarrow{-R_2+R_3\to R_3} \left[\begin{array}{ccc|c} 1 & 2 & 1 & 3 \\ 0 & -5 & 1 & -1 \\ 0 & 0 & 0 & -2 \end{array}\right]$$

最後一列表示 $0x+0y+0z=-2$，這是矛盾方程式，故無解。

即方程組為不相容。

例 8

解 $\begin{cases} x+2y+z=4 \\ 3x+4y+z=8 \end{cases}$

解

$$\left[\begin{array}{ccc|c} 1 & 2 & 1 & 4 \\ 3 & 4 & 1 & 8 \end{array}\right] \xrightarrow{-3R_1+R_2 \to R_2} \left[\begin{array}{ccc|c} 1 & 2 & 1 & 4 \\ 0 & -2 & -2 & -4 \end{array}\right] \xrightarrow{-\frac{1}{2}R_2 \to R_2}$$

$$\left[\begin{array}{ccc|c} 1 & 2 & 1 & 4 \\ 0 & 1 & 1 & 2 \end{array}\right] \xrightarrow{-2R_2+R_1 \to R_1} \left[\begin{array}{ccc|c} 1 & 0 & -1 & 0 \\ 0 & 1 & 1 & 2 \end{array}\right]$$

在第二列令 $z=t$，$y+z=2 \therefore y=2-t$，由第一列 $x-z=0$，$z=t \therefore x=t$

綜上，$x=t$，$y=2-t$，$z=t$，$t \in \mathbf{R}$，這裡，t 稱為**自由變數**(free variable)。

例 8 是線性聯立方程組有無限多組解的例子。它的幾何意義是二平面 $x+2y+z=4$ 和 $3x+4y+z=8$ 之交集是直線 $x=t$，$y=x-t$，$z=t$，$t \in \mathbf{R}$。

例 9

解 $\begin{cases} x_1+x_2+x_3+x_4+x_5=2 \\ x_1+x_2+x_3+2x_4+2x_5=3 \\ x_1+x_2+x_3+2x_4+3x_5=2 \end{cases}$

解

$$\left[\begin{array}{ccccc|c} 1 & 1 & 1 & 1 & 1 & 2 \\ 1 & 1 & 1 & 2 & 2 & 3 \\ 1 & 1 & 1 & 2 & 3 & 2 \end{array}\right] \xrightarrow[-R_1+R_3 \to R_3]{-R_1+R_2 \to R_2} \left[\begin{array}{ccccc|c} 1 & 1 & 1 & 1 & 1 & 2 \\ 0 & 0 & 0 & 1 & 1 & 1 \\ 0 & 0 & 0 & 1 & 2 & 0 \end{array}\right]$$

$$\xrightarrow[-R_2+R_3 \to R_3]{-R_2+R_1 \to R_1} \left[\begin{array}{ccccc|c} 1 & 1 & 1 & 0 & 0 & 1 \\ 0 & 0 & 0 & 1 & 1 & 1 \\ 0 & 0 & 0 & 0 & 1 & -1 \end{array}\right] \xrightarrow{-R_3+R_2 \to R_2} \left[\begin{array}{ccccc|c} 1 & 1 & 1 & 0 & 0 & 1 \\ 0 & 0 & 0 & 1 & 0 & 2 \\ 0 & 0 & 0 & 0 & 1 & -1 \end{array}\right]$$

$\therefore x_5=-1$，$x_4=2$，取 $x_3=s$，$x_2=t$，則 $x_1=1-s-t$，s，$t \in \mathbf{R}$

定理 A

若 $\boldsymbol{x}_1$, $\boldsymbol{x}_2$ 為線性聯立方程組 $\boldsymbol{Ax}=\boldsymbol{b}$ 之二相異解，則 $\boldsymbol{Ax}=\boldsymbol{b}$ 必有無限多組解

證

設 $\boldsymbol{x}_1$, $\boldsymbol{x}_2$ 為線性聯立方程組之二個相異解，即 x_1, x_2 分別滿足 $\boldsymbol{Ax}_1=\boldsymbol{b}$ 且 $\boldsymbol{Ax}_2=\boldsymbol{b}$。考慮 $\boldsymbol{x}_3=\lambda\boldsymbol{x}_1+(1-\lambda)\boldsymbol{x}_2$，則

$$\boldsymbol{Ax}_3=\boldsymbol{A}(\lambda\boldsymbol{x}_1+(1-\lambda)\boldsymbol{x}_2)=\lambda\boldsymbol{Ax}_1+(1-\lambda)\boldsymbol{Ax}_2$$

$$=\lambda b+(1-\lambda)b=\boldsymbol{b}$$

$\therefore y=\lambda x_1+(1-\lambda)x_2$，$\lambda\in(0,1)$ 均為 $Ax=b$ 之解，故之

由定理 A 知，**線性聯立方程組 $\boldsymbol{Ax}=\boldsymbol{b}$ 之解個數只有 0, 1 與無限多組解三種，但線性聯立齊次方程組 $\boldsymbol{Ax}=\boldsymbol{0}$ 之解只有零解與非零組二種。**

例 10

求 $\begin{cases} x+\ \ y+kz=2 \\ 3x+4y+2z=k \\ 2x+3y-\ \ z=1 \end{cases}$ 中的 k 值，使其(a)恰有一組解；(b)無解

解

$$\left[\begin{array}{ccc|c} 1 & 1 & k & 2 \\ 3 & 4 & 2 & k \\ 2 & 3 & -1 & 3 \end{array}\right] \xrightarrow[-2R_1+R_3\to R_3]{-3R_1+R_2\to R_2} \left[\begin{array}{ccc|c} 1 & 1 & k & 2 \\ 0 & 1 & 2-3k & -6+k \\ 0 & 1 & -1-2k & -1 \end{array}\right]$$

$$\xrightarrow[-R_2+R_3\to R_3]{-R_2+R_1\to R_1} \left[\begin{array}{ccc|c} 1 & 0 & -2+4k & 8-k \\ 0 & 1 & 2-3k & -6+k \\ 0 & 0 & -3+k & 5-k \end{array}\right]$$

$\therefore$ 當(a) $k-3\neq 0 \Rightarrow$ 即 $k\neq 3$，恰有一組解；

當(b) $k-3=0 \Rightarrow$ 即 $k=3$，無解。

習題 1.1 Exercise

1. 解 $\begin{cases} x + z = 0 \\ y + z + w = 1 \\ x + 2z + w = 0 \\ x + y - w = 1 \end{cases}$

2. 解 $x+2y-z=3$

3. 解 $\begin{cases} 2x+3y+4z+2w = 1 \\ 3x+y-2z+w = 2 \\ 5x+4y+2z+3w = 4 \end{cases}$

4. $\begin{cases} x-y+3z = 1 \\ -x+2y-3z = 4 \\ 3x-3y+a^2z = a \end{cases}$ (1)無解；(2)有無限多組解；(3)恰有唯一解時；

   $a=?$

5. $\boldsymbol{A}$ 為 $m\times n$ 矩陣，$\boldsymbol{x}, \boldsymbol{y} \in \mathbf{R}^n$，若 $\boldsymbol{x}, \boldsymbol{y}$ 滿足 $\boldsymbol{Ax}=\boldsymbol{0}$，$\boldsymbol{Ay}=\boldsymbol{b}$，試證 $\boldsymbol{z}=\boldsymbol{x}+\boldsymbol{y}$ 亦為 $\boldsymbol{Az}=\boldsymbol{b}$ 之解

1.2 矩陣基本運算（一）矩陣之加法與乘法

上節一開始就介紹了矩陣，矩陣有許多運算，我們先從最基本的加乘開始。

▶ 矩陣之相等

定義

若兩個等階矩陣 $\boldsymbol{A}=[a_{ij}]$，$\boldsymbol{B}=[b_{ij}]$滿足

$$a_{ij}=b_{ij} \qquad (i=1, 2, \cdots, m\ ;\ j=1, 2, \cdots, n)$$

則稱矩陣 $\boldsymbol{A}$ 與 $\boldsymbol{B}$ 相等，記作 $\boldsymbol{A}=\boldsymbol{B}$

例 1

$\boldsymbol{A}=\begin{bmatrix} 1 & 2 & x \\ -2 & y & z \end{bmatrix}$，$\boldsymbol{B}=\begin{bmatrix} a & b & 3 \\ -2 & 4 & 5 \end{bmatrix}$，若 $\boldsymbol{A}=\boldsymbol{B}$，則 $a=1$，$b=2$，$x=3$，$y=4$，$z=5$

▶ 矩陣之加減

定義

$\boldsymbol{A}, \boldsymbol{B}$ 均為 $m\times n$ 階矩陣，$\boldsymbol{A}=[a_{ij}]$，$\boldsymbol{B}=[b_{ij}]$則定義：

(1) $\boldsymbol{A}+\boldsymbol{B}=[a_{ij}+b_{ij}]$

(2) $\boldsymbol{A}-\boldsymbol{B}=[a_{ij}-b_{ij}]$

定理 A

若 $\boldsymbol{A}, \boldsymbol{B}, \boldsymbol{C}$ 與 $\mathbf{0}$ 為同階矩陣，則

(1) $\boldsymbol{A}+\boldsymbol{B}=\boldsymbol{B}+\boldsymbol{A}$

(2) $(\boldsymbol{A}+\boldsymbol{B})+\boldsymbol{C}=\boldsymbol{A}+(\boldsymbol{B}+\boldsymbol{C})$

(3) $\boldsymbol{A}+\mathbf{0}=\boldsymbol{A}$

證

(1) 令 $\boldsymbol{C}=\boldsymbol{A}+\boldsymbol{B}$ 則 $c_{ij}=a_{ij}+b_{ij}=b_{ij}+a_{ij}$ $\quad\therefore \boldsymbol{C}=\boldsymbol{A}+\boldsymbol{B}$，即 $\boldsymbol{A}+\boldsymbol{B}=\boldsymbol{B}+\boldsymbol{A}$

(2), (3)請讀者自行仿證

例 2

$\boldsymbol{A}=\begin{bmatrix}1 & 2\\ 3 & 4\end{bmatrix}$，$\boldsymbol{B}=\begin{bmatrix}1 & 2 & 0\\ 3 & 4 & 2\end{bmatrix}$，$\boldsymbol{C}=\begin{bmatrix}3 & 5\\ 7 & 9\end{bmatrix}$，求(1) $\boldsymbol{A}+\boldsymbol{B}$ (2) $\boldsymbol{A}+\boldsymbol{C}$ (3) $\boldsymbol{A}-\boldsymbol{C}$

(4) $\boldsymbol{B}+\mathbf{0}$；$\mathbf{0}$ 為 3×2 階零矩陣

解

(1) 因 $\boldsymbol{A}, \boldsymbol{B}$ 非同階 $\therefore$ $\boldsymbol{A}, \boldsymbol{B}$ 不可相加

(2) $\boldsymbol{A}+\boldsymbol{C}=\begin{bmatrix}1 & 2\\ 3 & 4\end{bmatrix}+\begin{bmatrix}3 & 5\\ 7 & 9\end{bmatrix}=\begin{bmatrix}1+3 & 2+5\\ 3+7 & 4+9\end{bmatrix}=\begin{bmatrix}4 & 7\\ 10 & 13\end{bmatrix}$

(3) $\boldsymbol{A}-\boldsymbol{C}=\begin{bmatrix}1 & 2\\ 3 & 4\end{bmatrix}-\begin{bmatrix}3 & 5\\ 7 & 9\end{bmatrix}=\begin{bmatrix}1-3 & 2-5\\ 3-7 & 4-9\end{bmatrix}=\begin{bmatrix}-2 & -3\\ -4 & -5\end{bmatrix}$

(4) $\because \boldsymbol{B}, \mathbf{0}$ 非同階方陣 $\therefore \boldsymbol{B}, \mathbf{0}$ 不可相加

若例 2 之 $\mathbf{0}$ 為 2×3 階矩陣，那麼

$$\boldsymbol{B}+\mathbf{0}=\begin{bmatrix}1 & 2 & 0\\ 3 & 4 & 2\end{bmatrix}+\begin{bmatrix}0 & 0 & 0\\ 0 & 0 & 0\end{bmatrix}$$

$$=\begin{bmatrix}1+0 & 2+0 & 0+0\\ 3+0 & 4+0 & 2+0\end{bmatrix}=\begin{bmatrix}1 & 2 & 0\\ 3 & 4 & 2\end{bmatrix}=\boldsymbol{B}$$

矩陣之乘法

矩陣之乘法可分純量與矩陣之乘積與二個矩陣乘積二種。

純量與矩陣之乘積

定義

純量 λ 與矩陣 $\boldsymbol{A}=[a_{ij}]$ 的乘積 $\lambda\boldsymbol{A}$，定義為 $\lambda\boldsymbol{A}=[\lambda a_{ij}]$

定理 B

(1) $0\cdot\boldsymbol{A}=\boldsymbol{0}$ (2) $-\boldsymbol{A}=(-1)\boldsymbol{A}$

證

(1) $0\cdot\boldsymbol{A}=[0\cdot a_{ij}]=[0]$ $\therefore 0\cdot A=\boldsymbol{0}$

(2) 顯然成立

例 3

$$0\begin{bmatrix}1 & 2 & 3\\ -1 & 2 & 0\end{bmatrix}=\begin{bmatrix}0\cdot 1 & 0\cdot 2 & 0\cdot 3\\ 0\cdot(-1) & 0\cdot 2 & 0\cdot 0\end{bmatrix}=\begin{bmatrix}0 & 0 & 0\\ 0 & 0 & 0\end{bmatrix}$$

$$(-1)\begin{bmatrix}1 & 2 & 3\\ -1 & 2 & 0\end{bmatrix}=\begin{bmatrix}(-1)\cdot 1 & (-1)\cdot 2 & (-1)\cdot 3\\ (-1)\cdot(-1) & (-1)\cdot 2 & (-1)\cdot 0\end{bmatrix}=\begin{bmatrix}-1 & -2 & -3\\ 1 & -2 & 0\end{bmatrix}$$

定義

設 $A=[a_{ij}]_{m\times s}$，$B=[b_{ij}]_{s\times n}$，若 $\boldsymbol{C}$ 為 $\boldsymbol{A}$ 與 $\boldsymbol{B}$ 的乘積，則定義 $C=[c_{ij}]_{m\times n}$；其中 $c_{ij}=a_{i1}b_{1j}+a_{i2}b_{2j}+\cdots+a_{is}b_{sj}=\sum_{k=1}^{s}a_{ik}b_{kj}$

矩陣與矩陣之乘法有二個重點：一是如何判斷 A, B 為可乘，二者是可乘接下來如何手算？

1. **如何判斷 A, B 為可乘？若可乘其結果為幾階矩陣？**

   由定義 $\boldsymbol{A}=[a_{ij}]_{m\times s}$, $\boldsymbol{B}=[b_j]_{s\times n}$，若 $\boldsymbol{AB}$ **為可乘，則 A 之列數必須等於 B 之行數**，若一連串矩陣為可乘，最後之階數即為最左之矩陣之列數與最右矩陣之行數。

例 4

$\boldsymbol{A}, \boldsymbol{B}, \boldsymbol{C}$ 三矩陣，若 $\boldsymbol{A}$ 為 $m\times n$ 階，$\boldsymbol{B}$ 為 $a\times b$ 階，$\boldsymbol{C}$ 為 $p\times q$ 階，若 m, n, p, q 為定值，求 $\boldsymbol{AB}$ 及 $\boldsymbol{ABC}$ 為可乘之條件？又結果是幾階矩陣？

解

$\boldsymbol{A}$ 為 $m\times n$ 階，$\boldsymbol{B}$ 為 a, b 階，$\boldsymbol{AB}$ 可乘，必須 $a=n$，$\boldsymbol{AB}$ 為 $m\times b$ 階矩陣

$\boldsymbol{B}$ 為 $a\times b$ 階，$\boldsymbol{C}$ 為 $p\times q$ 階，$\boldsymbol{BC}$ 可乘，必須 $b=p$，故 $\boldsymbol{ABC}$ 可乘之條件為 $a=n$，$b=p$，且 $\boldsymbol{ABC}$ 為 $m\times q$ 階矩陣

例 5

若 A 為 $m\times n$ 階矩陣，B 為 $p\times q$ 階矩陣，若 $A+BA$ 有意義，求 m, n, p, q 間之關係

解

$\boldsymbol{B}_{p\times q}\boldsymbol{A}_{m\times n}$ 若可乘，必須 $m=q$，$\boldsymbol{BA}$ 為 $p\times n$ 階矩陣

$\boldsymbol{A}$ 為 $m\times n$ 階矩陣，若 $\boldsymbol{A}$ 與 $\boldsymbol{BA}$ 為可加，必須 $m=p$

$\therefore m=p=q$

2. 如何便於手算？

　　雖然矩陣之乘法可由 MATLB 等數學應用軟體得出，但在傳統線性代數教學上仍希望學生能藉由手算以洞悉矩陣乘法之演算方式，但對一些讀者這種演算方式可能不習慣，因此，我建議在求 AB 時可把 B「提高」，如此在演算上可能「舒適」些。

例 6

$A = \begin{bmatrix} 1 & 3 \\ 2 & 4 \end{bmatrix}$，$B = \begin{bmatrix} 0 & 2 & 1 \\ -1 & 1 & 0 \end{bmatrix}$ 求 AB，BA

解

$$AB = \begin{matrix} & \begin{bmatrix} 0 & 2 & 1 \\ -1 & 1 & 0 \end{bmatrix} \\ \begin{bmatrix} 1 & 3 \\ 2 & 4 \end{bmatrix} & c_{11} \end{matrix}$$

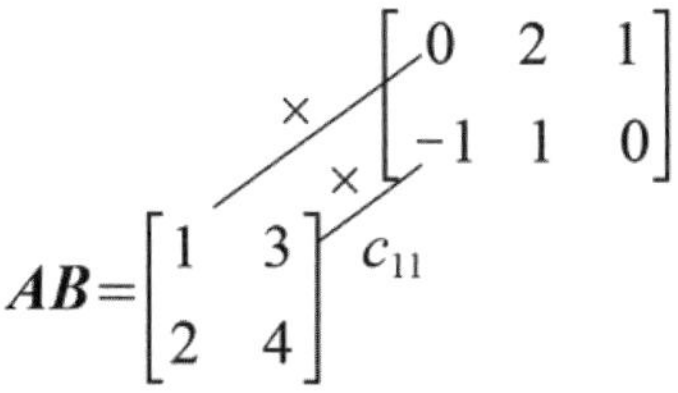

$$= \begin{bmatrix} 1\times 0+3\times(-1) & 1\times 2+3\times 1 & 1\times 1+3\times 0 \\ 2\times 0+4\times(-1) & 2\times 2+4\times 1 & 2\times 1+4\times 0 \end{bmatrix}$$

$$= \begin{bmatrix} -3 & 5 & 1 \\ -4 & 8 & 2 \end{bmatrix}$$

BA 不存在

例 7

$A = \begin{bmatrix} 1 & -2 & 1 \\ 1 & 1 & 1 \end{bmatrix}$，$B = \begin{bmatrix} 1 & 2 \\ -1 & 1 \\ -2 & 3 \end{bmatrix}$，求 AB 與 BA

解

$$BA=\begin{bmatrix}1&2\\-1&1\\-2&3\end{bmatrix}\begin{bmatrix}1&-2&1\\1&1&1\end{bmatrix}=\begin{bmatrix}1&2\\-1&1\\-2&3\end{bmatrix}\begin{bmatrix}1&-2&1\\1&1&1\end{bmatrix}\ (c_{11})$$

$$=\begin{bmatrix}1\times1+2\times1 & 1\times(-2)+2\times1 & 1\times1+2\times1\\(-1)\times1+1\times1 & (-1)\times(-2)+1\times1 & (-1)\times1+1\times1\\(-2)\times1+3\times1 & (-2)\times(-2)+3\times1 & (-2)\times1+3\times1\end{bmatrix}$$

$$=\begin{bmatrix}3&0&3\\0&3&0\\1&7&1\end{bmatrix}$$

同法可得 $\boldsymbol{AB}=\begin{bmatrix}1&3\\-2&6\end{bmatrix}$，

$\boldsymbol{AB}\neq\boldsymbol{BA}$

二矩陣 $\boldsymbol{A}, \boldsymbol{B}$

(1) **$\boldsymbol{AB}$ 存在不保證 $\boldsymbol{BA}$ 存在**

(2) **即便 $\boldsymbol{AB}$ 與 $\boldsymbol{BA}$ 均存在仍不保證 $\boldsymbol{AB}=\boldsymbol{BA}$**，亦即矩陣交換性不成立

定理 C

若 $\boldsymbol{A}, \boldsymbol{B}, \boldsymbol{C}$ 三矩陣滿足可乘、可加之條件，則下列運算律成立：

(1) 結合律：$(\boldsymbol{AB})\boldsymbol{C}=\boldsymbol{A}(\boldsymbol{BC})$

(2) 分配律：$\boldsymbol{A}(\boldsymbol{B}+\boldsymbol{C})=\boldsymbol{AB}+\boldsymbol{AC}$；$(\boldsymbol{B}+\boldsymbol{C})\boldsymbol{A}=\boldsymbol{BA}+\boldsymbol{CA}$

例 8

兩個上三角陣的乘積仍為上三角陣

解

設兩個上三角陣分別為

$$\boldsymbol{A}=\begin{bmatrix} a_{11} & a_{12} & \cdots & a_{1n} \\ & a_{22} & \cdots & a_{2n} \\ \boldsymbol{0} & & \ddots & \vdots \\ & & & a_{nn} \end{bmatrix},\ \boldsymbol{B}=\begin{bmatrix} b_{11} & b_{12} & \cdots & b_{1n} \\ & b_{22} & \cdots & b_{2n} \\ \boldsymbol{0} & & \ddots & \vdots \\ & & & b_{nn} \end{bmatrix}$$

$\therefore i>j$時，$a_{ij}=b_{ij}=0$

令 $\boldsymbol{AB}=\boldsymbol{C}=[c_{ij}]_{n\times n}$，要證$i>j$時，$c_{ij}=0$

$$c_{ij}=\sum_{k=1}^{n}a_{ik}b_{kj}=\sum_{k=1}^{i-1}a_{ik}b_{kj}+\sum_{k=i}^{n}a_{ik}b_{kj}=\sum_{k=i}^{i-1}0\cdot b_{kj}+\sum_{k=i}^{n}a_{ik}\cdot 0=0$$

定義

若矩陣 $\boldsymbol{A}$ 和 $\boldsymbol{B}$ 滿足 $\boldsymbol{AB}=\boldsymbol{BA}$，則稱 $\boldsymbol{A}$ 與 $\boldsymbol{B}$ 是可交換的(commutative)

因為二同階矩陣 $\boldsymbol{A},\boldsymbol{B}$ 恆有 $\boldsymbol{A}+\boldsymbol{B}=\boldsymbol{B}+\boldsymbol{A}$，因此，**二矩陣為可交換，概指乘法而言**。

定理 D

$\boldsymbol{I}_m\boldsymbol{A}_{m\times n}=\boldsymbol{A}_{m\times n}$；$\boldsymbol{A}_{m\times n}\boldsymbol{I}_n=\boldsymbol{A}_{m\times n}$

定理 E

$\boldsymbol{A},\boldsymbol{B}$ 為同階對角陣，則 $\boldsymbol{AB}=\boldsymbol{BA}$

證

$$A=\begin{bmatrix} a_1 & & & \mathbf{0} \\ & a_2 & & \\ \mathbf{0} & & \ddots & \\ & & & a_n \end{bmatrix}, \quad B=\begin{bmatrix} b_1 & & & \mathbf{0} \\ & b_2 & & \\ \mathbf{0} & & \ddots & \\ & & & b_n \end{bmatrix}，則$$

$$AB=BA=\begin{bmatrix} a_1b_1 & & & \mathbf{0} \\ & a_2b_2 & & \\ & & \ddots & \\ \mathbf{0} & & & a_nb_n \end{bmatrix}$$

▶ 方陣的乘冪

定義

設 A 是 n 階方陣，k 是正整數，$\underbrace{AA\cdots A}_{k\text{個}}$ 為 A 的 k **冪次**(power)，記作 A^k

由定義：A 為 n 階方陣，則有 $A^kA^m=A^{k+m}$，$(A^k)^m=A^{km}$，其中 k, m 為正整數。

例 9

若 $A=\begin{bmatrix} \lambda & 1 \\ 0 & \lambda \end{bmatrix}$，試證 $A^n=\begin{bmatrix} \lambda^n & n\lambda^{n-1} \\ 0 & \lambda^n \end{bmatrix}$，$n\in Z^+$

解

這題因有 $n\in Z^+$（正整數）之條件，直覺上**數學歸納法**(mathematical induction)是個解答途徑：

$n=1$時左式$=A=$右式

$n=k$時設 $\boldsymbol{A}^k=\begin{bmatrix}\lambda^k & k\lambda^{k-1}\\0 & \lambda^k\end{bmatrix}$成立

$n=k+1$時

$$\boldsymbol{A}^{k+1}=\boldsymbol{A}^k\cdot\boldsymbol{A}=\begin{bmatrix}\lambda^k & k\lambda^{k-1}\\0 & \lambda^k\end{bmatrix}\begin{bmatrix}\lambda & 1\\0 & \lambda\end{bmatrix}$$

$$=\begin{bmatrix}\lambda^{k+1} & \lambda^k+k\lambda^k\\0 & \lambda^{k+1}\end{bmatrix}=\begin{bmatrix}\lambda^{k+1} & (k+1)\lambda^k\\0 & \lambda^{k+1}\end{bmatrix}$$

依數學歸納法原理，$\boldsymbol{A}^n=\begin{bmatrix}\lambda^n & n\lambda^{n-1}\\0 & \lambda^n\end{bmatrix}$，$\forall n\in Z^+$

附記

數學歸納法：它是證明在正整數域命題 $P(n)$，$n\geq n_0$ 之演繹推理方法，它的步驟是

(1) 在 $n=n_0$時驗證 $P(n)$成立

(2) 假設在 $n=k$時 $P(n)$成立

(3) 在 $n=k+1$時證明 $P(n)$亦成立

代數式	方陣等式不恆成立	方陣等式成立
$x^2-y^2=(x+y)(x-y)$	$\boldsymbol{A}^2-\boldsymbol{B}^2=(\boldsymbol{A}+\boldsymbol{B})(\boldsymbol{A}-\boldsymbol{B})$	$\boldsymbol{I}-\boldsymbol{A}^2=(\boldsymbol{I}-\boldsymbol{A})(\boldsymbol{I}+\boldsymbol{A})$
x^2-y^3 $=(x-y)(x^2+xy+y^2)$	$\boldsymbol{A}^3-\boldsymbol{B}^3$ $=(\boldsymbol{A}-\boldsymbol{B})(\boldsymbol{A}^2-\boldsymbol{AB}+\boldsymbol{B}^2)$	$\boldsymbol{I}-\boldsymbol{A}^3$ $=(\boldsymbol{I}-\boldsymbol{A})(\boldsymbol{I}+\boldsymbol{A}+\boldsymbol{A}^2)$
$x^2-xy-2y^2$ $=(x+y)(x-2y)$	$\boldsymbol{A}^2-\boldsymbol{AB}-2\boldsymbol{B}^2$ $=(\boldsymbol{A}+\boldsymbol{B})(\boldsymbol{A}-2\boldsymbol{B})$	$\boldsymbol{I}-\boldsymbol{A}-2\boldsymbol{A}^2$ $=(\boldsymbol{I}+\boldsymbol{A})(\boldsymbol{I}-2\boldsymbol{A})$

▶ 冪等陣

定義

A 為 n 階方陣，若 A 滿足 $A^2 = A$ 則稱 A 為一**冪等陣**(idempotent matrix)

冪等陣也是一個兼具理論與應用旨趣的矩陣。

例 10

除 $A = 0$ 或 I 外，再找出一個冪等陣的例子

解

取 $A = \begin{bmatrix} 1 & 0 \\ 0 & 0 \end{bmatrix}$ 則 $A^2 = \begin{bmatrix} 1 & 0 \\ 0 & 0 \end{bmatrix}\begin{bmatrix} 1 & 0 \\ 0 & 0 \end{bmatrix} = \begin{bmatrix} 1 & 0 \\ 0 & 0 \end{bmatrix} = A$

在線性代數教育過程中，如何找一反例、特例的能力很重要。

例 11

若 A 為冪等陣證明 $I - A$ 亦為冪等陣

解

本題目標是證明 $(I - A)^2 = I - A$

$(I - A)^2 = (I - A)(I - A) = I - 2A + A^2 = I - 2A + A = I - A$

習題 1.2 Exercise

1. 若 $A=\begin{bmatrix}1 & 1\\ 3 & 2\end{bmatrix}$，試解答下列各子題

   (1) $2A+3I$　　(2) A^2-3A-I

2. 下列敘述是否成立？若否請舉一反例。

   (1) $AB=BA$，那麼 A 為方陣

   (2) A 為方陣，$A^2=0$，則 $A=0$

   (3) $(A+B)(A-B)=A^2-B^2$

   (4) 若 A, B 二方陣滿足 $AB=0$，則 A, B 中至少有一為 0

   (5) A 為方陣，若 $A\neq 0$ 則 $A^2\neq 0$

   (6) 若 $(A+B)^2=A^2+2AB+B^2$，則 A, B 為可交換

   (7) A, B, C 為同階方陣，若 $AB=AC$ 則 $B=C$

3. A 為一 n 階方陣，若 $A^2=0$，試證 $A(I+A)^n=A$，$\forall n\in Z^+$（提示：應用數學歸納法）

4. $A=\begin{bmatrix}1 & 1\\ 0 & 1\end{bmatrix}^n$，求 A^2, A^3，猜 $A^n=$？並用數學歸納法證明你猜的結果為正確

1.3 矩陣基本運算（二）矩陣之轉置與反矩陣

▶ 矩陣的轉置與對稱陣

定義

$\boldsymbol{A}=[a_{ij}]_{m\times n}$，$\boldsymbol{B}=[b_{ij}]_{m\times n}$，若 $a_{ij}=b_{ji}\ \forall i,j$，則稱 $\boldsymbol{A}$ 為 $\boldsymbol{B}$ 的轉置矩陣 (transpose matrix)，記作 $\boldsymbol{A}^T$，即

$$\boldsymbol{A}=\begin{bmatrix} a_{11} & a_{12} & \cdots & a_{1n} \\ a_{21} & a_{22} & \cdots & a_{2n} \\ & \vdots & & \\ a_{m1} & a_{m2} & \cdots & a_{mn} \end{bmatrix},\ \boldsymbol{A}^T=\begin{bmatrix} a_{11} & a_{21} & \cdots & a_{m1} \\ a_{12} & a_{22} & \cdots & a_{m2} \\ & \vdots & & \\ a_{1n} & a_{2n} & \cdots & a_{mn} \end{bmatrix}$$

例 1

$$\boldsymbol{A}=\begin{bmatrix} a & c & e \\ b & d & f \end{bmatrix}，則\ \boldsymbol{A}^T=\begin{bmatrix} a & b \\ c & d \\ e & f \end{bmatrix}，又\ (\boldsymbol{A}^T)^T=\begin{bmatrix} a & b \\ c & d \\ e & f \end{bmatrix}^T=\begin{bmatrix} a & c & e \\ b & d & f \end{bmatrix}=\boldsymbol{A}$$

定理 A

設 A, B 為同階方陣，則 A 有以下性質：

(1) $(\boldsymbol{A}^T)^T=\boldsymbol{A}$

(2) $(k\boldsymbol{A})^T=k\boldsymbol{A}^T$

(3) $(\boldsymbol{A}+\boldsymbol{B})^T=\boldsymbol{A}^T+\boldsymbol{B}^T$

(4) $(\boldsymbol{AB})^T=\boldsymbol{B}^T\boldsymbol{A}^T$

證

我們只證(3) $(\boldsymbol{A}+\boldsymbol{B})^T=\boldsymbol{A}^T+\boldsymbol{B}^T$

$$\boldsymbol{A}=\begin{bmatrix} a_{11} & a_{12} & \cdots & a_{1n} \\ a_{21} & a_{22} & \cdots & a_{2n} \\ & \vdots & & \\ a_{m1} & a_{m2} & \cdots & a_{mn} \end{bmatrix},\ \boldsymbol{B}=\begin{bmatrix} b_{11} & b_{21} & \cdots & b_{1n} \\ b_{21} & b_{22} & \cdots & b_{2n} \\ & \vdots & & \\ b_{m1} & b_{m2} & \cdots & b_{mn} \end{bmatrix}$$

$$(\boldsymbol{A}+\boldsymbol{B})^T=\begin{bmatrix} a_{11}+b_{11} & a_{12}+b_{12} & \cdots & a_{1n}+b_{1n} \\ a_{21}+b_{21} & a_{22}+b_{22} & \cdots & a_{2n}+b_{2n} \\ & \vdots & & \\ a_{m1}+b_{m1} & a_{m2}+b_{m2} & \cdots & a_{mn}+b_{mn} \end{bmatrix}^T$$

$$=\begin{bmatrix} a_{11}+b_{11} & a_{21}+b_{21} & \cdots & a_{m1}+b_{m1} \\ a_{12}+b_{12} & b_{22}+b_{22} & \cdots & a_{m2}+b_{m2} \\ & \vdots & & \\ a_{1n}+b_{1n} & a_{2n}+b_{2n} & \cdots & a_{mn}+b_{mn} \end{bmatrix}$$

$$=\begin{bmatrix} a_{11} & a_{21} & \cdots & a_{m1} \\ a_{12} & a_{22} & \cdots & a_{m2} \\ & \vdots & & \\ a_{1n} & a_{2n} & \cdots & a_{mn} \end{bmatrix}+\begin{bmatrix} b_{11} & b_{21} & \cdots & b_{m1} \\ b_{12} & b_{22} & \cdots & b_{m2} \\ & \vdots & & \\ b_{1n} & b_{2n} & \cdots & b_{mn} \end{bmatrix}$$

$$=\boldsymbol{A}^T+\boldsymbol{B}^T$$

例 2

$\boldsymbol{A}=\begin{bmatrix} 1 & 3 & -1 \\ 2 & 4 & 0 \end{bmatrix}$, $\boldsymbol{B}=\begin{bmatrix} 2 & 4 & -3 \\ 0 & 3 & 5 \end{bmatrix}$驗證 $(2\boldsymbol{A}+\boldsymbol{B})^T=2\boldsymbol{A}^T+\boldsymbol{B}^T$

解

$$(2\boldsymbol{A}+\boldsymbol{B})^T=\left(2\begin{bmatrix}1&3&-1\\2&4&0\end{bmatrix}+\begin{bmatrix}2&4&-3\\0&3&5\end{bmatrix}\right)^T$$

$$=\left(\begin{bmatrix}2&6&-2\\4&8&0\end{bmatrix}+\begin{bmatrix}2&4&-3\\0&3&5\end{bmatrix}\right)^T=\begin{bmatrix}4&10&-5\\4&11&5\end{bmatrix}^T=\begin{bmatrix}4&4\\10&11\\-5&5\end{bmatrix}$$

$$2\boldsymbol{A}^T+\boldsymbol{B}^T=2\begin{bmatrix}1&2\\3&4\\-1&0\end{bmatrix}+\begin{bmatrix}2&0\\4&3\\-3&5\end{bmatrix}=\begin{bmatrix}2&4\\6&8\\-2&0\end{bmatrix}+\begin{bmatrix}2&0\\4&3\\-3&5\end{bmatrix}=\begin{bmatrix}4&4\\10&11\\-5&5\end{bmatrix}$$

$\therefore (2\boldsymbol{A}+\boldsymbol{B})^T=2\boldsymbol{A}^T+\boldsymbol{B}^T$

定義

n 階方陣 $\boldsymbol{A}$ 若滿足

(1) $\boldsymbol{A}^T=\boldsymbol{A}$ 則稱 $\boldsymbol{A}$ 為**對稱陣**(symmetric matrix)

(2) $\boldsymbol{A}^T=-\boldsymbol{A}$ 則稱 $\boldsymbol{A}$ 為**反對稱陣**(skew symmetric matrix)

定理 B

反對稱陣主對角線(main diagomal)上的元素全為 0

證

$\because \boldsymbol{A}$ 為反對稱陣，$\boldsymbol{A}=-\boldsymbol{A}^T$，$\therefore$ 對 $\boldsymbol{A}$ 之主對角上任一元素 a_{ii} 而言，$\boldsymbol{A}^T$ 對應之元素為 $-a_{ii}$，$a_{ii}=-a_{ii}\Rightarrow a_{ii}=0$，$\forall_i=1,2,\cdots,n$

定理 B 是判斷一個方陣是否為反對稱陣最方便的方法，只要主對角線有一元素不為 0，即可斷定這個方陣必不為反對稱陣。

例 3

(1) $\boldsymbol{A}=\begin{bmatrix}1&0&-1\\0&2&5\\-1&5&3\end{bmatrix}$，$\because \boldsymbol{A}^T=\begin{bmatrix}1&0&-1\\0&2&5\\-1&5&3\end{bmatrix}=\boldsymbol{A}$，$\therefore \boldsymbol{A}$是對稱陣

(2) $\boldsymbol{B}=\begin{bmatrix}0&1&-1\\-1&0&-3\\1&3&0\end{bmatrix}$，$\because \boldsymbol{B}^T=\begin{bmatrix}0&-1&1\\1&0&3\\-1&-3&0\end{bmatrix}=-\boldsymbol{B}$，$\therefore \boldsymbol{B}$是反對稱陣

(3) $\boldsymbol{C}=\begin{bmatrix}0&1&-1\\-1&0&-3\\1&3&1\end{bmatrix}$之$C_{33}\neq 0$，$\therefore$不為反對稱陣

定理 C

設 $\boldsymbol{A}$ 是一個 $m\times n$ 矩陣，則 $\boldsymbol{A}^T\boldsymbol{A}$ 和 $\boldsymbol{A}\boldsymbol{A}^T$ 都是對稱陣

證

$\boldsymbol{A}^T\boldsymbol{A}$ 是 n 階方陣，且由定理 A

$(\boldsymbol{A}^T\boldsymbol{A})^T=\boldsymbol{A}^T(\boldsymbol{A}^T)^T=\boldsymbol{A}^T\boldsymbol{A}$。故 $\boldsymbol{A}^T\boldsymbol{A}$ 是 n 階對稱陣

同理，$\boldsymbol{A}\boldsymbol{A}^T$ 是 m 階對稱陣

定理 D

任何一個 $n\times n$ 矩陣都可分解成一個對稱陣與一個反對稱陣之和

證

$\boldsymbol{A}=\dfrac{\boldsymbol{A}+\boldsymbol{A}^T}{2}+\dfrac{\boldsymbol{A}-\boldsymbol{A}^T}{2}$，其中 $\dfrac{\boldsymbol{A}+\boldsymbol{A}^T}{2}$ 是對稱矩陣，$\dfrac{\boldsymbol{A}-\boldsymbol{A}^T}{2}$ 是反對稱矩陣

例 4

將 $A=\begin{bmatrix}1&0&4\\-3&5&2\\2&1&3\end{bmatrix}$ 分解成一個對稱陣與反對矩陣之和

解

$$A^T=\begin{bmatrix}1&-3&2\\0&5&1\\4&2&3\end{bmatrix}$$

$$A=\frac{1}{2}(A+A^T)+\frac{1}{2}(A-A^T)$$

$$=\frac{1}{2}\left(\begin{bmatrix}1&0&4\\-3&5&2\\2&1&3\end{bmatrix}+\begin{bmatrix}1&-3&2\\0&5&1\\4&2&3\end{bmatrix}\right)+\frac{1}{2}\left(\begin{bmatrix}1&0&4\\-3&5&2\\2&1&3\end{bmatrix}-\begin{bmatrix}1&-3&2\\0&5&1\\4&2&3\end{bmatrix}\right)$$

$$=\frac{1}{2}\begin{bmatrix}2&-3&6\\-3&10&3\\6&3&6\end{bmatrix}+\frac{1}{2}\begin{bmatrix}0&3&2\\-3&0&1\\-2&-1&0\end{bmatrix}$$

▸ 方陣的可逆性

數有加、減、乘、除四則運算，矩陣是沒有「除法」，本節討論的矩陣都是 n 階方陣，**反矩陣**(inverse matrix)，這相當於數系之除法。

▸ 反矩陣及其性質

定義

設 $\boldsymbol{A}$ 是 n 階矩陣，如果存在 n 階矩陣 $\boldsymbol{B}$，使

$$\boldsymbol{AB}=\boldsymbol{BA}=\boldsymbol{I}$$

則稱 $\boldsymbol{A}$ 為**可逆矩陣**(invertible matrix)，並稱 $\boldsymbol{A},\boldsymbol{B}$ 互為**反矩陣**(inverse matrix)。$\boldsymbol{A}$ 之反矩陣記做 A^{-1}

若方陣 A 之反矩陣不存在，則稱 A 是**非奇異陣**(nonsingular matrix)或非退化陣(nondegenerate matrix)，亦即非奇異（或非退化）與可逆是等價的。不可逆矩陣也稱為**奇異陣**(singular matrix)或**退化陣**(degenerate matrix)

敘述 A 為可逆或不可逆的幾種說法：

A 為可逆	A 為不可逆
(1) A^{-1}存在	(1) A^{-1}為不存在
(2) A 為非奇異陣	(2) A 為奇異陣
(3) A 為非退化	(3) A 為退化

定理 E

若 A 是可逆矩陣，則 A^{-1} 是唯一的

證

設 B 和 C 都是 A 的反矩陣，則 $AB = BA = I$，與 $AC = CA = I$

$$B = IB = (CA)B = C(AB) = CI = C$$

所以 A^{-1} 是唯一

附記

A 為一 n 階方陣，若 A 為可逆，則有下列幾種說法：

(1) $|A| \neq 0$

(2) $\text{rank}(A) = n$

(3) $Ax = \mathbf{0}$ 有唯一之零解

(4) A 至少有一特徵值為 0

(5) A 之所有之行（列）均成線性獨立集

定理 F

設 $\boldsymbol{A}$，$\boldsymbol{B}$ 是同階可逆矩陣則有下列性質：

(1) $\boldsymbol{A}^{-1}$ 亦為可逆，且 $(\boldsymbol{A}^{-1})^{-1}=\boldsymbol{A}$

(2) 純量 $k\neq 0$，則 $k\boldsymbol{A}$ 亦為可逆，且 $(k\boldsymbol{A})^{-1}=\dfrac{1}{k}\boldsymbol{A}^{-1}$

(3) $\boldsymbol{AB}$ 為可逆且 $(\boldsymbol{AB})^{-1}=\boldsymbol{B}^{-1}\boldsymbol{A}^{-1}$

(4) $\boldsymbol{A}^T$ 也可逆，且 $(\boldsymbol{A}^T)^{-1}=(\boldsymbol{A}^{-1})^T$

(5) $\boldsymbol{A}=\operatorname{diag}(a_{11},a_{22}\cdots a_n)$，若 $\boldsymbol{A}$ 可逆，則 $A^{-1}=\operatorname{diag}\left(\dfrac{1}{a_{11}},\dfrac{1}{a_{22}}\cdots\dfrac{1}{a_{nn}}\right)$

證

只證(1)、(3)、(4)。其餘請讀者自行完成。

(1) $\boldsymbol{A}$ 為可逆，$\therefore\ \boldsymbol{A}^{-1}\boldsymbol{A}=\boldsymbol{I}\Rightarrow(\boldsymbol{A}^{-1}\boldsymbol{A})^{-1}=\boldsymbol{I}$

從而 $(\boldsymbol{A}^{-1})(\boldsymbol{A}^{-1})^{-1}=\boldsymbol{I}$

兩邊同乘 $\boldsymbol{A}$：

$\boldsymbol{A}(\boldsymbol{A}^{-1})(\boldsymbol{A}^{-1})^{-1}=\boldsymbol{A}\cdot\boldsymbol{I}=\boldsymbol{A}\quad\therefore(\boldsymbol{A}^{-1})^{-1}=\boldsymbol{A}$

(3) $\because\ (\boldsymbol{AB})(\boldsymbol{B}^{-1}\boldsymbol{A}^{-1})=\boldsymbol{A}(\boldsymbol{BB}^{-1})\boldsymbol{A}^{-1}=\boldsymbol{AIA}^{-1}=\boldsymbol{AA}^{-1}=\boldsymbol{I}$

由上式可知 $\boldsymbol{AB}$ 亦為可逆

$\therefore\ (\boldsymbol{AB})^{-1}=\boldsymbol{B}^{-1}\boldsymbol{A}^{-1}$

(4) $\boldsymbol{I}=\boldsymbol{A}^{-1}\boldsymbol{A}\quad\therefore\boldsymbol{I}=(\boldsymbol{A}^{-1}\boldsymbol{A})^T=\boldsymbol{A}^T\cdot(\boldsymbol{A}^{-1})^T\Rightarrow(\boldsymbol{A}^T)^{-1}=(\boldsymbol{A}^{-1})^T$

推論 F1

$\boldsymbol{A},\boldsymbol{B}$ 都是 n 階方陣，若 $\boldsymbol{AB}=\boldsymbol{I}$，則 $\boldsymbol{BA}=\boldsymbol{I}$

推論 F1 說明了判斷 $\boldsymbol{A},\boldsymbol{B}$ 是否互為逆矩陣，只需驗證 $\boldsymbol{AB}=\boldsymbol{I}$ 或 $\boldsymbol{BA}=\boldsymbol{I}$ 中一個是否成立即可。

定理 G

若 $A=\begin{bmatrix} a & b \\ c & d \end{bmatrix}$ 為可逆，則

$$A^{-1}=\frac{1}{ad-bc}\begin{bmatrix} d & -b \\ -c & a \end{bmatrix}$$

定理 G 是個好用的小公式，證明見習題第 2 題。

給定方陣 A 如何求 A^{-1}？

A，X 均為 n 階方陣若 $AX=I$ 則 X 為 A 之反矩陣。為了便於說明，我們以解下列線性聯立方程組做為引子：

例 5

解 $\begin{cases} 2x+3y=1 \\ 3x-\ \ y=0 \end{cases}$ 與 $\begin{cases} 2x+3y=0 \\ 3x-\ \ y=1 \end{cases}$

解

顯然它們的係數矩陣相同，只差右手係數，所以我們可建立增廣矩陣如下：

$$\left[\begin{array}{cc|c|c} 2 & 3 & 1 & 0 \\ 3 & -1 & 0 & 1 \end{array}\right] \xrightarrow{\frac{1}{2}R_1\to R_1} \left[\begin{array}{cc|c|c} 1 & \frac{3}{2} & \frac{1}{2} & 0 \\ 3 & -1 & 0 & 1 \end{array}\right] \xrightarrow{-3R_1+R_2\to R_2} \left[\begin{array}{cc|c|c} 1 & \frac{3}{2} & \frac{1}{2} & 0 \\ 0 & -\frac{11}{2} & -\frac{3}{2} & 1 \end{array}\right]$$

$$\xrightarrow{-\frac{2}{11}R_2\to R_2} \left[\begin{array}{cc|c|c} 1 & \frac{3}{2} & \frac{1}{2} & 0 \\ 0 & 1 & \frac{3}{11} & -\frac{2}{11} \end{array}\right] \xrightarrow{-\frac{3}{2}R_2+R_1\to R_1} \left[\begin{array}{cc|c|c} 1 & 0 & \frac{1}{11} & \frac{2}{11} \\ 0 & 1 & \frac{3}{11} & \frac{-2}{11} \end{array}\right]$$

$\therefore \begin{cases} 2x+3y=3 \\ 3x-y=0 \end{cases}$ 之解為 $x=\frac{1}{11}$，$y=\frac{3}{11}$ 及 $\begin{cases} 2x+3y=0 \\ 3x-y=1 \end{cases}$ 之解為 $x=\frac{3}{11}$，$y=-\frac{2}{11}$

上例相當於求 $\boldsymbol{A}x=\boldsymbol{B}$，$\boldsymbol{A}=\begin{bmatrix}2&3\\3&-1\end{bmatrix}$，$\boldsymbol{x}=\begin{bmatrix}x_1&x_2\\y_1&y_2\end{bmatrix}$，$\boldsymbol{B}=\begin{bmatrix}1&0\\0&1\end{bmatrix}$，再回頭看上例

$$\because \begin{bmatrix}2&3\\3&-1\end{bmatrix}\begin{bmatrix}\frac{1}{11}&\frac{3}{11}\\\frac{3}{11}&\frac{-2}{11}\end{bmatrix}=\begin{bmatrix}1&0\\0&1\end{bmatrix}=I$$

$$\therefore A=\begin{bmatrix}2&3\\3&-1\end{bmatrix}\text{之反矩陣 }A^{-1}=\begin{bmatrix}\frac{1}{11}&\frac{3}{11}\\\frac{3}{11}&\frac{-2}{11}\end{bmatrix}$$

此種求 A^{-1} 之理念可擴張到求 n 階方陣之反矩陣。

因此我們可用基本列運算求 A^{-1}：

$$[A\,|\,I]\xrightarrow{\text{基本列運算}}[I\,|\,A^{-1}]$$

例 6

$\boldsymbol{A}=\begin{bmatrix}0&2&-1\\1&1&2\\-1&-1&-1\end{bmatrix}$，求 $\boldsymbol{A}^{-1}$

解

$$[\boldsymbol{A}\,|\,\boldsymbol{I}]=\left[\begin{array}{ccc|ccc}0&2&-1&1&0&0\\1&1&2&0&1&0\\-1&-1&-1&0&0&1\end{array}\right]\xrightarrow{R_1\leftrightarrow R_2}\left[\begin{array}{ccc|ccc}1&1&2&0&1&0\\0&2&-1&1&0&0\\-1&-1&-1&0&0&1\end{array}\right]$$

$$\xrightarrow{R_1+R_3\to R_3}\left[\begin{array}{ccc|ccc}1&1&2&0&1&0\\0&2&-1&1&0&0\\0&0&1&0&1&1\end{array}\right]\xrightarrow{\frac{1}{2}R_1\to R_2}\left[\begin{array}{ccc|ccc}1&1&2&0&1&0\\0&1&-\frac{1}{2}&\frac{1}{2}&0&0\\0&0&1&0&1&1\end{array}\right]$$

$$\xrightarrow{-R_2+R_1\to R_1}\left[\begin{array}{ccc|ccc} 1 & 0 & \frac{5}{2} & -\frac{1}{2} & 1 & 0 \\ 0 & 1 & -\frac{1}{2} & \frac{1}{2} & 0 & 0 \\ 0 & 0 & 1 & 0 & 1 & 1 \end{array}\right]\xrightarrow[\frac{1}{2}R_3+R_2\to R_2]{-\frac{5}{2}R_3+R_1\to R_1}\left[\begin{array}{ccc|ccc} 1 & 0 & 0 & -\frac{1}{2} & -\frac{3}{2} & -\frac{5}{2} \\ 0 & 1 & 0 & \frac{1}{2} & \frac{1}{2} & \frac{1}{2} \\ 0 & 0 & 1 & 0 & 1 & 1 \end{array}\right]$$

$$\therefore A^{-1}=\begin{bmatrix} -\frac{1}{2} & -\frac{3}{2} & -\frac{5}{2} \\ \frac{1}{2} & \frac{1}{2} & \frac{1}{2} \\ 0 & 1 & 1 \end{bmatrix}$$

例 7

若 $\boldsymbol{A}^2-3\boldsymbol{A}-10\boldsymbol{I}=\boldsymbol{0}$，證明 $\boldsymbol{A}$ 和 $\boldsymbol{A}-3\boldsymbol{I}$ 都可逆，並求它們的反矩陣

解

由 $\boldsymbol{A}^2-3\boldsymbol{A}-10\boldsymbol{I}=\boldsymbol{0}$， $\boldsymbol{A}^2-3\boldsymbol{A}=10\boldsymbol{I}$ ，得 $\boldsymbol{A}\left(\frac{1}{10}(\boldsymbol{A}-3\boldsymbol{I})\right)=\boldsymbol{I}$

$\therefore$ $\boldsymbol{A}$ 和 $\boldsymbol{A}-3\boldsymbol{I}$ 均為可逆，且 $\boldsymbol{A}^{-1}=\frac{1}{10}(\boldsymbol{A}-3\boldsymbol{I})$ 。又 $\frac{1}{10}\boldsymbol{A}(\boldsymbol{A}-3\boldsymbol{I})=\boldsymbol{I}$

$\therefore (\boldsymbol{A}-3\boldsymbol{I})^{-1}=\frac{1}{10}\boldsymbol{A}$

例 8

$\boldsymbol{B}$ 為**冪等陣**(idempotent matrix))，令 $\boldsymbol{A}=\boldsymbol{I}+\boldsymbol{B}$ ，證明 $\boldsymbol{A}$ 是可逆矩陣，且 $\boldsymbol{A}^{-1}=\frac{1}{2}(3\boldsymbol{I}-\boldsymbol{A})$

解

$\because \boldsymbol{A}=\boldsymbol{I}+\boldsymbol{B} \quad \therefore \boldsymbol{A}^2=(\boldsymbol{I}+\boldsymbol{B})^2=\boldsymbol{I}+2\boldsymbol{B}+\boldsymbol{B}^2=\boldsymbol{I}+3\boldsymbol{B}=\boldsymbol{I}+3(\boldsymbol{A}-\boldsymbol{I})=3\boldsymbol{A}-2\boldsymbol{I}$

即 $3\boldsymbol{A}=\boldsymbol{A}^2+2\boldsymbol{I}$ 或 $\boldsymbol{I}=\frac{1}{2}(3\boldsymbol{A}-\boldsymbol{A}^2)=\frac{1}{2}\boldsymbol{A}(3\boldsymbol{I}-\boldsymbol{A})$

$\therefore$ $\boldsymbol{A}$ 是可逆的且 $\boldsymbol{A}^{-1}=\frac{1}{2}(3\boldsymbol{I}-\boldsymbol{A})$

附記

$\boldsymbol{B}$ 為冪等陣，$\boldsymbol{B}^2 = \boldsymbol{B}$

例 9

若 A, B 為可交換，試證 A^{-1} 與 B^{-1} 亦為可交換

附記

本例之目標為：$AB = BA \Rightarrow A^{-1}B^{-1} = B^{-1}A^{-1}$

解

$(\boldsymbol{AB})^{-1} = \boldsymbol{B}^{-1}\boldsymbol{A}^{-1}$，又 $(\boldsymbol{BA})^{-1} = \boldsymbol{A}^{-1}\boldsymbol{B}^{-1}$

$\because \boldsymbol{AB} = \boldsymbol{BA} \quad \therefore \boldsymbol{A}^{-1}\boldsymbol{B}^{-1} = \boldsymbol{B}^{-1}\boldsymbol{A}^{-1}$

▶ 逆矩陣在解線性聯立方程組之應用

若 $\boldsymbol{A}$ 可逆則 $\boldsymbol{A}^{-1}(\boldsymbol{Ax}) = \boldsymbol{A}^{-1}\boldsymbol{b}$，$\boldsymbol{A}$ 為可逆方陣則線性聯立方程組 $\boldsymbol{Ax} = \boldsymbol{b}$ 之解為：$\boldsymbol{x} = \boldsymbol{A}^{-1}\boldsymbol{b}$

定理 H

若 $\boldsymbol{A}$ 為可逆，則 $\boldsymbol{Ax} = \boldsymbol{b}$ 之解是唯一的

證

（應用反證法）

設 $\boldsymbol{u}, \boldsymbol{v}$ 均為方程組 $\boldsymbol{Ax} = \boldsymbol{b}$ 之二個解

$\therefore \boldsymbol{Au} = \boldsymbol{b}$ 且 $\boldsymbol{Av} = \boldsymbol{b}$

$\boldsymbol{A}(\boldsymbol{u} - \boldsymbol{v}) = \boldsymbol{b} - \boldsymbol{b} = \boldsymbol{0}$

∵ $\boldsymbol{A}$ 為可逆

$$\boldsymbol{A}^{-1}\left(\boldsymbol{A}(\boldsymbol{u}-\boldsymbol{v})\right)=\boldsymbol{A}^{-1}\boldsymbol{0}=\boldsymbol{0}$$

即 $\boldsymbol{u}-\boldsymbol{v}=\boldsymbol{0}$ ∴ $\boldsymbol{u}=\boldsymbol{v}$

例 10

用反矩陣解 $\begin{cases}3x-y=5\\2x+3y=7\end{cases}$

解

$\begin{cases}3x-y=5\\2x+3y=7\end{cases}$ 相當於解 $\begin{bmatrix}3 & -1\\2 & 3\end{bmatrix}\begin{bmatrix}x\\y\end{bmatrix}=\begin{bmatrix}5\\7\end{bmatrix}$

$$\therefore \begin{bmatrix}x\\y\end{bmatrix}=\begin{bmatrix}3 & -1\\2 & 3\end{bmatrix}^{-1}\begin{bmatrix}5\\7\end{bmatrix}$$

$$=\frac{1}{3\cdot 3-(-1)2}\begin{bmatrix}3 & 1\\-2 & 3\end{bmatrix}\begin{bmatrix}5\\7\end{bmatrix}$$

$$=\frac{1}{11}\begin{bmatrix}22\\11\end{bmatrix}=\begin{bmatrix}2\\1\end{bmatrix}$$ 即 $x=2,\ y=1$

附記

$$\begin{bmatrix}a & b\\c & d\end{bmatrix}^{-1}=\frac{1}{ad-bc}\begin{bmatrix}d & -b\\-c & a\end{bmatrix}$$

定理 I

$\boldsymbol{A}$ 為 n 階方陣，線性聯立方程組 $\boldsymbol{Ax}=\boldsymbol{b}$ 有唯一解之充要條件為 $\boldsymbol{A}$ 為非奇異陣

例 11

問線性方程組 $\boldsymbol{Ax}=\boldsymbol{b}$，其中

$$A=\begin{bmatrix}1 & -1 & 1\\ 0 & 1 & 2\\ 1 & 0 & 4\end{bmatrix}, \qquad \boldsymbol{b}=[\,5,1,1\,]^{\mathrm{T}}$$

是否有解？若有解，並求其解

解

$\boldsymbol{Ax}=\boldsymbol{b}$ ；

$$\boldsymbol{x}=\boldsymbol{A}^{-1}\boldsymbol{b}=\begin{bmatrix}1 & -1 & 1\\ 0 & 1 & 2\\ 1 & 0 & 4\end{bmatrix}^{-1}\begin{bmatrix}5\\1\\1\end{bmatrix}$$

現要求 $\begin{bmatrix}1 & -1 & 1\\ 0 & 1 & 2\\ 1 & 0 & 4\end{bmatrix}^{-1}$ ：

$$\left[\begin{array}{ccc|ccc}1 & -1 & 1 & 1 & 0 & 0\\ 0 & 1 & 2 & 0 & 1 & 0\\ 1 & 0 & 4 & 0 & 0 & 1\end{array}\right]\to\left[\begin{array}{ccc|ccc}1 & -1 & 1 & 1 & 0 & 0\\ 0 & 1 & 2 & 0 & 1 & 0\\ 0 & 1 & 3 & -1 & 0 & 1\end{array}\right]$$

$$\to\left[\begin{array}{ccc|ccc}1 & 0 & 3 & 1 & 1 & 0\\ 0 & 1 & 2 & 0 & 1 & 0\\ 0 & 0 & 1 & -1 & -1 & 1\end{array}\right]\to\left[\begin{array}{ccc|ccc}1 & 0 & 0 & 4 & 4 & -3\\ 0 & 1 & 0 & 2 & 3 & -2\\ 0 & 0 & 1 & -1 & -1 & 1\end{array}\right]$$

$$\therefore\ \boldsymbol{A}^{-1}=\begin{bmatrix}4 & 4 & -3\\ 2 & 3 & -2\\ -1 & -1 & 1\end{bmatrix}$$

$$\therefore\ \boldsymbol{x}=\begin{bmatrix}x_1\\x_2\\x_3\end{bmatrix}=\begin{bmatrix}4 & 4 & -3\\ 2 & 3 & -2\\ -1 & -1 & 1\end{bmatrix}\begin{bmatrix}5\\1\\1\end{bmatrix}=\begin{bmatrix}21\\11\\-5\end{bmatrix}$$

習題 1.3 Exercise

1. 求下列矩陣之反矩陣

(1) $\begin{bmatrix} 1 & 3 \\ 2 & 4 \end{bmatrix}$ (2) $\begin{bmatrix} 1 & 0 & 0 \\ -2 & 1 & 0 \\ 2 & 1 & 1 \end{bmatrix}$ (3) $\begin{bmatrix} 1 & -1 & 0 \\ 0 & 1 & -1 \\ 0 & 0 & 1 \end{bmatrix}$

2. 試證定理 G

3. $\boldsymbol{A}$，$\boldsymbol{B}$ 為同階方陣，定義方陣的**跡** (trace)，記做 $tr(\boldsymbol{A})$，定義 $tr(\boldsymbol{A})=\sum_{i=1}^{n} a_{ij}$，(1) $\boldsymbol{A}=\begin{bmatrix} 3 & 4 & 2 \\ 0 & 0 & 1 \\ 1 & 2 & 5 \end{bmatrix}$ 求 $tr(\boldsymbol{A})$；(2) $\boldsymbol{A},\boldsymbol{B}$ 為同階方陣，試證 $tr(\boldsymbol{A}+\boldsymbol{B})=tr(\boldsymbol{A})+tr(\boldsymbol{B})$ 及 $tr(\boldsymbol{AB})=tr(\boldsymbol{BA})$；(3)由(2)是否存在二個同階方程 $\boldsymbol{A},\boldsymbol{B}$ 滿足 $\boldsymbol{AB}-\boldsymbol{BA}=2\boldsymbol{I}$；(4) $\boldsymbol{B}$ 為可逆 $tr(\boldsymbol{B}^{-1}\boldsymbol{AB})=tr(\boldsymbol{A})$ 是否成立？

4. 試證 $(\boldsymbol{A}^n)^{-1}=(\boldsymbol{A}^{-1})^n$

5. 若方陣 $\boldsymbol{A}$ 滿足 $\boldsymbol{A}^2+\boldsymbol{A}-4\boldsymbol{I}=\boldsymbol{0}$，試證 $\boldsymbol{A}-\boldsymbol{I}$ 為可逆並求 $(\boldsymbol{A}-\boldsymbol{I})^{-1}$

6. $\boldsymbol{A}^2=\boldsymbol{0}$ 求證 $(\boldsymbol{A}-\boldsymbol{I})^{-1}$ 存在並求之

7. 應用第 1 題之結果求

(1) $\begin{cases} x+3y & =4 \\ 2x+4y & =6 \end{cases}$ (2) $\begin{cases} x \quad -y \quad & =2 \\ \quad y \quad -z & =1 \\ \quad \quad z & =-1 \end{cases}$

8. 若 $\boldsymbol{A}=\begin{bmatrix} 1 & 1 \\ 3 & 2 \end{bmatrix}$ 求(1) $\boldsymbol{AA}^T$；(2)將 $\boldsymbol{A}$ 分解成對角陣與反對角陣之和

9. 若 $\boldsymbol{A}=\begin{bmatrix} 1 & 2 \\ 3 & 4 \end{bmatrix}$, $\boldsymbol{B}=\begin{bmatrix} -1 & 0 \\ 2 & 3 \end{bmatrix}$，求 $\boldsymbol{AB}^T-3\boldsymbol{A}$

1.4 分塊矩陣

▶ 分塊矩陣的概念

定義

將 $m\times n$ 矩陣 A 用水平線和垂直線將 m 列和 n 行分成 $s\times t$ 個子矩陣 (block)，分塊後之矩陣稱為 $s\times t$ **分塊矩陣**(partitioned matrix)

證

我們以 $A=\begin{bmatrix} a_{11} & a_{12} & a_{13} \\ a_{21} & a_{22} & a_{23} \end{bmatrix}$，$\boldsymbol{B}=\begin{bmatrix} b_{11} & b_{12} & b_{13} \\ b_{21} & b_{22} & b_{23} \\ b_{31} & b_{32} & b_{33} \end{bmatrix}$ 為例，說明分塊矩陣之形式：

(1) 按行分塊：將 $\boldsymbol{B}$ 按行分塊

$\boldsymbol{B}=[\boldsymbol{b}_1 \ \vdots \ \boldsymbol{b}_2 \ \vdots \ \boldsymbol{b}_3]$，其中 $\boldsymbol{b}_1=\begin{bmatrix} b_{11} \\ b_{21} \\ b_{31} \end{bmatrix}$，$\boldsymbol{b}_2=\begin{bmatrix} b_{12} \\ b_{22} \\ b_{32} \end{bmatrix}$，$\boldsymbol{b}_3=\begin{bmatrix} b_{13} \\ b_{23} \\ b_{33} \end{bmatrix}$，那麼

$$\boldsymbol{AB}=[\boldsymbol{Ab}_1 \ \vdots \ \boldsymbol{Ab}_2 \ \vdots \ \boldsymbol{Ab}_3]$$

(2) 按列分塊，將 $\boldsymbol{A}$ 按列分塊

$\boldsymbol{A}=\begin{bmatrix} \boldsymbol{a}_1 \\ \cdots \\ \boldsymbol{a}_2 \end{bmatrix}$，其中 $\boldsymbol{a}_1=[a_{11} \quad a_{12} \quad a_{13}]$，$\boldsymbol{a}_2=[a_{21} \quad a_{22} \quad a_{23}]$，那麼

$$\boldsymbol{AB}=\begin{bmatrix} \boldsymbol{a}_1\boldsymbol{B} \\ \cdots \\ \boldsymbol{a}_2\boldsymbol{B} \end{bmatrix}$$

我們以實際數字代入 A, B 中可能更清楚：

例 1

$$A=\begin{bmatrix}1&0&1\\-2&3&0\end{bmatrix}，B=\begin{bmatrix}1&2&0\\0&1&0\\-1&0&1\end{bmatrix}$$

$$A=\begin{bmatrix}a_1\\a_2\end{bmatrix}，a_1=\begin{bmatrix}1&0&1\end{bmatrix}，a_2=\begin{bmatrix}-2&3&0\end{bmatrix}$$

按下列分塊方式求 AB

(1) $B=\begin{bmatrix}b_1&b_2&b_3\end{bmatrix}$，$b_1=\begin{bmatrix}1\\0\\-1\end{bmatrix}$，$b_2=\begin{bmatrix}2\\1\\0\end{bmatrix}$，$b_3=\begin{bmatrix}0\\0\\1\end{bmatrix}$

(2) $B=\begin{bmatrix}b_1&b_2\end{bmatrix}$，$b_1=\begin{bmatrix}1&2\\0&1\\-1&0\end{bmatrix}$，$b_2=\begin{bmatrix}0\\0\\1\end{bmatrix}$

解

(1) $AB=A\begin{bmatrix}b_1&b_2&b_3\end{bmatrix}=\begin{bmatrix}Ab_1&Ab_2&Ab_3\end{bmatrix}$

$$Ab_1=\begin{bmatrix}1&0&1\\-2&3&0\end{bmatrix}\begin{bmatrix}1\\0\\-1\end{bmatrix}=\begin{bmatrix}0\\-2\end{bmatrix}$$

$$Ab_2=\begin{bmatrix}1&0&1\\-2&3&0\end{bmatrix}\begin{bmatrix}2\\1\\0\end{bmatrix}=\begin{bmatrix}2\\-1\end{bmatrix}$$

$$Ab_3=\begin{bmatrix}1&0&1\\-2&3&0\end{bmatrix}\begin{bmatrix}0\\0\\1\end{bmatrix}=\begin{bmatrix}1\\0\end{bmatrix}$$

$$\therefore AB=\begin{bmatrix}Ab_1&Ab_2&Ab_3\end{bmatrix}=\begin{bmatrix}0&2&1\\-2&-1&0\end{bmatrix}$$

(2) 取 $\boldsymbol{B}=\begin{bmatrix}\boldsymbol{b}_1 & \boldsymbol{b}_2\end{bmatrix}$，$\boldsymbol{b}_1=\begin{bmatrix}1 & 2\\0 & 1\\-1 & 0\end{bmatrix}$，$\boldsymbol{b}_2=\begin{bmatrix}0\\0\\1\end{bmatrix}$

$$\boldsymbol{AB}=\boldsymbol{A}\begin{bmatrix}\boldsymbol{b}_1 & \boldsymbol{b}_2\end{bmatrix}=\begin{bmatrix}\boldsymbol{Ab}_1 & \boldsymbol{Ab}_2\end{bmatrix}$$

$$\boldsymbol{Ab}_1=\begin{bmatrix}1 & 0 & 1\\-2 & 3 & 0\end{bmatrix}\begin{bmatrix}1 & 2\\0 & 1\\-1 & 0\end{bmatrix}=\begin{bmatrix}0 & 2\\-2 & -1\end{bmatrix}$$

$$\boldsymbol{Ab}_2=\begin{bmatrix}1 & 0 & 1\\-2 & 3 & 0\end{bmatrix}\begin{bmatrix}0\\0\\1\end{bmatrix}=\begin{bmatrix}1\\0\end{bmatrix}$$

$$\therefore\ \boldsymbol{AB}=\begin{bmatrix}\boldsymbol{Ab}_1 & \boldsymbol{Ab}_2\end{bmatrix}=\begin{bmatrix}0 & 2 & 1\\-2 & -1 & 0\end{bmatrix}$$

例 2

$\boldsymbol{A}=\begin{bmatrix}1 & -1\\0 & 2\\-1 & 1\end{bmatrix}$，$\boldsymbol{B}=\begin{bmatrix}1 & -1 & 1\\-1 & 1 & 0\end{bmatrix}$

解

取 $\boldsymbol{A}=\begin{bmatrix}\boldsymbol{a}_1\\\boldsymbol{a}_2\\\boldsymbol{a}_3\end{bmatrix}$，$\boldsymbol{a}_1=\begin{bmatrix}1 & -1\end{bmatrix}$，$\boldsymbol{a}_2=\begin{bmatrix}0 & 2\end{bmatrix}$，$\boldsymbol{a}_3=\begin{bmatrix}-1 & 1\end{bmatrix}$，則 $\boldsymbol{AB}=\begin{bmatrix}\boldsymbol{a}_1\\\boldsymbol{a}_2\\\boldsymbol{a}_3\end{bmatrix}$，

$$\boldsymbol{B}=\begin{bmatrix}\boldsymbol{a}_1\boldsymbol{B}\\\boldsymbol{a}_2\boldsymbol{B}\\\boldsymbol{a}_3\boldsymbol{B}\end{bmatrix}$$

$$\boldsymbol{a}_1\boldsymbol{B}=\begin{bmatrix}1 & -1\end{bmatrix}\begin{bmatrix}1 & -1 & 1\\-1 & 1 & 0\end{bmatrix}=\begin{bmatrix}2 & -2 & 1\end{bmatrix}$$

$$\boldsymbol{a}_2\boldsymbol{B}=\begin{bmatrix}0 & 2\end{bmatrix}\begin{bmatrix}1 & -1 & 1\\-1 & 1 & 0\end{bmatrix}=\begin{bmatrix}-2 & 2 & 0\end{bmatrix}$$

$$\boldsymbol{a}_3\boldsymbol{B}=\begin{bmatrix}-1 & 1\end{bmatrix}\begin{bmatrix}1 & -1 & 1\\ -1 & 1 & 0\end{bmatrix}=\begin{bmatrix}-2 & 2 & -1\end{bmatrix}$$

$$\therefore\ \boldsymbol{AB}=\begin{bmatrix}2 & -2 & 1\\ -2 & 2 & 0\\ -2 & 2 & -1\end{bmatrix}$$

例 3

n 階矩陣的**分塊對角矩陣**是一種類似對角陣之分塊矩陣

$$\boldsymbol{A}=\begin{bmatrix}\boldsymbol{A}_1 & & & \\ & \boldsymbol{A}_2 & & \mathbf{0} \\ & & \ddots & \\ & \mathbf{0} & & \boldsymbol{A}_m\end{bmatrix}$$

其中 $\boldsymbol{A}_i$ ($i=1, 2, \cdots, m$)是 r_i 階方陣，$\sum_{i=1}^{m} r_i=n$，例如

$$\boldsymbol{A}=\left[\begin{array}{cc:cccc:c}1 & 2 & 0 & 0 & 0 & 0\\ 0 & 4 & 0 & 0 & 0 & 0\\ \hdashline 0 & 0 & 0 & 1 & -1 & 0\\ 0 & 0 & 2 & 5 & 8 & 0\\ 0 & 0 & 0 & 3 & -2 & 0\\ \hdashline 0 & 0 & 0 & 0 & 0 & 9\end{array}\right]=\left[\begin{array}{c:c:c}\boldsymbol{A}_{11} & 0 & 0\\ \hdashline 0 & \boldsymbol{A}_{22} & 0\\ \hdashline 0 & 0 & \boldsymbol{A}_{33}\end{array}\right]$$

其中

$$\boldsymbol{A}_{11}=\begin{bmatrix}1 & 2\\ 0 & 4\end{bmatrix},\ \boldsymbol{A}_{22}=\begin{bmatrix}0 & 1 & -1\\ 2 & 5 & 8\\ 0 & 3 & -2\end{bmatrix},\ \boldsymbol{A}_{33}=\begin{bmatrix}9\end{bmatrix},\ \cdots$$

▶ 分塊矩陣的運算

分塊矩陣的運算規則與通常的矩陣類似，惟在加、乘算運算時，應注意子矩陣之階數必須滿足可加、可乘性。**分塊矩陣運算結果應與不分塊時相同**。

例 4

$$A=\begin{bmatrix}1&0&0&0\\0&1&0&0\\-1&2&1&0\\1&1&0&1\end{bmatrix},\quad B=\begin{bmatrix}1&0&1&2\\-1&2&0&1\\0&0&-1&1\\-1&1&2&0\end{bmatrix}$$，試將 A, B 適當分塊以求 AB

解

對 A, B 進行如下分塊：

$$A=\left[\begin{array}{cc:cc}1&0&0&0\\0&1&0&0\\\hdashline -1&2&1&0\\1&1&0&1\end{array}\right],\quad B=\left[\begin{array}{cc:cc}1&0&1&2\\-1&2&0&1\\\hdashline 0&0&-1&1\\-1&1&2&0\end{array}\right]$$

$$AB=\left[\begin{array}{cc:cc}1&0&0&0\\0&1&0&0\\\hdashline -1&2&1&0\\1&1&0&1\end{array}\right]\left[\begin{array}{cc:cc}1&0&1&2\\-1&2&0&1\\\hdashline 0&0&-1&1\\-1&1&2&0\end{array}\right]$$

$$=\begin{bmatrix}\begin{bmatrix}1&0\\0&1\end{bmatrix}\begin{bmatrix}1&0\\-1&2\end{bmatrix}+\begin{bmatrix}0&0\\0&0\end{bmatrix}\begin{bmatrix}0&0\\-1&1\end{bmatrix} & \begin{bmatrix}1&0\\0&1\end{bmatrix}\begin{bmatrix}1&2\\0&1\end{bmatrix}+\begin{bmatrix}0&0\\0&0\end{bmatrix}\begin{bmatrix}-1&1\\2&0\end{bmatrix}\\ \begin{bmatrix}-1&2\\1&1\end{bmatrix}\begin{bmatrix}1&0\\-1&2\end{bmatrix}+\begin{bmatrix}1&0\\0&1\end{bmatrix}\begin{bmatrix}0&0\\-1&1\end{bmatrix} & \begin{bmatrix}-1&2\\1&1\end{bmatrix}\begin{bmatrix}1&2\\0&1\end{bmatrix}+\begin{bmatrix}1&0\\0&1\end{bmatrix}\begin{bmatrix}-1&1\\2&0\end{bmatrix}\end{bmatrix}=\begin{bmatrix}1&0&1&2\\-1&2&0&1\\-3&4&-2&1\\-1&3&3&3\end{bmatrix}$$

例 5

若 n 階矩陣 $\boldsymbol{C}$，$\boldsymbol{D}$ 可以分塊成同型分塊矩陣，即

$$\boldsymbol{C}=\begin{bmatrix}\boldsymbol{C}_1 & & \boldsymbol{0} \\ & \boldsymbol{C}_2 & \\ & & \ddots \\ \boldsymbol{0} & & & \boldsymbol{C}_m\end{bmatrix}，\boldsymbol{D}=\begin{bmatrix}\boldsymbol{D}_1 & & \boldsymbol{0} \\ & \boldsymbol{D}_2 & \\ & & \ddots \\ \boldsymbol{0} & & & \boldsymbol{D}_m\end{bmatrix}$$

其中，$\boldsymbol{C}_i$ 與 $\boldsymbol{D}_i$ 是同階方陣（$i=1, 2,\cdots, m$），則

$$\boldsymbol{CD}=\begin{bmatrix}\boldsymbol{C}_1\boldsymbol{D}_1 & & \\ & \boldsymbol{C}_2\boldsymbol{D}_2 & & \boldsymbol{0} \\ \boldsymbol{0} & & \ddots & \\ & & & \boldsymbol{C}_m\boldsymbol{D}_m\end{bmatrix}$$

例 6

令 $\boldsymbol{B}=\begin{bmatrix}\boldsymbol{O} & \boldsymbol{I} \\ \boldsymbol{A} & \boldsymbol{O}\end{bmatrix}$，$\boldsymbol{A}, \boldsymbol{O}, \boldsymbol{I}$ 均為 n 階方陣，求 $\boldsymbol{B}^4$

解

$$\boldsymbol{B}^2=\begin{bmatrix}\boldsymbol{O} & \boldsymbol{I} \\ \boldsymbol{A} & \boldsymbol{O}\end{bmatrix}\begin{bmatrix}\boldsymbol{O} & \boldsymbol{I} \\ \boldsymbol{A} & \boldsymbol{O}\end{bmatrix}=\begin{bmatrix}\boldsymbol{A} & \boldsymbol{O} \\ \boldsymbol{O} & \boldsymbol{A}\end{bmatrix}$$

$$\therefore \boldsymbol{B}^4=\begin{bmatrix}\boldsymbol{A} & \boldsymbol{O} \\ \boldsymbol{O} & \boldsymbol{A}\end{bmatrix}\begin{bmatrix}\boldsymbol{A} & \boldsymbol{O} \\ \boldsymbol{O} & \boldsymbol{A}\end{bmatrix}=\begin{bmatrix}\boldsymbol{A}^2 & \boldsymbol{O} \\ \boldsymbol{O} & \boldsymbol{A}^2\end{bmatrix}$$

▶ 分塊矩陣的轉置

$$\boldsymbol{A}^T=\begin{bmatrix}\boldsymbol{A}_{11} & \boldsymbol{A}_{12} & \cdots & \boldsymbol{A}_{1s} \\ \boldsymbol{A}_{21} & \boldsymbol{A}_{22} & \cdots & \boldsymbol{A}_{2s} \\ \vdots & \vdots & & \vdots \\ \boldsymbol{A}_{r1} & \boldsymbol{A}_{r2} & \cdots & \boldsymbol{A}_{rs}\end{bmatrix}^T=\begin{bmatrix}\boldsymbol{A}_{11}^T & \boldsymbol{A}_{21}^T & \cdots & \boldsymbol{A}_{r1}^T \\ \boldsymbol{A}_{12}^T & \boldsymbol{A}_{22}^T & \cdots & \boldsymbol{A}_{r2}^T \\ \vdots & \vdots & & \vdots \\ \boldsymbol{A}_{1s}^T & \boldsymbol{A}_{2s}^T & \cdots & \boldsymbol{A}_{rs}^T\end{bmatrix}$$

分塊矩陣轉置時矩陣 A 轉置後分塊矩陣再轉置一次

例如：$\boldsymbol{B}=\begin{bmatrix} B_{11} & B_{12} \\ A_{21} & A_{22} \end{bmatrix}$, $\boldsymbol{B}_{11}=\begin{bmatrix} 1 & 0 \\ 0 & 4 \end{bmatrix}$, $\boldsymbol{B}_{21}=\begin{bmatrix} 0 & 0 \\ 0 & 0 \\ 0 & 0 \end{bmatrix}$, $\boldsymbol{B}_{12}=\begin{bmatrix} 0 & 0 & 0 \\ 0 & 0 & 0 \end{bmatrix}$

$$\boldsymbol{B}_{22}=\begin{bmatrix} 1 & 0 & 0 \\ 0 & -1 & 3 \\ 0 & 5 & 2 \end{bmatrix}，則 \boldsymbol{B}^T=\begin{bmatrix} \boldsymbol{B}_{11}^T & \boldsymbol{B}_{21}^T \\ \boldsymbol{B}_{12}^T & \boldsymbol{B}_{22}^T \end{bmatrix}=\begin{bmatrix} 1 & 0 & 0 & 0 & 0 \\ 0 & 4 & 0 & 0 & 0 \\ 0 & 0 & 1 & 0 & 0 \\ 0 & 0 & 0 & -1 & 5 \\ 0 & 0 & 0 & 3 & 2 \end{bmatrix}$$

▶ 分塊矩陣的逆矩陣

定理 A

若 $\boldsymbol{A}=\begin{bmatrix} \boldsymbol{A}_{11} & & & \\ & \boldsymbol{A}_{22} & & \mathbf{0} \\ & & \ddots & \\ & \mathbf{0} & & \boldsymbol{A}_{nn} \end{bmatrix}$，且 $\boldsymbol{A}_{11}, \boldsymbol{A}_{22}, \cdots, \boldsymbol{A}_{nn}$ 均為可逆方陣（階數不一定需相同）

則 $\boldsymbol{A}^{-1}=\begin{bmatrix} \boldsymbol{A}_{11}^{-1} & & & \\ & \boldsymbol{A}_{22}^{-1} & & \mathbf{0} \\ & & \ddots & \\ & \mathbf{0} & & \boldsymbol{A}_{mn}^{-1} \end{bmatrix}$

證

見習題第 6 題

例 7

設 $\boldsymbol{A}=\begin{bmatrix}1 & 2 & 0 & 0 & 0\\ 2 & 5 & 0 & 0 & 0\\ 0 & 0 & -2 & 0 & 0\\ 0 & 0 & 0 & -2 & 0\\ 0 & 0 & 0 & 0 & -2\end{bmatrix}$用矩陣分塊的方法求 $\boldsymbol{A}^{-1}$

解

可將 $\boldsymbol{A}$ 如下分塊：

$$\boldsymbol{A}=\begin{bmatrix}\boldsymbol{A}_1 & \boldsymbol{0}\\ \boldsymbol{0} & \boldsymbol{A}_2\end{bmatrix}，\boldsymbol{A}_1=\begin{bmatrix}1 & 2\\ 2 & 5\end{bmatrix}，\boldsymbol{A}_2=\begin{bmatrix}-2 & 0 & 0\\ 0 & -2 & 0\\ 0 & 0 & -2\end{bmatrix}$$

$$\boldsymbol{A}_1^{-1}=\begin{bmatrix}5 & -2\\ -2 & 1\end{bmatrix}，\boldsymbol{A}_2^{-1}=\begin{bmatrix}-\frac{1}{2} & 0 & 0\\ 0 & -\frac{1}{2} & 0\\ 0 & 0 & \frac{-1}{2}\end{bmatrix}$$

$$\boldsymbol{A}^{-1}=\begin{bmatrix}\boldsymbol{A}_1^{-1} & 0\\ 0 & \boldsymbol{A}_2^{-1}\end{bmatrix}，\therefore \boldsymbol{A}^{-1}=\begin{bmatrix}5 & -2 & 0 & 0 & 0\\ -2 & 1 & 0 & 0 & 0\\ 0 & 0 & -\frac{1}{2} & 0 & 0\\ 0 & 0 & 0 & -\frac{1}{2} & 0\\ 0 & 0 & 0 & 0 & -\frac{1}{2}\end{bmatrix}$$

習題 1.4　Exercise

1. A為n階非奇異陣，求

   (1) $\boldsymbol{A}^{-1}(\boldsymbol{I}\quad\boldsymbol{A})$　　(2) $(\boldsymbol{A}\quad\boldsymbol{I})^T(\boldsymbol{A}\quad\boldsymbol{I})$

   (3) $\begin{bmatrix}\boldsymbol{A}^{-1}\\ \boldsymbol{I}\end{bmatrix}\boldsymbol{A}$　　(4) $(\boldsymbol{I}\quad\boldsymbol{A})(\boldsymbol{I}\quad\boldsymbol{A})^T$

2. $\boldsymbol{A}=\begin{bmatrix}\boldsymbol{B} & \boldsymbol{D}\\ \boldsymbol{O} & \boldsymbol{C}\end{bmatrix}$為$n$階方陣，$\boldsymbol{B}$, $\boldsymbol{C}$分別為m, n階可逆方陣，若已知$\boldsymbol{A}$為可逆，試證

   $$A^{-1}=\begin{bmatrix}\boldsymbol{B}^{-1} & -\boldsymbol{B}^{-1}\boldsymbol{D}\boldsymbol{C}^{-1}\\ \boldsymbol{0} & \boldsymbol{C}^{-1}\end{bmatrix}$$

3. 若$\boldsymbol{A}=\begin{bmatrix}1&2&0&0&0\\0&1&0&0&0\\0&0&1&-1&0\\0&0&0&1&-1\\0&0&0&0&1\end{bmatrix}$先將$\boldsymbol{A}$做適當分割後求(1) $\boldsymbol{A}^T$　(2) $\boldsymbol{A}^{-1}$

4. $\boldsymbol{A}=\begin{bmatrix}1&1&0&0&0\\3&4&0&0&0\\0&0&2&0&0\\0&0&0&3&0\\0&0&0&0&4\end{bmatrix}$先將$\boldsymbol{A}$適當分割後再求$\boldsymbol{A}^{-1}$

5. $\boldsymbol{A}=\begin{bmatrix}3&2&0&0\\1&1&0&0\\0&0&2&3\\0&0&1&2\end{bmatrix}$先將$\boldsymbol{A}$適當分割後再求$\boldsymbol{A}^{-1}$

6. 試證定理 A

1.5 基本矩陣

▶ 基本矩陣

定義

基本矩陣(elementary matrix)是對單位陣作一次基本列運算後的矩陣

證

基本矩陣之形成有下列三種方式：

(1) $\boldsymbol{E}_{ij}$：將第 i 列與第 j 列互換，例 $\boldsymbol{E}_{12}$

$$\begin{bmatrix}1&0&0\\0&1&0\\0&0&1\end{bmatrix}\xrightarrow{E_{12}}\begin{bmatrix}0&1&0\\1&0&0\\0&0&1\end{bmatrix}$$

(2) $\boldsymbol{E}_i(k),\ k\neq 0$：$k$ 乘第 i 列，例 $\boldsymbol{E}_2(k)$

$$\begin{bmatrix}1&0&0\\0&1&0\\0&0&1\end{bmatrix}\xrightarrow{E_2(k)}\begin{bmatrix}1&0&0\\0&k&0\\0&0&1\end{bmatrix}$$

(3) $\boldsymbol{E}_{ij}(k),\ k\neq 0$，$k$ 乘第 i 列後，再加到第 j 列，例 $\boldsymbol{E}_{32}(k)$

$$\begin{bmatrix}1&0&0\\0&1&0\\0&0&1\end{bmatrix}\xrightarrow{E_{32}(k)}\begin{bmatrix}1&0&0\\0&1&k\\0&0&1\end{bmatrix}$$

基本矩陣左（右）乘一個矩陣的結果是對這個矩陣作相應的基本列（行）變換。換言之：

$\boldsymbol{A}$ 是一個 $m\times n$ 矩陣，對 $\boldsymbol{A}$ 施行一次**基本列變換，相當於在 $\boldsymbol{A}$ 的左邊乘一個相應的 m 階基本矩陣；對 $\boldsymbol{A}$ 施行一次基本行變換，相當於在 $\boldsymbol{A}$ 的右邊乘一個相應的 n 階基本矩陣。**

列運算	行運算
1. $E_{ij}A$：表示 A 的第 i 列與第 j 列互換 2. $AE_i(k)$：A 的第 i 列乘 k 3. $AE_{ij}(k)$：A 的第 i 列乘 k 加到第 j 列上	1. AE_{ij}：A 的第 i 行與第 j 行互換 2. $E_i(k)A$：A 的第 i 行乘 k 3. $E_{ij}(k)A$：A 的第 j 行乘 k 加到第 i 行上

例 1

(1) $\begin{bmatrix}1&0&0\\0&k&0\\0&0&1\end{bmatrix}\begin{bmatrix}a&b&c\\d&e&f\\g&h&i\end{bmatrix}=\begin{bmatrix}a&b&c\\kd&ke&kf\\g&h&i\end{bmatrix}$

$\begin{bmatrix}a&b&c\\d&e&f\\g&h&i\end{bmatrix}\begin{bmatrix}1&0&0\\0&k&0\\0&0&1\end{bmatrix}=\begin{bmatrix}a&kb&c\\d&ke&f\\g&kh&i\end{bmatrix}$

(2) $\begin{bmatrix}1&0&k\\0&1&0\\0&0&1\end{bmatrix}\begin{bmatrix}a&b&c\\d&e&f\\g&h&i\end{bmatrix}=\begin{bmatrix}a+kg&b+kh&c+ki\\d&e&f\\g&h&i\end{bmatrix}$

$\begin{bmatrix}a&b&c\\d&e&f\\g&h&i\end{bmatrix}\begin{bmatrix}1&0&k\\0&1&0\\0&0&1\end{bmatrix}=\begin{bmatrix}a&b&c+ka\\d&e&f+kd\\g&h&i+kg\end{bmatrix}$

(3) $\begin{bmatrix}1&0&0\\0&0&1\\0&1&0\end{bmatrix}\begin{bmatrix}a&b&c\\d&e&f\\g&h&i\end{bmatrix}=\begin{bmatrix}a&b&c\\g&h&i\\d&e&f\end{bmatrix}$

$\begin{bmatrix}a&b&c\\d&e&f\\g&h&i\end{bmatrix}\begin{bmatrix}1&0&0\\0&0&1\\0&1&0\end{bmatrix}=\begin{bmatrix}a&c&b\\d&f&e\\g&i&h\end{bmatrix}$

由於單位矩陣作一次基本變換便可化為基本矩陣，所以**基本矩陣都是可逆矩陣，並且其反矩陣還是基本矩陣**，如定理 A 所述。

定理 A

(1) $\boldsymbol{E}_{ij}^{-1}=\boldsymbol{E}_{ij}$

(2) $\boldsymbol{E}_{i}^{-1}(k)=\boldsymbol{E}_{i}\left(\frac{1}{k}\right)$

(3) $\boldsymbol{E}_{ij}^{-1}(k)=\boldsymbol{E}_{ij}(-k)$

我們以下例說明之：

例 2

以 $\boldsymbol{I}_3$ 為例

(1) $\boldsymbol{E}_{23}=\begin{bmatrix}1&0&0\\0&0&1\\0&1&0\end{bmatrix}$，

$$\left[\begin{array}{ccc|ccc}1&0&0&1&0&0\\0&0&1&0&1&0\\0&1&0&0&0&1\end{array}\right]\to\left[\begin{array}{ccc|ccc}1&0&0&1&0&0\\0&1&0&0&0&1\\0&0&1&0&1&0\end{array}\right]$$

$\therefore \boldsymbol{E}_{23}^{-1}=\boldsymbol{E}_{23}$

(2) $\boldsymbol{E}_2(2)=\begin{bmatrix}1&0&0\\0&2&0\\0&0&1\end{bmatrix}$，

$$\left[\begin{array}{ccc|ccc}1&0&0&1&0&0\\0&2&0&0&1&0\\0&0&1&0&0&1\end{array}\right]\to\left[\begin{array}{ccc|ccc}1&0&0&1&0&0\\0&1&0&0&\frac{1}{2}&0\\0&0&1&0&0&1\end{array}\right]$$

$\therefore \boldsymbol{E}_2^{-1}(2)=\boldsymbol{E}_2\left(\frac{1}{2}\right)$

(3) $\boldsymbol{E}_{23}(2)=\begin{bmatrix}1&0&0\\0&1&0\\0&2&1\end{bmatrix}$

$$\left[\begin{array}{ccc|ccc}1&0&0&1&0&0\\0&1&0&0&1&0\\0&2&1&0&0&1\end{array}\right]\to\left[\begin{array}{ccc|ccc}1&0&0&1&0&0\\0&1&0&0&1&0\\0&0&1&0&-2&1\end{array}\right]$$

$\therefore\ \boldsymbol{E}_{23}^{-1}(2)=\boldsymbol{E}_{23}(-2)$

定理 B

n 階可逆矩陣 $\boldsymbol{A}$ 必可表成一連串基本矩陣的積

例 3

將矩陣 $\boldsymbol{A}=\begin{bmatrix}1&2\\3&4\end{bmatrix}$ 表示成基本矩陣的乘積

解

$$\begin{bmatrix}1&2\\3&4\end{bmatrix}\xrightarrow[-3R_1+R_2\to R_2]{E_{12}(-3)}\begin{bmatrix}1&2\\0&-2\end{bmatrix}\xrightarrow[\frac{-1}{2}R_2\to R_2]{E_2\left(-\frac{1}{2}\right)}\begin{bmatrix}1&2\\0&1\end{bmatrix}\xrightarrow[-2R_2+R_1\to R_1]{E_{21}(-2)}\begin{bmatrix}1&0\\0&1\end{bmatrix}$$

從而 $\boldsymbol{E}_{21}(-2)\boldsymbol{E}_2\left(-\dfrac{1}{2}\right)\boldsymbol{E}_{12}(-3)\boldsymbol{A}=\boldsymbol{I}$

$$\therefore\ \boldsymbol{A}=\left[\boldsymbol{E}_{21}(-2)\boldsymbol{E}_2\left(-\frac{1}{2}\right)\boldsymbol{E}_{12}(-3)\right]^{-1}=\boldsymbol{E}_{12}^{-1}(-3)\boldsymbol{E}_2^{-1}\left(-\frac{1}{2}\right)\boldsymbol{E}_{21}^{-1}(-2)$$

$$=\boldsymbol{E}_{12}(3)\boldsymbol{E}_2(-2)\boldsymbol{E}_{21}(2)=\begin{bmatrix}1&0\\3&1\end{bmatrix}\begin{bmatrix}1&0\\0&-2\end{bmatrix}\begin{bmatrix}1&2\\0&1\end{bmatrix}$$

習題 1.5 Exercise

1. 將下列矩陣分解成數個基本矩陣之乘積

(1) $\begin{bmatrix} 4 & -2 \\ 1 & -1 \end{bmatrix}$ (2) $\begin{bmatrix} 3 & 2 \\ 1 & 1 \end{bmatrix}$

2. $A=\begin{bmatrix} 1 & 0 \\ 6 & 1 \end{bmatrix}$求(1) A^{-1}；(2) A^3

3. $A=\begin{bmatrix} a_{11} & a_{12} & a_{23} \\ a_{21} & a_{22} & a_{23} \\ a_{31} & a_{32} & a_{33} \end{bmatrix}$, $P_1=\begin{bmatrix} 0 & 1 & 0 \\ 1 & 0 & 0 \\ 0 & 0 & 1 \end{bmatrix}$, $P_2=\begin{bmatrix} 1 & 0 & 0 \\ 0 & 1 & 0 \\ 1 & 0 & 1 \end{bmatrix}$試用 P_1, P_2, A之連乘積表 $B=\begin{bmatrix} a_{21} & a_{22} & a_{23} \\ a_{11} & a_{12} & a_{13} \\ a_{31}+a_{11} & a_{32}+a_{12} & a_{33}+a_{13} \end{bmatrix}$

Memo

行列式

2.1 行列式的定義

行列式(determinant)據傳是清朝名數學家李善蘭譯定的名詞，似乎比英文原詞更傳神。行列式定義方式有從**重排**(permutation)著手，也有從**餘因式**(cofactor)展開著手，本書採取後者，主要因為後者較易理解。

因此，我們不妨將行列式視為一個定義域是方陣所成集合，值域為數域之函數，由此看來矩陣和行列式間有著密切關聯。方陣 $\boldsymbol{A}$ 對應之行列式有二種常見表示法：det($\boldsymbol{A}$)或$|\boldsymbol{A}|$。

▶ 餘因式

因為本書行列式是用餘因式發展出來的，因此，我們先談餘因式。

定義

將 n 階矩陣 $\begin{vmatrix} a_{11} & a_{12} & \cdots & a_{1n} \\ a_{21} & a_{22} & \cdots & a_{2n} \\ \vdots & \vdots & & \vdots \\ a_{n1} & a_{n2} & \cdots & a_{nn} \end{vmatrix}$

第 i 列和第 j 行刪去，剩下的 $n-1$ 階方陣記作 $\boldsymbol{M}_{ij}$，M_{ij} 之行列式，稱為 a_{ij} 之子式(minor)，並定義 a_{ij} 之餘因子(cofactor) A_{ij} 為：

$$A_{ij} = (-1)^{i+j}\,|M_{ij}|$$

例 1

$$A=\begin{bmatrix} a_{11} & a_{12} & a_{13} \\ a_{21} & a_{22} & a_{23} \\ a_{31} & a_{32} & a_{33} \end{bmatrix}$$，求(1) $|M_{11}|$；(2) $|M_{23}|$；(3) A_{11} 與(4) A_{23}

解

(1) $\boldsymbol{M}_{11}=\begin{bmatrix} a_{22} & a_{23} \\ a_{32} & a_{33} \end{bmatrix}$，$\therefore |\boldsymbol{M}_{11}|=\begin{vmatrix} a_{22} & a_{23} \\ a_{32} & a_{33} \end{vmatrix}=a_{22}a_{33}-a_{23}a_{32}$

(2) $\boldsymbol{M}_{23}=\begin{bmatrix} a_{11} & a_{12} \\ a_{31} & a_{32} \end{bmatrix}$，$\therefore |\boldsymbol{M}_{23}|=\begin{vmatrix} a_{11} & a_{12} \\ a_{31} & a_{32} \end{vmatrix}=a_{11}a_{32}-a_{12}a_{31}$

(3) $\boldsymbol{A}_{11}=(-1)^{1+1}|\boldsymbol{M}_{11}|=(a_{22}a_{33}-a_{23}a_{32})$

(4) $\boldsymbol{A}_{23}=(-1)^{2+3}|\boldsymbol{M}_{23}|=(-1)-(a_{11}a_{23}+a_{13}a_{31})=-a_{11}a_{32}+a_{12}a_{31}$

三個先備之行列式

(1) 一階行列式 $|a|=a$

(2) 二階行列式

$$\begin{vmatrix} a_{11} & a_{12} \\ a_{21} & a_{22} \end{vmatrix}=a_{11}a_{22}-a_{12}a_{21}$$

(3) 三階行列式

$$\begin{vmatrix} a_{11} & a_{12} & a_{13} \\ a_{21} & a_{22} & a_{23} \\ a_{31} & a_{32} & a_{33} \end{vmatrix}=a_{11}\begin{vmatrix} a_{22} & a_{23} \\ a_{32} & a_{33} \end{vmatrix}-a_{12}\begin{vmatrix} a_{21} & a_{23} \\ a_{21} & a_{33} \end{vmatrix}+a_{13}\begin{vmatrix} a_{21} & a_{22} \\ a_{31} & a_{32} \end{vmatrix}$$

$$=a_{11}a_{22}a_{33}-a_{11}a_{23}a_{32}+a_{12}a_{23}a_{31}-a_{12}a_{21}a_{33}+a_{13}a_{21}a_{32}-a_{13}a_{22}a_{31}$$

此即 Sarrus 公式。Sarrus 法在四階時便不適用。

附記

可用 Sarrus 氏圖解法幫助記憶：

$$
\begin{vmatrix} a & b & c \\ d & e & f \\ g & h & i \end{vmatrix} =
\begin{array}{ccccc}
a & b & c & a & b \\
d & e & f & d & e \\
g & h & i & g & h
\end{array}
$$

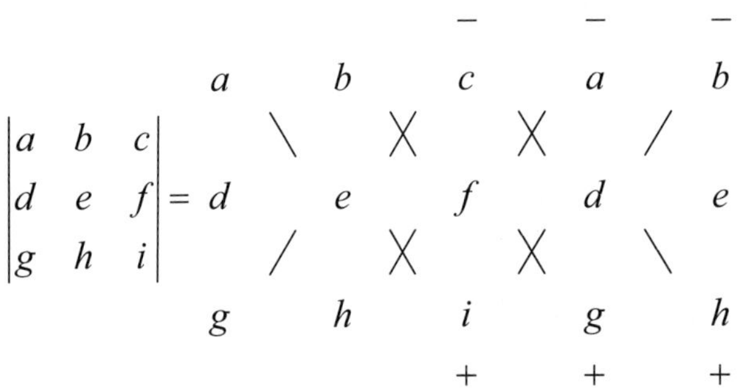

$$= aei + bfg + cdh - gec - hfa - idb$$

例 2

求 $\begin{vmatrix} -2 & 0 \\ 3 & 4 \end{vmatrix}$

解

$$\begin{vmatrix} -2 & 0 \\ 3 & 4 \end{vmatrix} = (-2) \cdot 4 - 3 \cdot 0 = -8$$

定義

n 階方陣 A 之行列式記做 $\det(A)$（或 $|A|$）定義為：

$$|A| = \begin{cases} a_{11} & , \quad n = 1 \\ a_{11}A_{11} + a_{12}A_{12} + \cdots + a_{1n}A_{1n} & , \quad n > 1 \end{cases}$$

A_{ij} 是 a_{ij} 之餘因式

定理 A

n 階行列式等於它的任意一列（行）的所有元素與它們對應的餘因式乘積之和，即

$$|A|=\begin{cases} a_{11} & , \quad n=1 \\ a_{i1}A_{i1}+a_{i2}A_{i2}+\ldots+a_{in}A_{in} & , \quad n>1 \end{cases}$$

或

$$|A|=\begin{cases} a_{11} & , \quad n=1 \\ a_{1j}A_{1j}+a_{2j}A_{2j}+\ldots+a_{nj}A_{nj} & , \quad n>1 \end{cases}$$

定理 A 是由定義發展出來更一般化結果。

例 3

求 $\begin{vmatrix} 3 & 2 & 4 \\ 1 & -2 & 3 \\ 2 & 3 & 2 \end{vmatrix}$

解

$$\begin{vmatrix} 3 & 2 & 4 \\ 1 & -2 & 3 \\ 2 & 3 & 2 \end{vmatrix}=3\times(-2)\times2+2\times3\times2+4\times1\times3-4\times(-2)\times2-2\times1\times2-3\times3\times3$$

$$=-12+12+12+16-4-27=-3$$

我們若用餘因式展開（由第一列展開）：

$$\begin{vmatrix} 3 & 2 & 4 \\ 1 & -2 & 3 \\ 2 & 3 & 2 \end{vmatrix} = 3(-1)^{1+1}\begin{vmatrix} -2 & 3 \\ 3 & 2 \end{vmatrix} + 2(-1)^{1+2}\begin{vmatrix} 1 & 3 \\ 2 & 2 \end{vmatrix} + 4(-1)^{1+3}\begin{vmatrix} 1 & -2 \\ 2 & 3 \end{vmatrix}$$

$$= 3\begin{vmatrix} -2 & 3 \\ 3 & 2 \end{vmatrix} - 2\begin{vmatrix} 1 & 3 \\ 2 & 2 \end{vmatrix} + 4\begin{vmatrix} 1 & -2 \\ 2 & 3 \end{vmatrix}$$

$$= 3(-4-9) - 2(2-6) + 4(3+4)$$

$$= -39 + 8 + 28 = -3$$

讀者亦可由第 2 行展開，結果當然也是 -3。

利用餘因式展開，我們很容易得到以下結果：

(1) **對角行列式**

$$\begin{vmatrix} a_{11} & 0 & \dots & 0 \\ 0 & a_{22} & \dots & 0 \\ \vdots & \vdots & & \vdots \\ 0 & 0 & \dots & a_{nn} \end{vmatrix} = a_{11}a_{22}\cdots a_{nn}$$

(2) **上三角行列式**等於對角線上元素之乘積，即

$$\begin{vmatrix} a_{11} & a_{12} & \dots & a_{1n} \\ 0 & a_{22} & \dots & a_{2n} \\ \vdots & \vdots & & \vdots \\ 0 & 0 & \dots & a_{nn} \end{vmatrix} = a_{11}a_{22}\cdots a_{nn}$$

(3) **下三角行列式**也等於對角線上元素的乘積，即

$$\begin{vmatrix} a_{11} & 0 & \dots & 0 \\ a_{21} & a_{22} & \dots & 0 \\ \vdots & \vdots & & \vdots \\ a_{n1} & a_{n2} & \dots & a_{nn} \end{vmatrix} = a_{11}a_{22}\cdots a_{nn}$$

例 4

求$\begin{vmatrix} 1 & 0 & 0 & 0 \\ 0 & 1 & 4 & 0 \\ 0 & 1 & 2 & 0 \\ 0 & 0 & 0 & 3 \end{vmatrix}$

附記

(1) 用餘因式展開求行列式時可從含 0 較多之列或行著手

(2) 注意 ± 號規則

解

（方法一）

我們從第一列展開：

$$原式=(-1)^{1+1}1\begin{vmatrix} 1 & 4 & 0 \\ 1 & 2 & 0 \\ 0 & 0 & 3 \end{vmatrix}=(-1)^{3+3}3\begin{vmatrix} 1 & 4 \\ 1 & 2 \end{vmatrix}=3(2-4)=-6$$

（方法二）

我們從第四行展開：

$$原式=3(-1)^{4+4}\begin{vmatrix} 1 & 0 & 0 \\ 0 & 1 & 4 \\ 0 & 1 & 2 \end{vmatrix}=(-1)^{1+1}3\begin{vmatrix} 1 & 4 \\ 1 & 2 \end{vmatrix}=3(-2)=-6$$

（方法三）

我們從第三列展開：

$$原式=(-1)^{3+2}\begin{vmatrix} 1 & 0 & 0 \\ 0 & 4 & 0 \\ 0 & 0 & 3 \end{vmatrix}+(-1)^{3+3}2\begin{vmatrix} 1 & 0 & 0 \\ 0 & 1 & 0 \\ 0 & 0 & 3 \end{vmatrix}$$

$$=-12+6=-6$$

例 5

求 $\begin{vmatrix} a & 0 & 0 & b \\ 0 & c & d & 0 \\ 0 & e & f & 0 \\ g & 0 & 0 & h \end{vmatrix}$

解

（方法一）

由第一行展開

$$原式=(-1)^{1+1}a\begin{vmatrix} c & d & 0 \\ e & f & 0 \\ 0 & 0 & h \end{vmatrix}+(-1)^{4+1}g\begin{vmatrix} 0 & 0 & b \\ c & d & 0 \\ e & f & 0 \end{vmatrix}$$

$$=a(-1)^{3+3}h\begin{vmatrix} c & d \\ e & f \end{vmatrix}-g(-1)^{1+3}b\begin{vmatrix} c & d \\ e & f \end{vmatrix}$$

$$=ah(cf-de)-bg(cf-de)=(ah-bg)(cf-de)$$

（方法二）

我們也可由第 4 行展開

$$原式=(-1)^{1+4}b\begin{vmatrix} 0 & c & d \\ 0 & e & f \\ g & 0 & 0 \end{vmatrix}+(-1)^{4+4}h\begin{vmatrix} a & 0 & 0 \\ 0 & c & d \\ 0 & e & f \end{vmatrix}$$

$$=-b\begin{vmatrix} 0 & c & d \\ 0 & e & f \\ g & 0 & 0 \end{vmatrix}+h\begin{vmatrix} a & 0 & 0 \\ 0 & c & d \\ 0 & e & f \end{vmatrix}$$

$$=-b(-1)^{3+1}g\begin{vmatrix} c & d \\ e & f \end{vmatrix}+h(-1)^{1+1}a\begin{vmatrix} c & d \\ e & f \end{vmatrix}$$

$$=-bg(cf-de)+ha(cf-de)=(ah-bg)(cf-de)$$

例 6

求 $\begin{vmatrix} 0 & 0 & 0 & a_{14} \\ 0 & 0 & a_{23} & 0 \\ 0 & a_{32} & 0 & 0 \\ a_{41} & 0 & 0 & 0 \end{vmatrix}$

解

由第四列展開

$$原式=(-1)^{4+1}a_{41}\begin{vmatrix} 0 & 0 & a_{14} \\ 0 & a_{23} & 0 \\ a_{32} & 0 & 0 \end{vmatrix}$$

$$=-a_{41}\cdot(-1)^{3+3}a_{32}\begin{vmatrix} 0 & a_{14} \\ a_{23} & 0 \end{vmatrix}$$

$$=-a_{41}a_{32}(-a_{23}a_{14})=a_{14}a_{23}a_{32}a_{41}$$

附記

小心：

$$\begin{vmatrix} 0 & 0 & a_{14} \\ 0 & a_{23} & 0 \\ a_{32} & 0 & 0 \end{vmatrix}=(-1)^{3+1}a_{32}\begin{vmatrix} 0 & a_{14} \\ a_{23} & 0 \end{vmatrix}=-a_{14}a_{23}a_{32}$$

因為 a_{32} 在新的行列式是第 3 列第 1 行之元素

習題 2.1 Exercise

1. 求 $\begin{vmatrix} 0 & 0 & 0 & d \\ 0 & 0 & c & 0 \\ 0 & b & 0 & 0 \\ a & 0 & 0 & 0 \end{vmatrix}$

2. 求 $\begin{vmatrix} a & b & 0 & 0 \\ 0 & c & d & 0 \\ 0 & 0 & e & f \\ g & h & 0 & 0 \end{vmatrix}$

3. 求 $\begin{vmatrix} 1 & 0 & 0 & 0 \\ 3 & 2 & 0 & 0 \\ 5 & 4 & 9 & 0 \\ 7 & 6 & 10 & 1 \end{vmatrix}$

4. 若 $\begin{vmatrix} 1 & 0 & 0 \\ 2 & 3 & 0 \\ 0 & 0 & x \end{vmatrix}=6$，求 x

5. 驗證 $\begin{vmatrix} a_{11} & a_{12} & a_{13} \\ a_{21} & a_{22} & a_{23} \\ a_{31} & a_{32} & a_{33} \end{vmatrix}$，求 $a_{11}A_{31}-a_{12}A_{32}+a_{13}A_{33}$

6. 計算

(1) $\begin{vmatrix} 1 & 3 \\ 0 & 2 \end{vmatrix}$ (2) $\begin{vmatrix} \cos x & \sin x \\ -\sin x & \cos x \end{vmatrix}$ (3) $\begin{vmatrix} 2 & 0 & 0 \\ 0 & 3 & 0 \\ 0 & 0 & -1 \end{vmatrix}$

(4) $\begin{vmatrix} 1 & 6 & 0 \\ 0 & 15 & 3 \\ 0 & 0 & 1 \end{vmatrix}$ (5) $\begin{vmatrix} 1 & 0 & 0 \\ 2 & 4 & 0 \\ 3 & 6 & 5 \end{vmatrix}$

2.2 行列式的性質

定理 A

行列式與其轉置後之行列式相等，即$|\boldsymbol{A}|=|\boldsymbol{A}^T|$

定理 B

若$\boldsymbol{A}$、$\boldsymbol{B}$、$\boldsymbol{I}$均為同階方陣，則$|\boldsymbol{AB}|=|\boldsymbol{BA}|$

特別注意到定理 B 在$\boldsymbol{A}$，$\boldsymbol{B}$**必須是同階方陣時方成立**，若$\boldsymbol{A}$為$m\times n$階矩陣，$\boldsymbol{B}$為$n\times m$階矩陣時$|\boldsymbol{AB}|=|\boldsymbol{BA}|$並不恆成立。

例 1

試找二個矩陣$\boldsymbol{A}$，$\boldsymbol{B}$分別為$m\times n$與$n\times m$階說明$|\boldsymbol{AB}|\neq|\boldsymbol{BA}|$

解

取$\boldsymbol{A}=\begin{bmatrix}1&0&1\\0&0&1\end{bmatrix}$，$\boldsymbol{B}=\begin{bmatrix}1&0&1\\0&0&1\end{bmatrix}^T$

則$\boldsymbol{AB}=\begin{bmatrix}2&1\\1&1\end{bmatrix}$，$\boldsymbol{BA}=\begin{bmatrix}1&0&1\\0&0&0\\1&0&2\end{bmatrix}$

$|\boldsymbol{AB}|=1$，$|\boldsymbol{BA}|=0$ $\quad\therefore\boldsymbol{A}$，$\boldsymbol{B}$不同階時$|\boldsymbol{AB}|=|\boldsymbol{BA}|$不恆成立

定理 C

$|\boldsymbol{A}|$之任二列（行）對換得新的行列式，則新行列式為原行列式之(-1)倍

例 2

若 $D=\begin{vmatrix} a & d & g \\ b & e & h \\ c & f & i \end{vmatrix}$ 試用 D 表示(1) $\begin{vmatrix} g & d & a \\ h & e & b \\ i & f & c \end{vmatrix}$ (2) $\begin{vmatrix} g & a & d \\ h & b & e \\ i & c & f \end{vmatrix}$

解

(1) $\begin{vmatrix} a & d & g \\ b & e & h \\ c & f & i \end{vmatrix}$ 第 1 行與第 3 行對換 ∴ $\begin{vmatrix} g & d & a \\ h & e & b \\ i & f & c \end{vmatrix}=-D$

(2) $\begin{vmatrix} a & d & g \\ b & e & h \\ c & f & i \end{vmatrix}$ 第 2 行與第 3 行對換 $-\begin{vmatrix} a & g & d \\ b & h & e \\ c & i & f \end{vmatrix}$ 第 1 行與第 2 行對換

$-\left(-\begin{vmatrix} g & a & d \\ h & b & e \\ i & c & f \end{vmatrix}\right)=\begin{vmatrix} g & a & d \\ h & b & e \\ i & c & f \end{vmatrix}=D$

定理 D

若行列式中，

(1) 某列（行）的元素全為 0，則行列式為 0

(2) 某二列（行）相等時，則行列式為 0

證

(1) 假設第 i 列之元素均為 0，以第 i 列作餘因式展開，則

$$|A|=a_{i1}A_{i1}+a_{i2}A_{i2}+\cdots+a_{in}A_{in}=0A_{i1}+0A_{i2}+\cdots+0A_{in}=0$$

(2) 設 A 之第 i 列與第 j 列相等

$$|A|=a_{i1}A_{i1}+a_{i2}A_{i2}+\cdots+a_{in}A_{in} \qquad (1)$$

因第 i 列與第 j 列相等 $(i \neq j)$

$$\therefore a_{i1} = a_{j1},\ a_{i2} = a_{j2} \cdots,\ a_{in} = a_{jn} \qquad (2)$$

代(2)入(1)

$$|A| = a_{j1}A_{i1} + a_{j2}A_{i2} + \cdots + a_{jn}A_{in} = 0$$（由 2.1 節定理 A）

定理 E

行列式中若有某二行（列）成比例，則此行列式為 0

定理 F

行列式之行（列）各元素乘以 c 倍，其結果相當於 c 倍之行列式。即

$$\begin{vmatrix} a_{11} & a_{12} & \cdots & a_{1n} \\ \vdots & \vdots & & \vdots \\ ka_{i1} & ka_{i2} & \cdots & ka_{in} \\ \vdots & \vdots & & \vdots \\ a_{n1} & a_{n2} & \cdots & a_{nn} \end{vmatrix} = k \begin{vmatrix} a_{11} & a_{12} & \cdots & a_{1n} \\ \vdots & \vdots & & \vdots \\ a_{i1} & a_{i2} & \cdots & a_{in} \\ \vdots & \vdots & & \vdots \\ a_{n1} & a_{n2} & \cdots & a_{nn} \end{vmatrix}$$

由定理 F，不難推知 $|cA| = c^n |A|$。

定理 G

若 n 階方陣 A 為可逆，則 $|A^{-1}| = |A|^{-1}$

證

$\because A$ 為可逆 $\therefore A \cdot A^{-1} = I \quad |A \cdot A^{-1}| = |I| \Rightarrow |A||A^{-1}| = 1$，即 $|A^{-1}| = |A|^{-1}$

定理 H

若行列式的某一列（行）中各元素均為兩列（行）之和，則此行列式等於兩個行列式之和。即

$$\begin{vmatrix} a_{11} & a_{12} & \cdots & a_{1n} \\ \vdots & \vdots & & \vdots \\ a_{i1}+b_{i1} & a_{i2}+b_{i2} & \cdots & a_{in}+b_{in} \\ \vdots & \vdots & & \vdots \\ a_{n1} & a_{n2} & \cdots & a_{nn} \end{vmatrix}$$

$$=\begin{vmatrix} a_{11} & a_{12} & \cdots & a_{1n} \\ \vdots & \vdots & & \vdots \\ a_{i1} & a_{i2} & \cdots & a_{in} \\ \vdots & \vdots & & \vdots \\ a_{n1} & a_{n2} & \cdots & a_{nn} \end{vmatrix}+\begin{vmatrix} a_{11} & a_{12} & \cdots & a_{1n} \\ \vdots & \vdots & & \vdots \\ b_{i1} & b_{i2} & \cdots & b_{in} \\ \vdots & \vdots & & \vdots \\ a_{n1} & a_{n2} & \cdots & a_{nn} \end{vmatrix}$$

定理 I

把行列式的某一列（行）的各元素乘以同一數加到另一列（行）的對應元素上，行列式的值不變

例 3

不得展開，試證：$\begin{vmatrix} a_1+kb_1 & b_1+c_1 & c_1 \\ a_2+kb_2 & b_2+c_2 & c_2 \\ a_3+kb_3 & b_3+c_3 & c_3 \end{vmatrix} = \begin{vmatrix} a_1 & b_1 & c_1 \\ a_2 & b_2 & c_2 \\ a_3 & b_3 & c_3 \end{vmatrix}$

解

$$\begin{vmatrix} a_1+kb_1 & b_1+c_1 & c_1 \\ a_2+kb_2 & b_2+c_2 & c_2 \\ a_3+kb_3 & b_3+c_3 & c_3 \end{vmatrix} = \begin{vmatrix} a_1+kb_1 & b_1 & c_1 \\ a_2+kb_2 & b_2 & c_2 \\ a_3+kb_3 & b_3 & c_3 \end{vmatrix} + \underbrace{\begin{vmatrix} a_1+kb_1 & c_1 & c_1 \\ a_2+kb_2 & c_2 & c_2 \\ a_3+kb_3 & c_3 & c_3 \end{vmatrix}}_{0}$$

$$= \begin{vmatrix} a_1+kb_1 & b_1 & c_1 \\ a_2+kb_2 & b_2 & c_2 \\ a_3+kb_3 & b_3 & c_3 \end{vmatrix} = \begin{vmatrix} a_1 & b_1 & c_1 \\ a_2 & b_2 & c_2 \\ a_3 & b_3 & c_3 \end{vmatrix}$$

例 4

不許展開，試證 $\begin{vmatrix} 1 & a & bc \\ 1 & b & ac \\ 1 & c & ab \end{vmatrix} = \begin{vmatrix} 1 & a & a^2 \\ 1 & b & b^2 \\ 1 & c & c^2 \end{vmatrix}$

解

$$\begin{vmatrix} 1 & a & bc \\ 1 & b & ac \\ 1 & c & ab \end{vmatrix} = \frac{1}{abc}\begin{vmatrix} a & a^2 & abc \\ b & b^2 & abc \\ c & c^2 & abc \end{vmatrix} \text{（第 1, 2, 3 行分乘 } a, b, c\text{）}$$

$$= \frac{1}{abc}\begin{vmatrix} abc & a & a^2 \\ abc & b & b^2 \\ abc & c & c^2 \end{vmatrix} = \begin{vmatrix} 1 & a & a^2 \\ 1 & b & b^2 \\ 1 & c & c^2 \end{vmatrix}$$

例 5

A 為奇數階反對稱陣即 $\boldsymbol{A}^T = -\boldsymbol{A}$，試證 $|\boldsymbol{A}| = 0$

解

$\because$ $\boldsymbol{A}$ 為反對稱陣又 $|\boldsymbol{A}^T| = |-\boldsymbol{A}| \Leftrightarrow |\boldsymbol{A}| = (-1)^n |\boldsymbol{A}| = -|\boldsymbol{A}|$

$\therefore |\boldsymbol{A}| = 0$

我們可用$|A| \neq 0$則A為非奇異陣，這是證明方陣A為奇異陣或非奇異陣之一個重要方法。

例 6

$\boldsymbol{A}$為n階非奇異冪等陣，試證$\boldsymbol{A}=\boldsymbol{I}$

解

$\because \boldsymbol{A}^2 = A$ 且 $\boldsymbol{A}$ 為非奇異陣即 $\boldsymbol{A}^{-1}$ 存在

$\therefore \boldsymbol{A}^{-1} \cdot \boldsymbol{A}^2 = \boldsymbol{A}^{-1}\boldsymbol{A} \Rightarrow \boldsymbol{A} = \boldsymbol{I}$

例 7

$\boldsymbol{A}$，$\boldsymbol{B}$為同階方陣，若$\boldsymbol{A}$為奇異陣，試證$\boldsymbol{AB}$為奇異陣

解

$|\boldsymbol{AB}| = |\boldsymbol{A}||\boldsymbol{B}| = 0|\boldsymbol{B}| = 0 \quad \therefore \boldsymbol{AB}$ 為奇異陣

定理 J

一個特殊行列式：凡德蒙行列式(Vandermonde determinant)

$$D_n = \begin{vmatrix} 1 & 1 & 1 & \cdots & 1 \\ x_1 & x_2 & x_3 & \cdots & x_n \\ x_1^2 & x_2^2 & x_3^2 & \cdots & x_n^2 \\ \vdots & \vdots & \vdots & & \vdots \\ x_1^{n-2} & x_2^{n-2} & x_3^{n-2} & \cdots & x_n^{n-2} \\ x_1^{n-1} & x_2^{n-1} & x_3^{n-1} & \cdots & x_n^{n-1} \end{vmatrix}$$

$$\begin{aligned} = \; & (x_2 - x_1) \\ & (x_3 - x_2) \quad (x - x_1) \\ & (x_4 - x_3) \quad (x_4 - x_2) \quad (x_4 - x_1) \\ & \qquad\qquad \cdots\cdots\cdots \\ & (x_n - x_{n-1}) \quad (x_n - x_{n-2}) \quad \cdots\cdots \quad (x_n - x_1) \end{aligned}$$

	解答	說明
$n=3$	$\begin{vmatrix} 1 & a & a^2 \\ 1 & b & b^2 \\ 1 & c & c^2 \end{vmatrix}$（只看第 2 行） $=(c-b)(c-a)(b-a)$	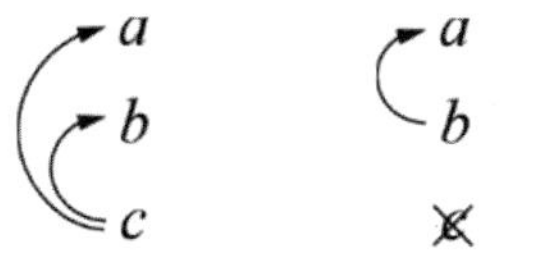 (c-b)(c-a)　(b-a)
$n=4$	$\begin{vmatrix} 1 & a & a^2 & a^3 \\ 1 & b & b^2 & b^3 \\ 1 & c & c^2 & c^3 \\ 1 & d & d^2 & d^3 \end{vmatrix}$ $=(d-c)(d-b)(d-a)(c-b)$ $(c-a)(b-a)$	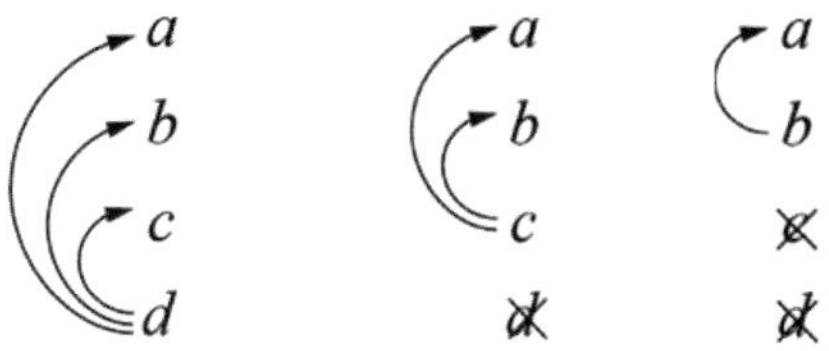 (d-c)(d-b)(d-a)　(c-b)(c-a)　(b-a)

例 8

求 $\begin{vmatrix} 1 & 2 & 2^2 & 2^3 & 2^4 \\ 1 & 3 & 3^2 & 3^3 & 3^4 \\ 1 & 4 & 4^2 & 4^3 & 4^4 \\ 1 & 5 & 5^2 & 5^3 & 5^4 \\ 1 & 6 & 6^2 & 6^3 & 6^4 \end{vmatrix}$

解

$$\begin{vmatrix} 1 & 2 & 2^2 & 2^3 & 2^4 \\ 1 & 3 & 3^2 & 3^3 & 3^4 \\ 1 & 4 & 4^2 & 4^3 & 4^4 \\ 1 & 5 & 5^2 & 5^3 & 5^4 \\ 1 & 6 & 6^2 & 6^3 & 6^4 \end{vmatrix} = (6-5)(6-4)(6-3)(6-2)\cdot(5-4)(5-3)(5-2)\cdot(4-3)(4-2)\cdot(3-2)$$

$$=288$$

▶ Chio 氏降階法

定理 K

$$A=\begin{bmatrix} a_{11} & a_{12} & \cdots & a_{1n} \\ a_{21} & a_{22} & \cdots & a_{2n} \\ \cdots & \cdots & \cdots & \cdots \\ a_{n1} & a_{n2} & \cdots & a_{nn} \end{bmatrix}\text{，若 } a_{11}\neq 0\text{，}$$

$$\text{則 }\det(A)=\frac{1}{a_{11}^2}\begin{vmatrix} \begin{vmatrix} a_{11} & a_{12} \\ a_{21} & a_{23} \end{vmatrix} & \begin{vmatrix} a_{11} & a_{13} \\ a_{21} & a_{23} \end{vmatrix} & \cdots & \begin{vmatrix} a_{11} & a_{1n} \\ a_{21} & a_{2n} \end{vmatrix} \\ \begin{vmatrix} a_{11} & a_{12} \\ a_{31} & a_{32} \end{vmatrix} & \begin{vmatrix} a_{11} & a_{13} \\ a_{31} & a_{32} \end{vmatrix} & \cdots & \begin{vmatrix} a_{11} & a_{1n} \\ a_{31} & a_{3n} \end{vmatrix} \\ \cdots & \cdots & \cdots & \cdots \\ \begin{vmatrix} a_{11} & a_{12} \\ a_{n1} & a_{n3} \end{vmatrix} & \begin{vmatrix} a_{11} & a_{12} \\ a_{n1} & a_{n3} \end{vmatrix} & \cdots & \begin{vmatrix} a_{11} & a_{12} \\ a_{n1} & a_{n3} \end{vmatrix} \end{vmatrix}$$

若遇 a_{11} 為 0 時可先行換列或行後，再用 Chio 氏降階法。

例 9

我們以上節例 3 說明降階法 $D=\begin{vmatrix} 3 & 2 & 4 \\ 1 & -2 & 3 \\ 2 & 3 & 2 \end{vmatrix}$

解

$a_{11}=3\neq 0$

$$D=\frac{1}{3^{3-2}}\begin{vmatrix}\begin{vmatrix}3 & 2\\1 & -2\end{vmatrix} & \begin{vmatrix}3 & 4\\1 & 3\end{vmatrix}\\ \begin{vmatrix}3 & 2\\2 & 3\end{vmatrix} & \begin{vmatrix}3 & 4\\2 & 2\end{vmatrix}\end{vmatrix}$$

$$=\frac{1}{3}\begin{vmatrix}-8 & 5\\5 & -2\end{vmatrix}$$

$$=\frac{1}{3}\big((-8)(-2)-5\cdot 5\big)=-3$$

例 10

用 Chio 氏降階法求 $\begin{vmatrix}1 & 0 & 1 & 1\\2 & 1 & 0 & -1\\3 & -1 & 1 & 1\\0 & 1 & 0 & 1\end{vmatrix}$

解

$a_{11}=1$

$$\text{原式}=\begin{vmatrix}\begin{vmatrix}1 & 0\\2 & 1\end{vmatrix} & \begin{vmatrix}1 & 1\\2 & 0\end{vmatrix} & \begin{vmatrix}1 & 1\\2 & -1\end{vmatrix}\\ \begin{vmatrix}1 & 0\\3 & -1\end{vmatrix} & \begin{vmatrix}1 & 1\\3 & 1\end{vmatrix} & \begin{vmatrix}1 & 1\\3 & 1\end{vmatrix}\\ \begin{vmatrix}1 & 0\\0 & 1\end{vmatrix} & \begin{vmatrix}1 & 1\\0 & 0\end{vmatrix} & \begin{vmatrix}1 & 1\\0 & 1\end{vmatrix}\end{vmatrix}=\begin{vmatrix}1 & -2 & -3\\-1 & -2 & -2\\1 & 0 & 1\end{vmatrix}\quad (a_{11}=1)$$

$$=\begin{vmatrix}\begin{vmatrix}1 & -2\\-1 & -2\end{vmatrix} & \begin{vmatrix}1 & -3\\-1 & -2\end{vmatrix}\\ \begin{vmatrix}1 & -2\\1 & 0\end{vmatrix} & \begin{vmatrix}1 & -3\\1 & 1\end{vmatrix}\end{vmatrix}$$

$$=\begin{vmatrix}-4 & -5\\2 & 4\end{vmatrix}=-6$$

習題 2.2 Exercise

1. 下列敘述何者成立？

   (1) $\boldsymbol{A}$, $\boldsymbol{B}$ 均為 n 階方陣若 $\boldsymbol{AB}$ 為非奇異陣，則 $\boldsymbol{A}$, $\boldsymbol{B}$ 中可能有一個是奇異陣

   (2) 若 $\boldsymbol{A}$, $\boldsymbol{B}$ 均為同階方陣，若 $\boldsymbol{A}+\boldsymbol{B}$ 為非奇異陣，則 $\boldsymbol{A}$, $\boldsymbol{B}$ 均為非奇異陣

   (3) 若 $\boldsymbol{A}$ 為 $m\times n$ 階矩陣，$\boldsymbol{B}$ 為 $n\times m$ 階矩陣則 $|\boldsymbol{AB}|=|\boldsymbol{BA}|$ 亦成立

2. 用 Vandermonde 行列式及 Chio 氏降階法分別求行列式：

$$\begin{vmatrix} 1 & 3 & 3^2 \\ 1 & 5 & 5^2 \\ 1 & 7 & 7^2 \end{vmatrix}$$

3. 是否存在一個二階實方陣 $\boldsymbol{A}$ 滿足 $\boldsymbol{A}^4=\begin{bmatrix} 1 & 2 \\ 1 & 1 \end{bmatrix}$？

4. 若 $\boldsymbol{A}$ 為 n 階非奇異陣，試證 $\boldsymbol{A}^T\boldsymbol{A}$ 必為非奇異陣

5. 計算下列行列式：

   (1) $\begin{vmatrix} a & b & a+b \\ b & a+b & a \\ a+b & a & b \end{vmatrix}$

   (2) $\begin{vmatrix} 1 & 1 & 1 & 1 \\ 1 & 1+a & 1 & 1 \\ 1 & 1 & 1+b & 1 \\ 1 & 1 & 1 & 1+c \end{vmatrix}$

   (3) $\begin{vmatrix} b+c & a+c & a+b \\ a & b & c \\ a^2 & b^2 & c^2 \end{vmatrix}$

Exercise

6. 不許展開，試證：

(1) $$\begin{vmatrix} b_1+c_1 & c_1+a_1 & a_1+b_1 \\ b_2+c_2 & c_2+a_2 & a_2+b_2 \\ b_3+c_3 & c_3+a_3 & a_3+b_3 \end{vmatrix} = 2\begin{vmatrix} a_1 & b_1 & c_1 \\ a_2 & b_2 & c_2 \\ a_3 & b_3 & c_3 \end{vmatrix}$$

(2) $$\begin{vmatrix} bcd & a & a^2 & a^3 \\ acd & b & b^2 & b^3 \\ abd & c & c^2 & c^3 \\ abc & d & d^2 & d^3 \end{vmatrix} = \begin{vmatrix} 1 & a^2 & a^3 & a^4 \\ 1 & b^2 & b^3 & b^4 \\ 1 & c^2 & c^3 & c^4 \\ 1 & d^2 & d^3 & d^4 \end{vmatrix}$$

2.3 Cramer 法則

線性聯立方程組 $\boldsymbol{Ax}=\boldsymbol{b}$，$\boldsymbol{A}$ 為 n 階方陣，$\boldsymbol{b}\in\mathbf{R}^n$，解法除第一章之高斯約丹消去法、反矩陣法等，本節要介紹另一種古典的線性聯立方程式解法－Cramer 法則。

▶ 伴隨矩陣

定義

設 n 階方陣 $\boldsymbol{A}=[\,a_{ij}\,]_{n\times n}$，$\boldsymbol{A}_{ij}$ 是 $|\boldsymbol{A}|$ 中元素 a_{ij} 的餘因子，$\boldsymbol{A}$ 的伴隨矩陣 (adjoint matrix) $adj\ \boldsymbol{A}$ 定義為：

$$adj(\boldsymbol{A})=\begin{bmatrix} A_{11} & A_{12} & \cdots & A_{1n} \\ A_{21} & A_{22} & \cdots & A_{2n} \\ \cdots & \cdots & \cdots & \cdots \\ A_{n1} & A_{n2} & \cdots & A_{nn} \end{bmatrix}^T=\begin{bmatrix} \boldsymbol{A}_{11} & \boldsymbol{A}_{21} & \cdots & \boldsymbol{A}_{n1} \\ \boldsymbol{A}_{12} & \boldsymbol{A}_{22} & \cdots & \boldsymbol{A}_{n2} \\ \vdots & \vdots & & \vdots \\ \boldsymbol{A}_{1n} & \boldsymbol{A}_{2n} & \cdots & \boldsymbol{A}_{nn} \end{bmatrix}$$

例 1

求 $\boldsymbol{A}=\begin{bmatrix} 1 & 0 & 1 \\ 2 & -1 & 1 \\ 3 & 2 & 1 \end{bmatrix}$ 之 $adj(\boldsymbol{A})$

解

我們只求 A_{12}，A_{23}，餘請讀者自行演練。

$\boldsymbol{A}_{12}=(-1)^{1+2}\begin{vmatrix} 2 & 1 \\ 3 & -1 \end{vmatrix}=5$；$A_{23}=(-1)^{2+3}\begin{vmatrix} 1 & 0 \\ 3 & 2 \end{vmatrix}=-2$

……

$$\therefore adj(\boldsymbol{A})=\begin{bmatrix} -1 & 5 & 7 \\ 2 & -4 & -2 \\ 1 & 1 & -1 \end{bmatrix}^T=\begin{bmatrix} -1 & 2 & 1 \\ 5 & -4 & 1 \\ 7 & -2 & -1 \end{bmatrix}$$

定理 A

A 為 n 階方陣，則 $A\,adj(A)=|A|I$

證

$$A\,adj(A)=\begin{bmatrix} a_{11} & a_{12} & \cdots & a_{1n} \\ a_{21} & a_{22} & \cdots & a_{2n} \\ \vdots & \vdots & & \vdots \\ a_{n1} & a_{n2} & \cdots & a_{nn} \end{bmatrix}\begin{bmatrix} A_{11} & A_{21} & \cdots & A_{n1} \\ A_{12} & A_{22} & \cdots & A_{n2} \\ \vdots & \vdots & & \vdots \\ A_{1n} & A_{2n} & \cdots & A_{nn} \end{bmatrix}$$

$$=\begin{bmatrix} |A| & & & \mathbf{0} \\ & |A| & & \\ & & \ddots & \\ \mathbf{0} & & & |A| \end{bmatrix}=|A|I$$

定理 A 是伴隨矩陣最重要定理。

例 2

若 A 為非奇異陣，試證 $adj(A)$ 亦為非奇異陣，且 $(adj(A))^{-1}=adj(A^{-1})$

解

(1) 由定理 A，$A\,adj(A)=|A|I$，$\because$ A 為非奇異陣，$|A|\neq 0$

$\therefore$ $adj(A)$ 為非異奇陣

(2) $(A\,adj(A))^{-1}=(|A|I)^{-1}$

$\Rightarrow (adj(A))^{-1}A^{-1}=|A|^{-1}I$ ①

$\therefore (adj(A))^{-1}=|A|^{-1}AI=|A|^{-1}A$

又 $A^{-1}(adj(A^{-1}))=|A^{-1}|I$

$\therefore adj(A^{-1})=A\cdot|A^{-1}|I=|A|^{-1}A$ ②

由①、②，$(adj(A))^{-1}=adj(A^{-1})$

例 3

$\boldsymbol{A}$ 為 n 階方陣，求 $|adj(\boldsymbol{A})|$

解

$\because \boldsymbol{A}\, adj(\boldsymbol{A}) = |\boldsymbol{A}| I \Rightarrow |\boldsymbol{A}\, adj(\boldsymbol{A})| = \|\boldsymbol{A}|\boldsymbol{I}| = |\boldsymbol{A}|^n \Rightarrow |\boldsymbol{A}||adj(\boldsymbol{A})| = |\boldsymbol{A}|^n$

$\therefore |adj(\boldsymbol{A})| = |\boldsymbol{A}|^{n-1}$

定理 B

$\boldsymbol{A}$ 為 n 階非奇異方陣 $b \in \mathbf{R}^n$，令 $\boldsymbol{A}_j$ 為 A 之第 j 行由 b 取代後之方陣，則

$$x_j = \frac{\det(\boldsymbol{A}_j)}{\det(\boldsymbol{A})}$$

證

$\boldsymbol{A}$ 為非奇異陣，$\boldsymbol{Ax} = \boldsymbol{b}$ 之解為 $\boldsymbol{x} = \boldsymbol{A}^{-1}\boldsymbol{b}$，由定理 A：$\boldsymbol{A}\, adj(\boldsymbol{A}) = |A|\boldsymbol{I}$，

即 $A^{-1} = \dfrac{1}{|A|} adj(A)$

$$x = \boldsymbol{A}^{-1}\boldsymbol{b} = \frac{1}{|A|}(adj(\boldsymbol{A}))\boldsymbol{b} \Rightarrow \begin{bmatrix} x_1 \\ x_2 \\ \vdots \\ x_i \\ \vdots \\ x_n \end{bmatrix} = \frac{1}{\det(\boldsymbol{A})} \begin{bmatrix} \boldsymbol{A}_{11} & \boldsymbol{A}_{21} & \cdots & \boldsymbol{A}_{n1} \\ \boldsymbol{A}_{12} & \boldsymbol{A}_{22} & \cdots & \boldsymbol{A}_{n2} \\ \vdots & \vdots & & \vdots \\ \boldsymbol{A}_{1i} & \boldsymbol{A}_{2i} & \cdots & \boldsymbol{A}_{ni} \\ \vdots & \vdots & \vdots & \vdots \\ \boldsymbol{A}_{1n} & \boldsymbol{A}_{2n} & \cdots & \boldsymbol{A}_{nn} \end{bmatrix} \begin{bmatrix} b_1 \\ b_2 \\ \vdots \\ b_i \\ \vdots \\ b_n \end{bmatrix}$$

$$\therefore x_1 = \frac{b_1 A_{1i} + b_2 A_{2i} + \cdots + b_n A_{ni}}{|A|} = \frac{|A_i|}{|A|}$$

方程組	Cramer 解	行列式
$\begin{cases} ax+b=c \\ a'x+b'y=c' \end{cases}$	$x=\dfrac{\begin{vmatrix} \mathbf{c} & b \\ \mathbf{c'} & b' \end{vmatrix}}{\begin{vmatrix} a & b \\ a' & b' \end{vmatrix}}$, $y=\dfrac{\begin{vmatrix} a & \mathbf{c} \\ a' & \mathbf{c'} \end{vmatrix}}{\begin{vmatrix} a & b \\ a' & b' \end{vmatrix}}$	$\begin{vmatrix} a & b \\ a' & b' \end{vmatrix} \neq 0$
$\begin{cases} ax + by + cz = d \\ a'x + b'y + c'z = d' \\ a''x + b''y + c''z = d'' \end{cases}$	$x=\dfrac{\begin{vmatrix} \mathbf{d} & b & c \\ \mathbf{d'} & b' & c' \\ \mathbf{d''} & b'' & c'' \end{vmatrix}}{\begin{vmatrix} a & b & c \\ a' & b' & c' \\ a'' & b'' & c'' \end{vmatrix}}$ $y=\dfrac{\begin{vmatrix} a & \mathbf{d} & c \\ a' & \mathbf{d'} & c' \\ a'' & \mathbf{d''} & c'' \end{vmatrix}}{\begin{vmatrix} a & b & c \\ a' & b' & c' \\ a'' & b'' & c'' \end{vmatrix}}$ $z=\dfrac{\begin{vmatrix} a & b & \mathbf{d} \\ a' & b' & \mathbf{d'} \\ a'' & b'' & \mathbf{d''} \end{vmatrix}}{\begin{vmatrix} a & b & c \\ a' & b' & c' \\ a'' & b'' & c'' \end{vmatrix}}$	$\begin{vmatrix} a & b & c \\ a' & b' & c' \\ a'' & b'' & c'' \end{vmatrix} \neq 0$

讀者可將上述規則擴充到四個及其以上未知數之情形。

例 4

解方程組$\begin{cases} 3x+7y=8 \\ 2x+5y=2 \end{cases}$

解

$$x=\frac{\begin{vmatrix}\mathbf{8}&7\\\mathbf{2}&5\end{vmatrix}}{\begin{vmatrix}3&7\\2&5\end{vmatrix}}=\frac{40-14}{15-14}=\frac{26}{1}=26\text{，}y=\frac{\begin{vmatrix}3&\mathbf{8}\\2&\mathbf{2}\end{vmatrix}}{\begin{vmatrix}3&7\\2&5\end{vmatrix}}=\frac{-10}{1}=-10$$

例 5

$$\text{解}\begin{cases}x_1+x_2+2x_3=1\\x_1+x_2+3x_3=3\\2x_1\qquad+4x_3=5\end{cases}$$

解

$$x_1=\frac{\begin{vmatrix}\mathbf{1}&1&2\\\mathbf{3}&1&3\\\mathbf{5}&0&4\end{vmatrix}}{\begin{vmatrix}1&1&2\\1&1&3\\2&0&4\end{vmatrix}}=\frac{-3}{2}\text{，}x_2=\frac{\begin{vmatrix}1&\mathbf{1}&2\\1&\mathbf{3}&3\\2&\mathbf{5}&4\end{vmatrix}}{\begin{vmatrix}1&1&2\\1&1&3\\2&0&4\end{vmatrix}}=\frac{-3}{2}\text{，}x_3=\frac{\begin{vmatrix}1&1&\mathbf{1}\\1&1&\mathbf{3}\\2&0&\mathbf{5}\end{vmatrix}}{\begin{vmatrix}1&1&2\\1&1&3\\2&0&4\end{vmatrix}}=2$$

（讀者請自行驗證之）

定理 C

線性齊次方程組 $\boldsymbol{Ax}=\mathbf{0}$，$\boldsymbol{A}$ 為 n 階方陣，

(1) $|\boldsymbol{A}|=0$ 時有異於 0 之解

(2) $|\boldsymbol{A}|\neq 0$ 時只有零解

例 6

設 $\begin{cases} 2x_1 + x_2 + x_3 = 0 \\ kx_1 - x_3 = 0 \\ -x_1 + 3x_3 = 0 \end{cases}$ 有非零解，求 $k=$？

解

計算係數行列式

$\because D = \begin{vmatrix} 2 & 1 & 1 \\ k & 0 & -1 \\ -1 & 0 & 3 \end{vmatrix} = -1+3k$，$k=\frac{1}{3}$ 時 $D=0$

$\therefore$ 方程組有非 **0** 解之條件為 $k=\frac{1}{3}$

習題 2.3 Exercise

1. 用 Cramer 法則解

(1) $\begin{cases} 2x+3y=5 \\ 3x-\ \ y=2 \end{cases}$　　(2) $\begin{cases} x_1-x_2-\ \ x_3=1 \\ x_1-x_2-2x_3=0 \\ 2x_1+x_2-4x_3=3 \end{cases}$

2. 求出使一平面上三個點(x_1, y_1), (x_2, y_2), (x_3, y_3)位於同一直線上的充分必要條件

3. 以行列式表示過已知二點(x_1, y_1), (x_2, y_2)之直線方程式

4. $\boldsymbol{A}$為n階方陣，$adj(\boldsymbol{A})$為其伴隨矩陣，應用例 2 之結果，若$\boldsymbol{A}$, $\boldsymbol{B}$為同階之非奇異陣，試證$adj(\boldsymbol{AB})=adj(\boldsymbol{B})adj(\boldsymbol{A})$

5. 問k取何值時，齊次線性方程組，(1)只有零解？(2)有非零解？

$$\begin{cases} (k+3)x_1 \quad +4x_2 \quad =0 \\ kx_1 \quad +(k-1)x_2 \quad =0 \end{cases}$$

Chapter 03

向量空間

3.1 向量空間

空間在數學之意義很廣，簡單地說，空間就是個某種數學結構，不同之數學結構便決定不同之數學空間，而向量空間是其中之一。

向量空間在學習上有二個要注意的事，一是向量空間中之向量，意義很廣泛，除了我們熟知之向量外，還包括：矩陣、多項式⋯，空間也非我們以為的立體空間；二是向量空間中有興趣的是空間之**線性**(linear)。因此，向量空間亦稱為**線性空間**(linear space)。

▶ 向量空間的定義

定義

設 V 是任一非空集合，即對於任意 $\boldsymbol{x}, \boldsymbol{y} \in V$，必須滿足封閉性，即 $\boldsymbol{x} + \boldsymbol{y} \in V$，且對每一個 $x \in V$，α為純量，$\alpha x \in V$ 若又滿足以下八個公理，則稱 V 與定義之加法及純量乘法結合的**向量空間**(vector space)。

P1. $\boldsymbol{x}+\boldsymbol{y}=\boldsymbol{y}+\boldsymbol{x}$ ， $\boldsymbol{x}, \boldsymbol{y} \in V$

P2. $(\boldsymbol{x}+\boldsymbol{y})+\boldsymbol{z}=\boldsymbol{x}+(\boldsymbol{y}+\boldsymbol{z})$ ， $\boldsymbol{x}, \boldsymbol{y}, \boldsymbol{z} \in V$

P3. 對每一個 $\boldsymbol{x}$ 存在 $\boldsymbol{0} \in V$ ，使得 $\boldsymbol{x}+\boldsymbol{0}=\boldsymbol{x}$ ； $\boldsymbol{x} \in V$ （稱為加法單位元素）

P4. 對任一個向量 $\boldsymbol{x} \in V$ ，存在 $-\boldsymbol{x} \in V$ ，使得 $\boldsymbol{x}+(-\boldsymbol{x})=\boldsymbol{0}$ （ $\boldsymbol{x}$ 稱為 $\boldsymbol{x}$ 之加法反元素）

P5. $\alpha(\boldsymbol{x}+\boldsymbol{y})=\alpha \boldsymbol{x}+\alpha \boldsymbol{y}$ ， $\boldsymbol{x}, \boldsymbol{y} \in V$

P6. $(\alpha+\beta)x=\alpha x+\beta x$ ， α, β 為任意純量 $x \in V$

P7. $\alpha(\beta x)=(\alpha\beta)x$ ， α, β 為任意純量， $x \in V$

P8. $1x=x \cdot \forall x$

上述定義中，我們習慣上以α為任意純量，寫成$\alpha \in F$，這個F是**純量體**(field scalar)，若讀者不習慣純量體，可把α看成任意實數。

向量空間之定義中以$\boldsymbol{x}+\boldsymbol{y}\in V$與$\alpha\boldsymbol{x}\in V$這二個封閉性質最為重要。

若V是由所有n維向量組成的集合，則稱此向量空間為 n 維**向量空間**(vector space)，**n 維實向量**空間記作$\mathbf{R}^n$，例如：布於三維空間就是 3 維實向量空間，記作$\mathbf{R}^3$。本書所討論之向量空間均屬**有限維向量空間**(finite dimension vector space)。

例 1

V為所有 2 階方陣所之集合$+,\cdot$，為一般矩陣之加法與乘法，驗證V為一向量空間

解

V顯然是非空集合，令$\boldsymbol{x}=\begin{bmatrix} a_{11} & a_{12} \\ a_{21} & a_{22} \end{bmatrix}$，$\boldsymbol{y}=\begin{bmatrix} b_{11} & b_{12} \\ b_{21} & b_{22} \end{bmatrix}$，則$\boldsymbol{x}\in V$，$\boldsymbol{y}\in V$，則$\boldsymbol{x}+\boldsymbol{y}\in V$，$\alpha$為任一純量，$\alpha\boldsymbol{x}\in V$，因此滿足封閉性。

(1) $$\boldsymbol{x}+\boldsymbol{y}=\begin{bmatrix} a_{11} & a_{12} \\ a_{21} & a_{22} \end{bmatrix}+\begin{bmatrix} b_{11} & b_{12} \\ b_{21} & b_{22} \end{bmatrix}=\begin{bmatrix} a_{11}+b_{11} & a_{12}+b_{12} \\ a_{21}+b_{21} & a_{22}+b_{22} \end{bmatrix}=\begin{bmatrix} b_{11}+a_{11} & b_{12}+a_{12} \\ b_{21}+a_{21} & b_{22}+a_{22} \end{bmatrix}$$

$$=\boldsymbol{y}+\boldsymbol{x}$$

(2) 設$\boldsymbol{z}=\begin{bmatrix} c_{11} & c_{12} \\ c_{21} & c_{22} \end{bmatrix}$

$$(\boldsymbol{x}+\boldsymbol{y})+\boldsymbol{z}=\left(\begin{bmatrix} a_{11} & a_{12} \\ a_{21} & a_{22} \end{bmatrix}+\begin{bmatrix} b_{11} & b_{12} \\ b_{21} & b_{22} \end{bmatrix}\right)+\begin{bmatrix} c_{11} & c_{12} \\ c_{21} & c_{22} \end{bmatrix}$$

$$=\begin{bmatrix} a_{11}+b_{11} & a_{12}+b_{12} \\ a_{21}+b_{21} & a_{22}+b_{22} \end{bmatrix}+\begin{bmatrix} c_{11} & c_{12} \\ c_{21} & c_{22} \end{bmatrix}$$

$$=\begin{bmatrix} a_{11}+b_{11}+c_{11} & a_{12}+b_{12}+c_{12} \\ a_{21}+b_{21}+c_{21} & b_{22}+b_{22}+c_{22} \end{bmatrix}=\begin{bmatrix} a_{11}+(b_{11}+c_{11}) & a_{12}+(b_{12}+c_{12}) \\ a_{21}+(b_{21}+c_{21}) & a_{22}+(b_{22}+c_{22}) \end{bmatrix}$$

$$=\begin{bmatrix} a_{11} & a_{12} \\ b_{11} & b_{12} \end{bmatrix}+\left(\begin{bmatrix} b_{11} & b_{12} \\ b_{21} & b_{22} \end{bmatrix}+\begin{bmatrix} c_{11} & c_{12} \\ c_{21} & c_{22} \end{bmatrix}\right)$$

$$=\boldsymbol{x}+(\boldsymbol{y}+\boldsymbol{z})$$

(3) 對任一個 $\boldsymbol{x}=\begin{bmatrix} a_{11} & a_{12} \\ a_{21} & a_{22} \end{bmatrix}$ 存在一個 $\mathbf{0}=\begin{bmatrix} 0 & 0 \\ 0 & 0 \end{bmatrix}$ 使得

$$\boldsymbol{x}+\mathbf{0}=\begin{bmatrix} a_{11} & a_{12} \\ a_{21} & a_{22} \end{bmatrix}+\begin{bmatrix} 0 & 0 \\ 0 & 0 \end{bmatrix}=\begin{bmatrix} a_{11} & a_{12} \\ a_{21} & a_{22} \end{bmatrix}=\boldsymbol{x}$$

(4) 對任一個 $\boldsymbol{x}=\begin{bmatrix} a_{11} & a_{12} \\ a_{21} & a_{22} \end{bmatrix}$ 存在一個 $-\boldsymbol{x}$ 得 $=\begin{bmatrix} -a_{11} & -a_{12} \\ -a_{21} & -a_{22} \end{bmatrix}$ 使得

$$\boldsymbol{x}+(-\boldsymbol{x})=\begin{bmatrix} a_{11}-a_{11} & a_{12}-a_{12} \\ a_{21}-a_{21} & a_{22}-a_{22} \end{bmatrix}=\begin{bmatrix} 0 & 0 \\ 0 & 0 \end{bmatrix}=\mathbf{0}$$

(5) $\alpha(\boldsymbol{x}+\boldsymbol{y})=\alpha\left(\begin{bmatrix} a_{11} & a_{12} \\ a_{21} & a_{22} \end{bmatrix}+\begin{bmatrix} b_{11} & b_{12} \\ b_{21} & b_{22} \end{bmatrix}\right)=\alpha\begin{bmatrix} a_{11}+b_{11} & a_{12}+b_{12} \\ a_{21}+b_{21} & a_{22}+b_{22} \end{bmatrix}$

$$=\begin{bmatrix} \alpha(a_{11}+b_{11}) & \alpha(a_{12}+b_{12}) \\ \alpha(a_{21}+b_{21}) & \alpha(a_{22}+b_{22}) \end{bmatrix}=\alpha\begin{bmatrix} a_{11} & a_{12} \\ a_{21} & a_{22} \end{bmatrix}+\alpha\begin{bmatrix} b_{11} & b_{12} \\ b_{21} & b_{22} \end{bmatrix}=\alpha\boldsymbol{x}+\alpha\boldsymbol{y}$$

(6) $(\alpha+\beta)\boldsymbol{x}=(\alpha+\beta)\begin{bmatrix} a_{11} & a_{12} \\ a_{21} & a_{22} \end{bmatrix}=\begin{bmatrix} (\alpha+\beta)a_{11} & (\alpha+\beta)a_{12} \\ (\alpha+\beta)a_{21} & (\alpha+\beta)a_{22} \end{bmatrix}$

$$=\alpha\begin{bmatrix} a_{11} & a_{12} \\ a_{21} & a_{22} \end{bmatrix}+\beta\begin{bmatrix} a_{11} & a_{12} \\ a_{21} & a_{22} \end{bmatrix}=\alpha\boldsymbol{x}+\beta\boldsymbol{x}$$

(7) $\alpha(\beta\boldsymbol{x})=\alpha\begin{bmatrix} \beta a_{11} & \beta a_{12} \\ \beta a_{21} & \beta a_{22} \end{bmatrix}=\begin{bmatrix} \alpha\beta a_{11} & \alpha\beta a_{12} \\ \alpha\beta a_{21} & \alpha\beta a_{22} \end{bmatrix}=\alpha\beta\begin{bmatrix} a_{11} & a_{12} \\ a_{21} & a_{22} \end{bmatrix}$

(8) $1\boldsymbol{x}=1\begin{bmatrix} a_{11} & a_{12} \\ a_{21} & a_{22} \end{bmatrix}=\begin{bmatrix} a_{11} & a_{12} \\ a_{21} & a_{22} \end{bmatrix}$，$\forall \boldsymbol{x}\in V$

$\therefore V$ 為一向量空間

例 2

若 V 為所有 2×2 階奇異陣所成之集合，“+” 與 “·” 為一般矩陣之加法與乘法，問 V 是否為一向量空間？

解

取 $\boldsymbol{x}=\begin{bmatrix}1 & 0\\ 0 & 1\end{bmatrix}$，$\boldsymbol{y}=\begin{bmatrix}-1 & 0\\ 0 & -1\end{bmatrix}$則 $\boldsymbol{x},\boldsymbol{y}\in V$，但 $\boldsymbol{x}+\boldsymbol{y}=\begin{bmatrix}0 & 0\\ 0 & 0\end{bmatrix}$為奇異陣，即 $\boldsymbol{x}+\boldsymbol{y}\notin V$，$\therefore V$不為向量空間

例 3

設V是非負實數的集合 $\mathbf{R}^+$。定義V中的加法⊕與乘法・為 $a\oplus b=ab$；$k\cdot\boldsymbol{a}=k\boldsymbol{a}$。判斷$V$是否為一向量空間？

解

取$k=-1$，則$(-1)a=-a<0\notin V$，$\therefore V$不為一向量空間

定理 A

V為一向量空間，$\boldsymbol{x},\boldsymbol{y}\in V$；$k$為純量，則有：

(1) V的零元素是唯一的

(2) 對於任意$x\in V$，其加法反元素是唯一的

(3) $0\boldsymbol{x}=\boldsymbol{0}$

(4) $k\boldsymbol{0}=\boldsymbol{0}$

(5) $(-1)\boldsymbol{x}=-\boldsymbol{x}$

證

(1) 設 $\boldsymbol{0}_1,\boldsymbol{0}_2$ 是 V 的兩個零元素，由定義

$$\boldsymbol{0}_1=\boldsymbol{0}_1+\boldsymbol{0}_2 \quad 及 \quad \boldsymbol{0}_2=\boldsymbol{0}_2+\boldsymbol{0}_1\Rightarrow\boldsymbol{0}_1=\boldsymbol{0}_2$$

(2) 設 $\boldsymbol{y},\boldsymbol{z}$ 都是 $\boldsymbol{x}$ 的加法反元素，即

$$\boldsymbol{x}+\boldsymbol{y}=0 \quad 且 \quad \boldsymbol{x}+\boldsymbol{z}=0 \quad \therefore \boldsymbol{y}=\boldsymbol{y}+0=\boldsymbol{y}+(\boldsymbol{x}+\boldsymbol{z})=(\boldsymbol{y}+\boldsymbol{x})+\boldsymbol{z}=\boldsymbol{z}$$

(3) 對任意 $\boldsymbol{x} \in V$ ， $\boldsymbol{x} + 0\boldsymbol{x} = (1+0)\boldsymbol{x} = \boldsymbol{x}$

兩端各加 $(-\boldsymbol{x})$ 得 $0\boldsymbol{x} = \mathbf{0}$

(4) $k\boldsymbol{x} + k\mathbf{0} = k(\boldsymbol{x} + \mathbf{0}) = k\boldsymbol{x}$

兩端各加 $-k\boldsymbol{x}$ 得 $k\mathbf{0} = \mathbf{0}$

(5) 由 $\mathbf{0} = 0\boldsymbol{x} = [1 + (-1)]\boldsymbol{x} = \boldsymbol{x} + (-1)\boldsymbol{x}$

兩端各加 $-x$ 得 $(-\boldsymbol{x}) = (-1)\boldsymbol{x}$

習題 3.1 Exercise

1. $C[a,b]$為閉區間$[a,\ b]$上所有連續函數所成的集合。+，·為對於函數的加法和數與函數的乘法，即$(f+g)(x)=f(x)+g(x)$與$(kf)(x)=kf(x)$；驗證$C[a,b]$為一向量空間

S為所有有序元素對所成之集合，請就定義於S之+，·，判斷S是否為一向量空間（2~4 題）

2. $\alpha(x_1,x_2)=(\alpha x_1,x_2)$
   $(x_1,x_2)+(y_1,y_2)=(x_1+y_1,x_2+y_2)$
3. $\alpha(x_1,x_2)=(\alpha x_1,\alpha x_2)$
   $(x_1,x_2)+(y_1,y_2)=(x_1+y_2,x_2+y_1)$
4. $(x_1,x_2)+(y_1,y_2)=(x_1x_2,y_1y_2)$
   $\alpha(x_1,x_2)=(\alpha x_1,\alpha x_2)$
5. $\boldsymbol{x},\boldsymbol{y},\boldsymbol{z}$向量空間$V$之 3 個向量，若$\boldsymbol{x}+\boldsymbol{y}=\boldsymbol{z}+\boldsymbol{y}$，試證$\boldsymbol{x}=\boldsymbol{z}$

3.2 子空間

上節已對向量空間有大致介紹，本節之重點在於假定V,W是二個向量空間，現在我們有興趣的是若$W \subseteq V$，那麼W是否是V的子空間？

定義

設 W 是向量空間 V 的非空子集，若對所有之$u,v \in W$滿足(1) $u+v \in W$；(2) $ku \in W$，k為任意純量；則稱 W 為 V 的**子空間**(subspace)

$\{\mathbf{0}\}$和 V 都是向量空間 V 的子空間，稱$\{\mathbf{0}\}$與 V 都是**平凡子空間**(trivial subspace)，這是最簡單的二個子空間。換言之，每個向量空間至少都有$\{\mathbf{0}\}$與V這二個子空間。

▶ 子空間判別定理

定理 A

V為向量空間，$W \subseteq V$，若(1) $\mathbf{0} \in W$；(2) $au+bv \in W$，a,b為任意純量，$u,v \in W$；則W是V之子空間

證

根據(1)，$W \neq \phi$

根據(2)，$\mathbf{v}+\mathbf{w}=1\mathbf{v}+1\mathbf{w} \in W$且$k\mathbf{v}=k\mathbf{v}+0\mathbf{v} \in W$　$\forall \mathbf{v} \in W$，k為任意純量

$\therefore W$是V之子空間

例 1

(1) $W_1=\{(x,y,\ 0)\mid x,y\in \mathbf{R}\}$ ；(2) $W_2=\{(x,y,1)\mid x,y\in \mathbf{R}\}$ ，何者是 $\mathbf{R}^3$ 的子空間？

解

(1) (i) $0=(0,0,0)\in W_1$

(ii) 取 $\boldsymbol{x}=(x_1,x_2,0)$ ， $\boldsymbol{y}=(y_1,y_2,0)$ ，則

$a\boldsymbol{x}+b\boldsymbol{y}=(ax_1,ax_2,0)+(by_1,by_2,0)=(ax_1+by_1,ax_2+by_2,0)\in W_1$

$\therefore W_1$ 是 $\mathbf{R}^3$ 之子空間

(2) $\because (0,0,0)\notin W_2$ $\therefore W_2$ 不是 $\mathbf{R}^3$ 之子空間

附記

$W\subseteq V$ ，若 $\mathbf{0}\notin W$ ，則 W 不是 V 之子空間

例 2

$W=\{f(x)\mid$ 至少有一實根之四次方程式 $f(x)=0\ \}$ ，問 W 是否為 $\mathbf{P}^4$ 之子空間？

解

取 $f_1(x)=x^4+x^3+x+1$ ，因 $x^4+x^3+x+1=0$ 含一實根 $x=-1$ ，

$\therefore f_1(x)\in W$ ， $f_2(x)=x^4-x^3-x$ ， $x^4-x^3-x=0$ 含一實根 $x=0$ ，$\therefore f_2(x)\in W$

但 $f_1(x)+f_2(x)=2x^4+1=0$ 不含實根，$\therefore f_1(x)+f_2(x)\notin \mathbf{P}^4$

從而 W 不是 $\mathbf{P}^4$ 之子空間

例 3

$W=\{(a,b,c)\mid a<0,a,b,c\in \mathbf{R}\}$，問 W 是否為 $\mathbf{R}^3$ 之子空間？

解

$\because (0,0,0)\notin W$ $\therefore W$ 不是 $\mathbf{R}^3$ 之子空間

例 4

$W=\{(a,b,c)\,|\,a+b+c=1\}$，不是 $\mathbf{R}^3$ 之子空間（$\because (0,0,0)\notin W$）

例 5

$W=\{(a,b,c)\,|\,a=b,c=-b,a,b,c\in\mathbf{R}\}$，問 W 是否為 $\mathbf{R}^3$ 之子空間？

解

(1) $(0,0,0)\in W$

(2) 若 $\boldsymbol{x}\in W$，則 $\boldsymbol{x}=(a,b,c)=(b,b,-b)$

$\boldsymbol{y}\in W$，設 $\boldsymbol{y}=(c,c,-c)$

$\therefore x+y=(b+c,b+c,-b-c)\in W$

(3) $\alpha(a,b,c)=\alpha(b,b,-b)=(\alpha b,\alpha b,-\alpha b)\in W$

綜上，W 為 $\mathbf{R}^3$ 之子空間

例 6

$W_1=\{(a,b,c)\,|\,a=b,c=-b,a,b,c\in\mathbf{R}\}$

$W_2=\{(a,b,c)\,|\,2a+b+c=0,a,b,c\in\mathbf{R}\}$

求 $W_1\cap W_2$，並說明 $W_1\cap W_2$ 是 $\mathbf{R}^3$ 之子空間

解

解 $\begin{cases} a=b,\ c=-b \\ 2a+b+c=0 \end{cases}$，得 $(a,b,c)=(0,0,0)\in W_1\cap W_2$

$\therefore W_1\cap W_2=\{(0,0,0)\}$ 為 $\mathbf{R}^3$ 之子空間

附記

$W_1\cap W_2\Rightarrow$ 解聯立方程組；$\{\mathbf{0}\}$ 為子空間

定理 B

若 W_1，W_2 是向量空間 V 的兩個子空間，則 $W_1 \cap W_2$ 是 V 的子空間

證

首先，由 $\mathbf{0} \in W_1$，$\mathbf{0} \in W_2$，$\therefore \mathbf{0} \in W_1 \cap W_2$，因而 $W_1 \cap W_2 \neq \phi$。其次，若 $\mathbf{x}, \mathbf{y} \in W_1 \cap W_2$，則 $\mathbf{x}, \mathbf{y} \in W_1$，且 $\mathbf{x}, \mathbf{y} \in W_2$，那麼 $\mathbf{x}+\mathbf{y} \in W_1$ 且 $\mathbf{x}+\mathbf{y} \in W_2$，因此 $\mathbf{x}+\mathbf{y} \in W_1 \cap W_2$。同理 $kx \in W_1 \cap W_2$，所以 $W_1 \cap W_2$ 是 V 的子空間

▶ 和與直和

定義

設 W_1，W_2 是向量空間 V 的兩個子集合，W_1 與 W_2 之和(sum)，記做 W_1+W_2，定義為

$$W_1 + W_2 = \{\mathbf{x} + \mathbf{y} \mid \mathbf{x} \in W_1 \text{ 且 } \mathbf{y} \in W_2\}$$

定理 C

W_1, W_2 為向量空間 V 之二個子空間，則 W_1+W_2 亦為 V 之子空間

證

$\mathbf{0} \in W_1$，$\mathbf{0} \in W_2$，所以 $\mathbf{0} = \mathbf{0}+\mathbf{0} \in W_1+W_2$，$W_1+W_2 \neq \phi$

若 $\mathbf{x}, \mathbf{y} \in W_1+W_2$，則

$$\mathbf{x} = \mathbf{x}_1 + \mathbf{x}_2, \quad \mathbf{x}_1 \in W_1, \ \mathbf{x}_2 \in W_2$$

$$\mathbf{y} = \mathbf{y}_1 + \mathbf{y}_2, \quad \mathbf{y}_1 \in W_1, \ \mathbf{y}_2 \in W_2$$

$$\alpha\mathbf{x} + \beta\mathbf{y} = \alpha(\mathbf{x}_1 + \mathbf{x}_2) + \beta(\mathbf{y}_1 + \mathbf{y}_2) = (\alpha\mathbf{x}_1 + \beta\mathbf{y}_1) + (\alpha\mathbf{x}_2 + \beta\mathbf{y}_2) \in W_1 + W_2$$

由定理 A：W_1+W_2 是 V 的子空間

例 7

$W_1=\{(a_1,a_2,\cdots,a_n)\mid a_1=0\}$，$W_2=\{(a_1,a_2,\cdots,a_n)\mid a_2=a_3=\cdots=a_n=0\}$，則$W_1+W_2\in\mathbf{R}^n$

例 8

若W_1,W_2均為向量空間V之子空間，試證$W_1\subseteq W_1+W_2$

解

設$\omega\in W_1$，又W_2為V之子空間$\Rightarrow \mathbf{0}\in W_2$

$\therefore \omega=\omega+\mathbf{0}\in W_1+W_2\Rightarrow W_1\subseteq W_1+W_2$

附記

證明$A\subseteq B$之步驟

若$x\in A\Rightarrow x\in B$，則$A\subseteq B$

證明$A=B$之步驟

(1) $x\in A\Rightarrow x\in B$

(2) $x\in B\Rightarrow x\in A$

▶ 直和

定義

W_1,W_2為向量空間V之子空間，若V之每一個元素能唯一寫成x_1+x_2之形式，其中$x_1\in W_1$，$x_2\in W_2$，則稱V為W_1,W_2之**直和**(direct sum)記做$V=W_1\oplus W_2$

定理 D

W_1,W_2 為 向 量 空 間 V 之 子 空 間 ， 若 且 惟 若 $V=W_1+W_2$ ， 且 $W_1\cap W_2=\{\mathbf{0}\}$，則$V=W_1\oplus W_2$

例 9

$W_1 = \{(a_1, a_2, a_3) \in \mathbf{R}^3, a_1 = 0\}$，$W_2 = \{(a_1, a_2, a_3) \in \mathbf{R}^3, a_2 = a_3 = 0\}$

試證 $\mathbf{R}^3 = W_1 \oplus W_2$

解

(1) 先證 $\mathbf{R}^3 = W_1 + W_2$

W_1, W_2 均為 $\mathbf{R}^3$ 之子空間，對 $\mathbf{R}^3$ 之任一元素 (a_1, a_2, a_3) 而言

$(a_1, a_2, a_3) = (0, a_2, a_3) + (a_1, 0, 0)$，其中 $(0, a_2, a_3) \in W_1$，$(a_1, 0, 0) \in W_2$

$\therefore \mathbf{R}^3 = W_1 + W_2$

(2) 次證 $W_1 \cap W_2 = \{(0, 0, 0)\}$

$\because a_1 = 0$，且 $a_2 = 0, a_3 = 0$ $\quad \therefore W_1 \cap W_2 = \{(0, 0, 0)\}$

由(1)(2) $\mathbf{R}^3 = W_1 \oplus W_2$

附記

證明 $V = W_1 \oplus W_2$ 之步驟：

(1) $V = W_1 + W_2$（即 V 之每個元素 $\boldsymbol{x}$ 能表成 $\boldsymbol{x} = \boldsymbol{y}_1 + \boldsymbol{y}_2$，$\boldsymbol{y}_1 \in W_1$，$\boldsymbol{y}_2 \in W_2$）

(2) $W_1 \cap W_2 = \{\mathbf{0}\}$

習題 3.2 Exercise

1. 判斷下列何者是 $\mathbf{R}^2$ 之子空間？

(1) $W_1 = \{(x_1, x_2)^T \mid x_1 + 2x_2 = 1\}$

(2) $W_2 = \{(x_1, x_2)^T \mid x_1 < 0\}$

(3) $W_3 = \{(x_1, x_2)^T \mid x_1 + 2x_2 = 0\}$

(4) $W_4 = \{(x_1, x_2)^T \mid x_1 = |x_2|\}$

2. 試判斷下列何者為 $\mathbf{R}^{2\times 2}$ 之子空間？

(1) $W_1 = \left\{ \begin{bmatrix} x_{11} & x_{12} \\ x_{21} & x_{22} \end{bmatrix} \middle| x_{11} + x_{22} = 0 \right\}$

(2) $W_2 = \left\{ \begin{bmatrix} x_{11} & x_{12} \\ x_{21} & x_{22} \end{bmatrix} \middle| x_{11} = x_{22} \right\}$

(3) $W_3 = \{M \mid M$為二階奇異陣$\}$

(4) $W_4 = \left\{ \begin{bmatrix} x_{11} & x_{12} \\ x_{21} & x_{22} \end{bmatrix} \middle| x_{11} = 0 \right\}$

3. V 為布於實數系之 n 階方陣所成之向量空間：W_1 為 n 階對稱陣所成之集合，W_2 為 n 階斜對稱陣所成之集合

(1) 試證 W_1, W_2 為 V 之子空間

(2) 試證 $V = W_1 \oplus W_2$

3.3 線性獨立

定義

$\boldsymbol{v}_1, \boldsymbol{v}_2, \cdots, \boldsymbol{v}_n \in \mathbf{R}^n$，純量 $k_1, k_2, \cdots, k_n$，則

$$v = k_1\boldsymbol{v}_1 + k_2\boldsymbol{v}_2 + \cdots + k_n\boldsymbol{v}_n$$

稱 v 為向量組 $\boldsymbol{v}_1, \boldsymbol{v}_2, \cdots, \boldsymbol{v}_n$ 的一個線性組合(linear combination)。或 v 為 $\boldsymbol{v}_1, \boldsymbol{v}_2, \cdots, \boldsymbol{v}_n$ 所生成（generate 或 span），記做 $\boldsymbol{v} = span(\boldsymbol{v}_1, \boldsymbol{v}_2, \cdots, \boldsymbol{v}_n)$規定 $span(\phi) = \{\mathbf{0}\}$

由定義，$\mathbf{0}$ 是任意向量組 $\boldsymbol{v}_1, \boldsymbol{v}_2, \cdots, \boldsymbol{v}_n$ 的線性組合。

定理 A

若 $\boldsymbol{v}_1, \boldsymbol{v}_2, \cdots, \boldsymbol{v}_n$ 為向量空間 V 之 n 個元素，則 $\text{span}\{\boldsymbol{v}_1, \boldsymbol{v}_2, \cdots, \boldsymbol{v}_n\}$ 為 V 之子空間

證

(1) 令 $\boldsymbol{v} = \alpha_1\boldsymbol{v}_1 + \alpha_2\boldsymbol{v}_2 + \cdots + \alpha_n\boldsymbol{v}_n$，$\boldsymbol{w} = \beta_1\boldsymbol{v}_1 + \beta_2\boldsymbol{v}_2 + \cdots + \beta_n\boldsymbol{v}_n$，則

$$\boldsymbol{v} + \boldsymbol{w} = (\alpha_1 + \beta_1)\boldsymbol{v}_1 + \cdots + (\alpha_n + \beta_n)\boldsymbol{v}_n \in \text{span}\{\boldsymbol{v}_1, \boldsymbol{v}_2, \cdots, \boldsymbol{v}_n\}$$

(2) 令 $\boldsymbol{v} = \alpha_1\boldsymbol{v}_1 + \alpha_2\boldsymbol{v}_2 + \cdots + \alpha_n\boldsymbol{v}_n$ 為 $\text{span}\{\boldsymbol{v}_1, \boldsymbol{v}_2, \cdots, \boldsymbol{v}_n\}$ 之任一元素，則

$$\beta\boldsymbol{v} = \beta(\alpha_1\boldsymbol{v}_1 + \alpha_2\boldsymbol{v}_2 + \cdots + \alpha_n\boldsymbol{v}_n) = \beta(\alpha_1\boldsymbol{v}_1) + \beta(\alpha_2\boldsymbol{v}_2) + \cdots + \beta(\alpha_n\boldsymbol{v}_n)，$$

即 $\beta\boldsymbol{v} \in \text{sapn}\{\boldsymbol{v}_1, \boldsymbol{v}_2, \cdots, \boldsymbol{v}_n\}$

由(1)(2)知 $\text{span}\{\boldsymbol{v}_1, \boldsymbol{v}_2, \cdots, \boldsymbol{v}_n\}$ 為 V 之子空間

例 1

$\boldsymbol{u} = (1, 2)$，$\boldsymbol{v} = (3, 4)$，試將 $(4, 6)$ 表成 $\boldsymbol{u}, \boldsymbol{v}$ 之線性組合

解

令 $(5,6)=x\boldsymbol{u}+y\boldsymbol{v}=x(1,2)+y(3,4)=(x,2x)+(3y,4y)=(x+3y,2x+4y)=(4,6)$

$\therefore \begin{cases} x+3y=4 \\ 2x+4y=6 \end{cases}$ 得 $x=y=1$，即 $(4,6)=(1,2)+(3,4)$

例 2

若上例改為 $\boldsymbol{u}=(1,2)$， $\boldsymbol{v}=(3,4)$，那麼 $\boldsymbol{u},\boldsymbol{v}$ 是否為 $(3,7)$ 之線性組合？

解

令 $(3,7)=x(1,2)+y(2,4)=(x+2y,2x+4y)$，則

$\begin{cases} x+2y=3 \\ 2x+4y=7 \end{cases}$，方程組無解　$\therefore (3,7)$ 不能表為 $(1,2)$，$(2,4)$ 之線性組合

附記

$\boldsymbol{u},\boldsymbol{x},\boldsymbol{y}\in\mathbf{R}^n$，則以下提問都是問同樣問題：

(1) $\boldsymbol{u}$ 是否為 $\boldsymbol{x},\boldsymbol{y}$ 之線性組合？

(2) W 是否可由 $\boldsymbol{x},\boldsymbol{y}$ 所生成？

即 $W=\operatorname{span}\{\boldsymbol{x},\boldsymbol{y}\}$ 是否成立？

例 3

$W=\{(a,b,0)\mid a,b\in\mathbf{R}\}$ 是否可由 $\boldsymbol{u}=(1,1,0)$ 及 $\boldsymbol{v}=(1,2,0)$ 所生成？

解

令 $(a,b,0)=x(1,1,0)+y(1,2,0)=(x,x,0)+(y,2y,0)=(x+y,x+2y,0)$

則 $\begin{cases} x+\ \ y=a \\ x+2y=b \end{cases}$ 解之 $y=b-a$，$x=2a-b$

$\therefore (a,b,0)=(2a-b)(1,1,0)+(b-a)(1,2,0)$

W 可由 $\boldsymbol{u},\boldsymbol{v}$ 所生成或 $W=\operatorname{span}\{(1,1,0),(1,2,0)\}$

附記

例 3 可有下列幾種問法：

(1) $(a,b,0)$ 是否是 $\boldsymbol{u}=(1,1,0)$，$\boldsymbol{v}=(1,2,0)$ 之線性組合

(2) W 是否可由 $\boldsymbol{u}=(1,1,0)$ 與 $\boldsymbol{v}=(1,2,0)$ 所生成，即 $W=\text{span}\{(1,1,0),(1,2,0)\}$ 是否成立

例 4

試證 $M_{2\times2}=\text{span}\left(\begin{bmatrix}1&0\\0&0\end{bmatrix},\begin{bmatrix}0&1\\0&0\end{bmatrix},\begin{bmatrix}0&0\\1&0\end{bmatrix},\begin{bmatrix}0&0\\0&1\end{bmatrix}\right)$

解

(1) $M_{2\times2}\subseteq\text{span}\left\{\begin{bmatrix}1&0\\0&0\end{bmatrix},\begin{bmatrix}0&1\\0&0\end{bmatrix},\begin{bmatrix}0&0\\1&0\end{bmatrix},\begin{bmatrix}0&0\\0&1\end{bmatrix}\right\}$：

對任一二階方陣 $\begin{bmatrix}a&b\\c&d\end{bmatrix}$ 均成表成

$$\begin{bmatrix}a&b\\c&d\end{bmatrix}=a\begin{bmatrix}1&0\\0&0\end{bmatrix}+b\begin{bmatrix}0&1\\0&0\end{bmatrix}+c\begin{bmatrix}0&0\\1&0\end{bmatrix}+d\begin{bmatrix}0&0\\0&1\end{bmatrix}$$

$$\therefore M_{2\times2}\subseteq\text{span}\left\{\begin{bmatrix}1&0\\0&0\end{bmatrix},\begin{bmatrix}0&1\\0&0\end{bmatrix},\begin{bmatrix}0&0\\1&0\end{bmatrix},\begin{bmatrix}0&0\\0&1\end{bmatrix}\right\}$$

(2) 對任一元素 $\begin{bmatrix}x&y\\z&u\end{bmatrix}\in\text{span}\left\{\begin{bmatrix}1&0\\0&0\end{bmatrix},\begin{bmatrix}0&1\\0&0\end{bmatrix},\begin{bmatrix}0&0\\1&0\end{bmatrix},\begin{bmatrix}0&0\\0&1\end{bmatrix}\right\}$

則 $a\begin{bmatrix}1&0\\0&0\end{bmatrix}+b\begin{bmatrix}0&1\\0&0\end{bmatrix}+c\begin{bmatrix}0&0\\1&0\end{bmatrix}+d\begin{bmatrix}0&0\\0&1\end{bmatrix}=\begin{bmatrix}a&b\\c&d\end{bmatrix}\in M_{2\times2}$

$$\therefore \text{span}\left(\begin{bmatrix}1&0\\0&0\end{bmatrix},\begin{bmatrix}0&1\\0&0\end{bmatrix},\begin{bmatrix}0&0\\1&0\end{bmatrix},\begin{bmatrix}0&0\\0&1\end{bmatrix}\right)\subseteq M_{2\times2}$$

綜上 $M_{2\times2}=\text{span}\left\{\begin{bmatrix}1&0\\0&0\end{bmatrix},\begin{bmatrix}0&1\\0&0\end{bmatrix},\begin{bmatrix}0&0\\1&0\end{bmatrix},\begin{bmatrix}0&0\\0&1\end{bmatrix}\right\}$

例 5

W_1, W_2 為線性空間 V 之子集合，$V_1 \subseteq V_2$，試證 $\text{span}(V_1) \subseteq \text{span}(V_2)$

解

若 $\boldsymbol{x} \in \text{span}(V_2)$ 則 $\boldsymbol{x} = a_1\boldsymbol{v}_1 + a_2\boldsymbol{v}_2 + \cdots + a_n\boldsymbol{v}_n$，$\boldsymbol{v}_1, \boldsymbol{v}_2, \cdots, \boldsymbol{v}_n \in V_1$

$\because V_1 \subseteq V_2 \Rightarrow \boldsymbol{v}_1, \boldsymbol{v}_2, \cdots, \boldsymbol{v}_n \in V_2$

$\therefore \boldsymbol{x} = a_1\boldsymbol{v}_1 + a_2\boldsymbol{v}_2 + \cdots + a_n\boldsymbol{v}_n \in \text{span}(V_2)$

故 $V_1 \subseteq V_2$ 時 $\text{span}(V_1) \subseteq \text{span}(V_2)$

附記

證二集合相等之方法

(1) 若 $x \in A \Rightarrow x \in B$ 則 $A \subseteq B$

(2) 若 $A \subseteq B$ 且 $B \subseteq A \Rightarrow A = B$

即① $x \in A \Rightarrow x \in B$ ② $x \in B \Rightarrow x \in A$

▶ 線性獨立的意義

定義

向量空間 V 之 n 個向量 $\boldsymbol{v}_1, \boldsymbol{v}_2, \cdots, \boldsymbol{v}_n$，若存在不全為 0 的純量 $k_1, k_2, \cdots, k_n$，使得

$$k_1\boldsymbol{v}_1 + k_2\boldsymbol{v}_2 + \cdots + k_n\boldsymbol{v}_n = \boldsymbol{0}$$

則稱 $\boldsymbol{v}_1, \boldsymbol{v}_2, \cdots, \boldsymbol{v}_n$ 為**線性相依**(linear dependence)

線性相依也稱線性相關。

定義

向量空間 V 之 n 個向量 $\boldsymbol{v}_1, \boldsymbol{v}_2, \cdots, \boldsymbol{v}_n$ ，若 $c_1\boldsymbol{v}_1 + c_2\boldsymbol{v}_2 + \cdots + c_n\boldsymbol{v}_n = 0$ ，則 $c_1 = c_2 = \cdots = c_n = 0$ ，則 $\boldsymbol{v}_1, \boldsymbol{v}_2, \cdots, \boldsymbol{v}_n$ 為線性獨立(linear independence)

如果向量集只含一個向量 $\boldsymbol{v}$ ， $\boldsymbol{v} \neq \boldsymbol{0}$ 則為線性相依。線性獨立也有人稱線性無關。

線性相依與線性獨立在線性代數中極為重要，而幾何意義是明顯的：

“兩個非零向量 $\boldsymbol{v}_1, \boldsymbol{v}_2$ 線性相依之充要條件為 $\boldsymbol{v}_1, \boldsymbol{v}_2$ 共線” ；或者等價地說， “$\boldsymbol{v}_1, \boldsymbol{v}_2$ 線性獨立之充要條件為 $\boldsymbol{v}_1, \boldsymbol{v}_2$ 不共線” ，見習題第 5 題。

例 6

證明：包含零向量 $\boldsymbol{0}$ 的任何向量組必為線性相依

解

$\because 1 \cdot 0 + 0\boldsymbol{v}_2 + 0\boldsymbol{v}_3 + \cdots + 0\boldsymbol{v}_n = \boldsymbol{0}$

而 1，0，0，0，0 是不全為零的係數$\therefore$ $\boldsymbol{0}$， $\boldsymbol{v}_2 \cdots \boldsymbol{v}_n$ 為線性相依

例 7

判斷(1) $v_1 = [1, 2]^T$ $v_2 = [2, 4]^T$ ；(2) $v_1 = [1, 2]^T$ ， $v_2 = [3, 5]^T$ ，何者為線性相依？何者為線性獨立？

解

(1) 令 $\boldsymbol{v}_1 = [1, 2]^T$ ， $\boldsymbol{v}_2 = [2, 4]^T$ ，則 $-2\boldsymbol{v}_1 + \boldsymbol{v}_2 = \boldsymbol{0}$

$\therefore \boldsymbol{v}_1, \boldsymbol{v}_2$ 為線性相依

(2) 令 $\boldsymbol{v}_1 = [1, 2]^T$ ， $\boldsymbol{v}_2 = [3, 5]^T$ ，則

$$x\boldsymbol{v}_1 + y\boldsymbol{v}_2 = x[1, 2]^T + y[3, 5]^T = [x + 3y, 2x + 5y]^T = [0, 0]^T$$

$\begin{cases} x+3y=0 \\ 2x+5y=0 \end{cases}$ 可得唯一解 $x=0, y=0$

$\therefore [1,2]^T, [3,5]^T$ 為線性獨立

例 7(1) 也許有人認為 $x=0, y=0$ 時 $x[1,2]+y[2,4]=0[1,2]+0[2,4]=[0,0]$，所以說 $v_1=[1,2]$ 與 $v_2=[2,4]$ 為線性獨立，但要注意的是：線性相依的定義是說 $x\boldsymbol{v}_1+y\boldsymbol{v}_2=\mathbf{0}$ 時存在一組不為 0 之數 x, y 仍滿足 $x\boldsymbol{v}_1+y\boldsymbol{v}_2=\mathbf{0}$，這是重點！否則有向量豈不均為線性獨立？而(2)則是只有唯一組解 $x=0, y=0$，不存在一組異於 0 之 x, y 會滿足 $x\boldsymbol{v}_1+y\boldsymbol{v}_2=\mathbf{0}$。

例 8

$\boldsymbol{u}=[1,2,3]^T$ 與 $\boldsymbol{v}=[4,5,6]^T$ 是否線性獨立？

解

令 $x\boldsymbol{u}+y\boldsymbol{v}=[x+4y, 2x+5y, 3x+6y]=[0,0,0]$

$\begin{cases} x+4y=0 \\ 2x+5y=0 \\ 3x+6y=0 \end{cases}$，由高斯約丹消去法

$$\left[\begin{array}{cc|c} 1 & 4 & 0 \\ 2 & 5 & 0 \\ 3 & 6 & 0 \end{array}\right] \to \left[\begin{array}{cc|c} 1 & 4 & 0 \\ 0 & 3 & 0 \\ 0 & 6 & 0 \end{array}\right] \to \left[\begin{array}{cc|c} 1 & 4 & 0 \\ 0 & 3 & 0 \\ 0 & 0 & 0 \end{array}\right] \to \left[\begin{array}{cc|c} 1 & 4 & 0 \\ 0 & 1 & 0 \\ 0 & 0 & 0 \end{array}\right] \to \left[\begin{array}{cc|c} 1 & 0 & 0 \\ 0 & 1 & 0 \\ 0 & 0 & 0 \end{array}\right]$$

$\therefore x=y=0$

$\therefore [1,2,3]^T$，$[4,5,6]^T$ 為線性獨立

例 9

試證：若向量組中至少有兩個向量相同，則該向量組線性相依

解

在不失一般性下我們假設 $\boldsymbol{v}_1, \boldsymbol{v}_2 = \boldsymbol{v}$，則

$\because 1\cdot\boldsymbol{v}+(-1)\cdot\boldsymbol{v}+0\cdot\boldsymbol{v}_3+0\cdot\boldsymbol{v}_4+\cdots+0\cdot\boldsymbol{v}_n=0$ 其中 $1,-1,0$ ，$0\cdots0$ 是不全為零的係數，

$\therefore \boldsymbol{v}, \boldsymbol{v}, \boldsymbol{v}_3, \cdots, \boldsymbol{v}_n$ 為線性相依

定理 B

向量組 $\boldsymbol{v}_1, \boldsymbol{v}_2, \cdots, \boldsymbol{v}_n$ 為線性相依的充要條件是存在一個向量是其餘 $n-1$ 個向量之線性組合，$n \geq 2$

證

(1) $\boldsymbol{v}_1, \boldsymbol{v}_2, \cdots, \boldsymbol{v}_n$ 線性相依 $\Rightarrow$ 存在一個向量為其餘向量之線性組合：

因 $k_1, k_2, \cdots, k_n$ 中至少有一個不為 0，不失一般性，設 $k_1 \neq 0$，則

$$\boldsymbol{v}_1=-\frac{k_2}{k_1}\boldsymbol{v}_2-\cdots-\frac{k_3}{k_1}\boldsymbol{v}_3-\cdots-\frac{k_n}{k_i}\boldsymbol{v}_n$$

即 $\boldsymbol{v}_1$ 可以由其餘 $n-1$ 個向量線性組合

(2) 假設 $\boldsymbol{v}_i$ 為其餘 $n-1$ 個向量線性組合 $\Rightarrow \boldsymbol{v}_1, \boldsymbol{v}_2, \cdots, \boldsymbol{v}_n$ 為線性相依：

在不失一般性下，設 $\boldsymbol{v}_1$ 為 $\boldsymbol{v}_2\cdots\boldsymbol{v}_n$ 之線性組合，即

$$\boldsymbol{v}_1=l_2\boldsymbol{v}_2+l_3\boldsymbol{v}_3+\ldots+l_n\boldsymbol{v}_n \Rightarrow -\boldsymbol{v}_1+\ldots+l_{i-1}\boldsymbol{v}_{i-1}+l_{i+1}\boldsymbol{v}_{i+1}+\ldots+l_n\boldsymbol{v}_n=\boldsymbol{0}$$

因上述係數中 v_1 係數不為 0，所以 $\boldsymbol{v}_1, \boldsymbol{v}_2, \cdots, \boldsymbol{v}_n$ 線性相依

定理 C

$\boldsymbol{v}_1, \boldsymbol{v}_2, \cdots, \boldsymbol{v}_m \in V$ ，$v=\text{span}(\boldsymbol{v}_1, \boldsymbol{v}_2, \cdots, \boldsymbol{v}_m)$ ，若 $\boldsymbol{v}_1, \boldsymbol{v}_2, \cdots, \boldsymbol{v}_m$ 線性獨立，則 $\boldsymbol{v}_1, \boldsymbol{v}_2, \cdots, \boldsymbol{v}_n$ 表成 $\boldsymbol{v}$ 之線性組合之方式為唯一

證

應用反證法

若 $\boldsymbol{v}=\text{span}(\boldsymbol{v}_1,\boldsymbol{v}_2,\cdots,\boldsymbol{v}_n)$ 能有二種線性組合：

$$\boldsymbol{v}=\alpha_1\boldsymbol{v}_1+\alpha_2\boldsymbol{v}_2+\cdots+\alpha_n\boldsymbol{v}_n \tag{1}$$

$$\boldsymbol{v}=\beta_1\boldsymbol{v}_1+\beta_2\boldsymbol{v}_2+\cdots+\beta_n\boldsymbol{v}_n \tag{2}$$

(1)－(2)得：

$$(\alpha_1-\beta_1)\boldsymbol{v}_1+(\alpha_2-\beta_2)\boldsymbol{v}_2+\cdots+(\alpha_n-\beta_n)\boldsymbol{v}_n=\mathbf{0} \tag{3}$$

$\because$ $\boldsymbol{v}_1\cdots\boldsymbol{v}_n$ 為線性獨立

$\therefore$ $\alpha_1-\beta_1=\alpha_2-\beta_2=\cdots=(\alpha_n-\beta_n)=0\Rightarrow\alpha_1=\beta_1,\alpha_2=\beta_2=\cdots=\alpha_n=\beta_n$，

即 $\boldsymbol{v}_1,\boldsymbol{v}_2,\cdots,\boldsymbol{v}_n$ 為線性獨立，$\therefore$ 由 $\boldsymbol{v}_1,\boldsymbol{v}_2,\cdots,\boldsymbol{v}_n$ 表成 $\boldsymbol{v}$ 的線性組合方式為唯一

推論 C1

$\boldsymbol{v}_1,\boldsymbol{v}_2,\cdots,\boldsymbol{v}_n$ 為線性相依，則 $\boldsymbol{v}$ 為 $\boldsymbol{v}_1,\boldsymbol{v}_2,\cdots,\boldsymbol{v}_n$ 之線性組合方式，不為唯一

定理 D

設向量組 $\boldsymbol{v}_1,\boldsymbol{v}_2,\cdots,\boldsymbol{v}_m$，其中

$$\boldsymbol{v}_j=(a_{1j},a_{2j},\cdots,a_{nj})^T \qquad (j=1,2,\ldots,m)，$$

則 $\boldsymbol{v}_1,\boldsymbol{v}_2,\cdots,\boldsymbol{v}_m$ 線性相依的充要條件是下列齊次線性方程組有非零解：

$$\begin{cases} a_{11}x_1 & +a_{12}x_2 & +\cdots & +a_{1m}x_m & =0 \\ a_{21}x_1 & +a_{22}x_2 & +\cdots & +a_{2m}x_m & =0 \\ \cdots & \cdots & \cdots & \cdots & \cdots \\ a_{n1}x_1 & +a_{n2}x_2 & +\cdots & +a_{nm}x_m & =0 \end{cases}$$

證

$v = \text{span}\{v_1, v_2, \cdots, v_n\}$，則

$$\begin{bmatrix} b_1 \\ b_2 \\ \vdots \\ b_n \end{bmatrix} = k_1 \begin{bmatrix} a_{11} \\ a_{21} \\ \vdots \\ a_{n1} \end{bmatrix} + k_2 \begin{bmatrix} a_{12} \\ a_{22} \\ \vdots \\ a_{n2} \end{bmatrix} + \cdots + k_m \begin{bmatrix} a_{1m} \\ a_{2m} \\ \vdots \\ a_{nm} \end{bmatrix}$$

即 $\begin{cases} a_{11}k_1 + a_{12}k_2 + \cdots + a_{1m}k_m = 0 \\ a_{21}k_1 + a_{22}k_2 + \cdots + a_{2m}k_m = 0 \\ \qquad \vdots \\ a_{n1}k_1 + a_{n2}k_2 + \cdots + a_{nm}k_m = 0 \end{cases}$

∴向量組 $\boldsymbol{v}_1, \boldsymbol{v}_2, \cdots, \boldsymbol{v}_m$ 線性相依的充分必要條件是上述齊次線性方程組只有非零解

定理 D 之等價命題是 $\boldsymbol{v}_1, \boldsymbol{v}_2, \cdots, \boldsymbol{v}_m$ 為線性獨立之充要條件為齊次線性方程組只有零解。

推論 D1

若 n 個 n 維向量線性獨立則其所成之行列式不為零。其逆敘述成立

推論 D1 之等價敘述是 n 個 n 維向量所成之行列式為 0 時，則此 n 維向量為線性相依，其逆敘述成立。

例 10

標準向量組 $\{e_1, e_2, \cdots, e_n\}$ 為線性獨立

解

因為齊次線性方程組

$$\begin{cases} 1x_1+0x_2+\cdots+0x_n=0 \\ 0x_1+1x_2+\cdots+0x_n=0 \\ \qquad\vdots \\ 0x_1+0x_2+\cdots+1x_n=0 \end{cases}$$

只有零解，所以標準向量組 $e_1, e_2, \cdots, e_n$ 線性獨立

例 11

判斷在 $\mathbf{R}^3$ $\{(1,0,0)^T, (1,1,0)^T, (1,1,1)^T\}$ 是否線性獨立？

解

$$\begin{vmatrix} 1 & 1 & 1 \\ 0 & 1 & 1 \\ 0 & 0 & 1 \end{vmatrix}=1\neq 0$$

∴由推論 D1 在 $\mathbf{R}^3$ $\{(1,0,0),(1,1,0),(1,1,1)\}$ 為線性獨立

例 11 也可以用定義：令 $a\begin{bmatrix}1\\0\\0\end{bmatrix}+b\begin{bmatrix}1\\1\\0\end{bmatrix}+c\begin{bmatrix}1\\1\\1\end{bmatrix}=\begin{bmatrix}0\\0\\0\end{bmatrix}$，因此可建立下列線性聯立方程組：$\begin{cases} a+b+c=0 \\ \quad\ \ b+c=0 \\ \qquad\ \ c=0 \end{cases}$，∴ $a=b=c=0$，從而 $(1,0,0)^T, (1,1,0)^T$ 與 $(1,1,1)^T$ 為線性獨立

定理 E

任何 $n+1$ 個 n 維向量線性相依

證

這是因為在相應的齊次線性方程組中，變數的個數 $m=n+1$ 大於方程數 n，其解必有自由變數，從而有非零解，$\therefore$ $n+1$ 個 n 維向量必線性相依

例 12

$v_1=\begin{bmatrix}1\\0\\2\end{bmatrix}$，$v_2=\begin{bmatrix}2\\3\\-1\end{bmatrix}$，$v_3=\begin{bmatrix}0\\4\\2\end{bmatrix}$，$v_4=\begin{bmatrix}-1\\1\\1\end{bmatrix}$

4 個 3 維向量必線性相依

▶ Wronskian

定義

$f_1, f_2, \cdots, f_n \in C^{(n-1)}[a,b]$，在 $[a,b]$ 定義

$$W(f_1, f_2, \cdots, f_n)(x)=\begin{vmatrix} f_1(x) & f_2(x) & \cdots & f_n(x) \\ f_1'(x) & f_2'(x) & \cdots & f_n'(x) \\ \vdots & \vdots & \vdots & \vdots \\ f_1^{(n-1)}(x) & f_2^{(n-1)}(x) & \cdots & f_n^{(n-1)}(x) \end{vmatrix}$$

則稱 $W(f_1, f_2, \cdots, f_n)$ 為 $f_1, f_2, \cdots, f_n$ 之 Wronskian

Wronskian 是因波蘭數學家 Josef H. Wronski(1776~1853)而命名的。

定理 F

$f_1, f_2, \cdots, f_n \in C^{n-1}[a,b]$，若存在一個 $x_0 \in [a,b]$ 使得 $W(f_1, f_2, \cdots, f_n)(x) \neq 0$，則 $f_1, f_2, \cdots, f_n$ 為線性獨立

證

$f_1, f_2, \cdots, f_n \in C^{(n-1)}[a,b]$，令 $c_1f_1 + c_2f_2 + \cdots + c_nf_n = 0$ 則對其分別微分 $1, 2, \cdots, n-1$ 次而得：

$$\begin{cases} c_1f_1 & + & c_2f_2 & + & \cdots & + & c_nf_n & = & 0 \\ c_1f_1' & + & c_2f_2' & + & \cdots & + & c_nf_n' & = & 0 \\ & & \cdots\cdots\cdots & & & & & & \\ c_1f^{(n-1)} & + & c_2f_2^{(n-1)} & + & & + & c_nf_n^{(n-1)} & = & 0 \end{cases}$$

即 $\left[\begin{array}{cccc|c} f_1 & f_2 & \cdots & f_n & 0 \\ f_1' & f_2' & \cdots & f_n' & 0 \\ \vdots & \vdots & & \vdots & \vdots \\ f_1^{(n-1)} & f_2^{(n-1)} & \cdots & f_n^{(n-1)} & 0 \end{array}\right]$

$\therefore$ 若 $f_1, f_2, \cdots, f_n$ 在 $[a,b]$ 為線性相依，則 $(c_1, \cdots, c_n)^T$ 有異於 0 之解，即 $W(f_1, f_2, \cdots, f_n) = 0$ 時，為線性獨立

定理 F 等價於 $f_1, f_2, \cdots, f_n$ 在 $[a,b]$ 中為線性相依，則 $W(f_1, f_2, \cdots, f_n) = 0$。

例 13

e^x, e^{-x} 在 $c[-\infty, \infty]$ 是否為線性獨立？

解

$W = \begin{vmatrix} e^x & e^{-x} \\ e^x & -e^{-x} \end{vmatrix} = 2 \quad \therefore e^x, e^{-x}$ 為線性獨立

習題 3.3 Exercise

1. 判斷下列集合何者為線性獨立？
   (1) $\left\{(1,1)^T,(1,2)^T\right\}$ 在 $\mathbf{R}^2$
   (2) $\left\{(1,1)^T,(1,2)^T,(2,3)^T\right\}$ 在 $\mathbf{R}^2$
   (3) $\left\{(1,2,1)^T,(3,5,2)^T,(2,3,6)^T,(1,2,2)^T\right\}$ 在 $\mathbf{R}^3$
   (4) $\left\{(1,2,-1)^T,(1,1,4)^T\right\}$ 在 $\mathbf{R}^3$

2. 問 $\{(a,b),(c,d)\}$ 在 $\mathbf{R}^2$ 為線性獨立之條件？

3. 若 $(1,k,0)^T$ 為 $\boldsymbol{v}_1=(1,-1,2)^T$ 及 $\boldsymbol{v}_2=(2,1,1)^T$ 之線性組合，求 k？

4. 若 W_1,W_2 為向量空間 V 之子集合，試證 $\operatorname{span}(W_1\cap W_2)\subseteq\operatorname{span}(W_1)\cap\operatorname{span}(W_2)$

5. 若 v_1,v_2 為線性相依之非零向量，試證 $v_1=kv_2$

6. 若 u,v,w 為線性獨立，試證 $u+v$，$v+w$ 與 $u+w$ 亦為線性獨立

7. $\sin x,\cos x$ 在 $C\left[-\dfrac{\pi}{2},\dfrac{\pi}{2}\right]$ 是否線性獨立？

8. $\boldsymbol{u}=\begin{pmatrix}1\\1\\0\end{pmatrix}$，$\boldsymbol{v}=\begin{pmatrix}0\\1\\2\end{pmatrix}$，$\boldsymbol{w}=\begin{pmatrix}0\\0\\1\end{pmatrix}$，$\mathbf{R}^3=\operatorname{span}(\boldsymbol{u},\boldsymbol{v},\boldsymbol{w})$ 是否正確？

9. $\boldsymbol{u},\boldsymbol{v}$ 為線性獨立，若 $\boldsymbol{w}_1=a\boldsymbol{u}+b\boldsymbol{v}$，$\boldsymbol{w}_2=c\boldsymbol{u}+d\boldsymbol{v}$，求 $\boldsymbol{w}_1,\boldsymbol{w}_2$ 為線性獨立之條件

3.4 基底和維度

▸ 基底

定義

v，$v_1, v_2, \cdots, v_n$ 是向量空間 V 的 n 個向量，若

(1) $v_1, v_2, \cdots, v_n$ 為線性獨立

(2) V 由 $v_1, v_2, \cdots, v_n$ 所生成

則稱 $v_1, v_2, \cdots, v_n$ 是 V 的一組**基底**(basis)

定義

V 為向量空間，若 V 之基底包含 n 個向量，我們稱 V 之**維數**(dimension)，記作 $\dim V = n$。規定 $\dim \mathbf{0} = 0$

若 V 有限組向量，則稱 V 是**有限維**(finite dimensional)，否則 V 為**無限維**(infinite dimensional)

注意：本書討論的均限於有限維。

▸ 座標向量

座標向量(coordinate vector)在判斷一多項式或一 $m \times n$ 矩陣是否為其他之多項式或矩陣所生成時極為有用。

例　　子	座標向量
P_2 ： $at^2 + bt + c$	$[a, b, c]$
P_3 ： $at^3 + bt^2 + ct + d$	$[a, b, c, d]$
…………	

例　　子	座標向量
$M_{2\times 2}$: $\begin{bmatrix} a_{11} & a_{12} \\ a_{21} & a_{22} \end{bmatrix}$	$[a_{11}, a_{12}, a_{21}, a_{22}]$
$M_{2\times 3}$: $\begin{bmatrix} a_{11} & a_{12} & a_{13} \\ a_{21} & a_{22} & a_{23} \end{bmatrix}$	$[a_{11}, a_{12}, a_{13}, a_{21}, a_{22}, a_{23}]$

▶ 幾個常見之標準基底

1. 令 $\{\boldsymbol{e}_1, \boldsymbol{e}_2, \cdots, \boldsymbol{e}_n\}$ 生成向量空間 V ，$\{\ \boldsymbol{e}_1 = (1, 0, \cdots, 0)^T$, $\boldsymbol{e}_2 = (0, 1, \cdots, 0)^T$,⋯, $\boldsymbol{e}_n = (0, 0, \cdots, 0, 1)^T\ \}$ 則 $\boldsymbol{v} = a_1\boldsymbol{e}_1 + a_2\boldsymbol{e}_2 + \cdots + a_n\boldsymbol{e}_n$ ， a_1 為純量，稱 $[a_1, a_2, \cdots, a_n]$ 為 V 對應於 $\{\boldsymbol{e}_1, \boldsymbol{e}_2, \cdots, \boldsymbol{e}_n\}$ 之座標向量。

   這裡之 $\{\boldsymbol{e}_1, \boldsymbol{e}_2, \cdots, \boldsymbol{e}_n\}$ 稱為**一般基底**(usual basis)、**自然基底**(natural basis)或**標準基底**(standard basis)，如

$$\mathbf{R}^2 = \left\{\begin{bmatrix}1\\0\end{bmatrix}, \begin{bmatrix}0\\1\end{bmatrix}\right\}，\dim \mathbf{R}^2 = 2，\mathbf{R}^3 = \left\{\begin{bmatrix}1\\0\\0\end{bmatrix}, \begin{bmatrix}0\\1\\0\end{bmatrix}, \begin{bmatrix}0\\0\\1\end{bmatrix}\right\}，\dim \mathbf{R}^3 = 3$$

2. $\{1, x, x^2, \cdots, x^{n-1}\}$ 是 $P_n[x]$ 之一組基底，且 $\dim P_n[x] = n$ ，例如：

$$P_2 = \{1, t, t^2\}，\dim P_2 = 3$$

3. V 是由 $m\times n$ 階矩陣構成的向量空間， M_{ij} 為第 i 行第 j 列位置的元素 $a_{ij} = 1$ ，其他元素均為 0 之 $m\times n$ 矩陣，即 $\{\boldsymbol{M}_{ij}\}$ $i = 1, 2, \cdots, m$ ； $j = 1, 2, \cdots, n$ 是 $\mathbf{R}^{m\times n}$ 的一個基底， $\dim \mathbf{R}^{m\times n} = mn$ 。

$$M_{ij} = \begin{bmatrix} 0 & \cdots & 0 & \cdots & 0 \\ \vdots & & \vdots & & \vdots \\ 0 & \cdots & 1 & \cdots & 0 \\ \vdots & & \vdots & & \vdots \\ 0 & \cdots & 0 & \cdots & 0 \end{bmatrix} \text{第 } i \text{ 列}$$

第 j 行

不難驗證，$\{\boldsymbol{M}_{ij}\}$ $i=1, 2,\cdots,m$；$j=1,2,\cdots,n$ 是線性獨立的，且任一 $m\times n$ 階矩陣 $A=[a_{ij}]_{m\times n}$ 有

$$A=\sum_{j=1}^{n}\sum_{i=1}^{m}a_{ij}M_{ij} \quad \text{例如：}$$

$$\mathbf{R}^{2\times 2}=\left\{\begin{bmatrix}1&0\\0&0\end{bmatrix},\begin{bmatrix}0&1\\0&0\end{bmatrix},\begin{bmatrix}0&0\\1&0\end{bmatrix},\begin{bmatrix}0&0\\0&1\end{bmatrix}\right\}\cdots\text{等。}\dim\mathbf{R}^{2\times 2}=4$$

例 1

(1) 試用標準基底表示 $M_{2\times 2}$ 之生成集

(2) $S=\left\{\begin{bmatrix}1&0\\0&0\end{bmatrix},\begin{bmatrix}1&1\\0&0\end{bmatrix},\begin{bmatrix}1&1\\1&0\end{bmatrix},\begin{bmatrix}1&1\\1&1\end{bmatrix}\right\}$ 是否可為 $\mathbf{R}^{2\times 2}$ 之生成集

解

(1) $[a,b,c,d]=a[1,0,0,0]+b[0,1,0,0]+c[0,0,1,0]+d[0,0,0,1]$

即 $\begin{bmatrix}a&b\\c&d\end{bmatrix}=a\begin{bmatrix}1&0\\0&0\end{bmatrix}+b\begin{bmatrix}0&1\\0&0\end{bmatrix}+c\begin{bmatrix}0&0\\1&0\end{bmatrix}+d\begin{bmatrix}0&0\\0&1\end{bmatrix}$

$\therefore\ \mathbf{R}^{2\times 2}=\operatorname{span}\left\{\begin{bmatrix}1&0\\0&0\end{bmatrix},\begin{bmatrix}0&1\\0&0\end{bmatrix},\begin{bmatrix}0&0\\1&0\end{bmatrix},\begin{bmatrix}0&0\\0&1\end{bmatrix}\right\}$

(2) 解 $\begin{bmatrix}a&b\\c&d\end{bmatrix}=x\begin{bmatrix}1&0\\0&0\end{bmatrix}+y\begin{bmatrix}1&1\\0&0\end{bmatrix}+z\begin{bmatrix}1&1\\1&0\end{bmatrix}+w\begin{bmatrix}1&1\\1&1\end{bmatrix}$

$\because\ [a,b,c,d]=x[1,0,0,0]+y[1,1,0,0]+z[1,1,1,0]+w[1,1,1,1]$

$$\begin{cases}x+y+z+w=a\\ \quad\ \ y+z+w=b\\ \qquad\quad z+w=c\\ \qquad\qquad\ w=d\end{cases}\quad\therefore w=d\text{，}z=c-d\text{，}y=b-c\text{，}x=a-b$$

從而 $\begin{bmatrix}a&b\\c&d\end{bmatrix}=(a-b)\begin{bmatrix}1&0\\0&0\end{bmatrix}+(b-c)\begin{bmatrix}1&1\\0&0\end{bmatrix}+(c-d)\begin{bmatrix}1&1\\1&0\end{bmatrix}+d\begin{bmatrix}1&1\\1&1\end{bmatrix}$

$\therefore\ \mathbf{R}^{2\times 2}=\operatorname{span}\left\{\begin{bmatrix}1&0\\0&0\end{bmatrix},\begin{bmatrix}1&1\\0&0\end{bmatrix},\begin{bmatrix}1&1\\1&0\end{bmatrix},\begin{bmatrix}1&1\\1&1\end{bmatrix}\right\}$

定理 A

W_1, W_2 為向量空間 V 之子空間，若 $W_1 \subseteq W_2$ 且 $\dim W_1 = \dim W_2$，則 $W_1 = W_2$

證

我們以 $W_1 = \{\mathbf{0}\}$ 與 $W_1 \neq \{\mathbf{0}\}$ 分開討論：

(1) $W_1 = \{\mathbf{0}\}$ 時 $\dim W_1 = \dim W_2 = 0$，$\therefore W_2 = \{\mathbf{0}\}$ 即 $W_1 = W_2$

(2) $W_1 \neq \{\mathbf{0}\}$ 時，設 $\{w_1, w_2, \cdots, w_p\}$，$p > 0$ 為 W_1 之一組基底，又 $W_1 \subseteq W_2 \Rightarrow w_1, w_2, \cdots, w_p \in W_2$，且 $w_1, w_2, \cdots, w_p$ 為線性獨立，

$\because$ 已知 $\dim W_1 = \dim W_2$ $\therefore \dim W_2 = p$ 從而

$w_1, w_2, \cdots, w_p$ 為 V_2 之一組基底，故 $W_1 = W_2$

定理 A 是證明二個子空間相等之重要途徑。

定理 B

V 為有限維向量空間，若 $\dim V = n$，W 為 V 之子空間，則 $\dim W \leq n$

證

利用反證法，$\because \dim V = n$，$\therefore V$ 是由 n 個線性獨立之向量所生成。若 $\dim W > n$，W 可由 $n+1$ 個向量所生成，但此 $n+1$ 個向量為線性相依，不能做 W 之基底，$\therefore \dim W \leq n$

定理 C

V 為有限維向量空間，則 V 之每個基底可含之向量個數相等

證

設 $\{u_1, u_2, \cdots, u_n\}$ 與 $\{u_1, u_2, \cdots, u_m\}$ 均為 V 之基底，若 $n > m$，則 $\{u_1, u_2, \cdots, u_n\}$ 為線性相依，故 $\{u_1, u_2, \cdots, u_n\}$ 不能為 V 之基底，此與 $\{u_1, u_2, \cdots, u_n\}$ 為 V 之基底之假設矛盾。$n < m$ 時亦同法可證。綜上，$n = m$

上面三個定理給我們一個重要的結論：

1. **V 為有限維向量空間，W 為 V 之子空間，那麼 W 之維數一定少於 V 之維數。**
2. **若 W_1, W_2 均為向量空間 V 之子空間，若 $W_1 \subseteq W_2$ 且 W_1, W_2 之維數相等，那麼 $W_1 = W_2$。**
3. **向量空間之基底維數一定相等。**

例 2

若 $W = \text{span}\left\{\begin{bmatrix} 1 & -4 \\ 2 & -5 \end{bmatrix}, \begin{bmatrix} 2 & -2 \\ 10 & 2 \end{bmatrix}, \begin{bmatrix} 3 & -6 \\ 12 & -3 \end{bmatrix}, \begin{bmatrix} -2 & -10 \\ -2 & 14 \end{bmatrix}\right\}$，求 W 之一組基底與維數

解

$$\begin{bmatrix} 1 & -4 & 2 & -5 \\ 2 & -2 & 10 & 2 \\ 3 & -6 & 12 & -3 \\ -2 & 10 & -2 & 14 \end{bmatrix} \to \begin{bmatrix} 1 & -4 & 2 & -5 \\ 0 & 6 & 6 & 12 \\ 0 & 6 & 6 & 12 \\ 0 & -18 & 18 & -18 \end{bmatrix} \to$$

$$\begin{bmatrix} \textcircled{1} & -4 & 2 & -5 \\ 0 & \textcircled{1} & 1 & 2 \\ 0 & 6 & 6 & 12 \\ 0 & 2 & 2 & 4 \end{bmatrix} \to \begin{bmatrix} 1 & -4 & 2 & -5 \\ 0 & 1 & 1 & 2 \\ 0 & 0 & 0 & 0 \\ 0 & 0 & 0 & 0 \end{bmatrix}$$

∵「領先 1」發生在第一、二列∴選第一、二個列向量對應之矩陣為基底

即$\left\{\begin{bmatrix}1 & -4\\2 & -5\end{bmatrix},\begin{bmatrix}2 & -2\\10 & 2\end{bmatrix}\right\}$，$\dim W=2$

> 在求 $\mathbf{R}^{m\times n}$ 之一組基底之步驟：
>
> (1) 化成坐標向量
>
> (2) 進行列運算
>
> (3) 由列梯式之領先 1 (leading 1)，即“○”之元素，決定哪些列可列入基底
>
> (4) 在求有附加條件之 W 的基底時，
>
> ① 先將附加條件代入化簡
>
> ② 再循求 W 一組基底之步驟（英文字母常給我們解題之題示）

下列二個例子說明如何求有附加條件之基底及維數。

例 3

$W=\left\{\begin{bmatrix}a & b\\c & 0\end{bmatrix}\middle|\, a+b=c\right\}$為 $\mathbf{R}^{2\times 2}$ 之子空間，求 W 之一個基底及維數

解

$W=\left\{\begin{bmatrix}a & b\\c & 0\end{bmatrix}\middle|\, a+b=c\right\}=\begin{bmatrix}a & b\\a+b & 0\end{bmatrix}$

$W=a\begin{bmatrix}1 & 0\\1 & 0\end{bmatrix}+b\begin{bmatrix}0 & 1\\1 & 0\end{bmatrix}$，即 $W=\text{span}\left\{\begin{bmatrix}1 & 0\\1 & 0\end{bmatrix},\begin{bmatrix}0 & 1\\1 & 0\end{bmatrix}\right\}$

又$\left\{\begin{bmatrix}1 & 0\\1 & 0\end{bmatrix},\begin{bmatrix}0 & 1\\1 & 0\end{bmatrix}\right\}$為線性獨立

∴ W 之一組基底為$\left\{\begin{bmatrix}1 & 0\\1 & 0\end{bmatrix},\begin{bmatrix}0 & 1\\1 & 0\end{bmatrix}\right\}$，$\dim W=2$

例 4

$W=\left\{\begin{bmatrix} x & y \\ -y & -x \end{bmatrix} \middle| x, y \in \mathbf{R}\right\}$為 $\mathbf{R}^{2\times 2}$ 之子空間，求 W 之一組基底及其維數

解

$\begin{bmatrix} x & y \\ -y & -x \end{bmatrix} = x\begin{bmatrix} 1 & 0 \\ 0 & -1 \end{bmatrix} + y\begin{bmatrix} 0 & 1 \\ -1 & 0 \end{bmatrix}$，即 $W = \operatorname{span}\left\{\begin{bmatrix} 1 & 0 \\ 0 & -1 \end{bmatrix}, \begin{bmatrix} 0 & 1 \\ -1 & 0 \end{bmatrix}\right\}$

又 $\left\{\begin{bmatrix} 1 & 0 \\ 0 & -1 \end{bmatrix}, \begin{bmatrix} 0 & 1 \\ -1 & 0 \end{bmatrix}\right\}$為線性獨立

$\therefore \left\{\begin{bmatrix} 1 & 0 \\ 0 & -1 \end{bmatrix}, \begin{bmatrix} 0 & 1 \\ -1 & 0 \end{bmatrix}\right\}$為 W 之一組基底，$\dim W = 2$

例 5

若 $\{\boldsymbol{u}, \boldsymbol{v}\}$ 為向量空間 V 之一組基底，試證 $\{\boldsymbol{u}+\boldsymbol{v}, \boldsymbol{u}-\boldsymbol{v}\}$ 亦為 V 之基底

解

設 $\boldsymbol{z} \in V$，令 $\boldsymbol{z} = a\boldsymbol{u} + b\boldsymbol{v}$，則 $z = \dfrac{a+b}{2}(\boldsymbol{u}+\boldsymbol{v}) + \dfrac{a-b}{2}(\boldsymbol{u}-\boldsymbol{v})$

$\therefore \boldsymbol{z} = \operatorname{span}\{\boldsymbol{u}+\boldsymbol{v}, \boldsymbol{u}-\boldsymbol{v}\}$

又 $c(\boldsymbol{u}+\boldsymbol{v}) + d(\boldsymbol{u}-\boldsymbol{v}) = \mathbf{0} \Rightarrow (c+d)\boldsymbol{u} + (c-d)\boldsymbol{v} = \mathbf{0}$

$\because \begin{cases} c+d=0 \\ c-d=0 \end{cases}$之唯一解為 $c=d=0$

$\therefore \{\boldsymbol{u}+\boldsymbol{v}, \boldsymbol{u}-\boldsymbol{v}\}$為線性獨立

綜上，$\{\boldsymbol{u}+\boldsymbol{v}, \boldsymbol{u}-\boldsymbol{v}\}$為 V 之一組基底

習題 3.4 Exercise

1. $W=\{(x_1,x_2,x_3)^T : x_1=x_2, x_2=x_3$，$x_1,x_2,x_3\in\mathbf{R}\}$，求 W 之一組基底

2. $W=\left\{\begin{bmatrix} a & b \\ -a & c \end{bmatrix}\in\mathbf{R}^{2\times2}, a,b,c\in\mathbf{R}\right\}$，求 W 之一組基底及維數

3. 若 W 為所有 3 階反對稱陣所成之子空間，求 W 之一組基底及維數

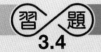

3.5 列空間、行空間與核空間

▶ 列空間與行空間

$\boldsymbol{A}$ 為一 $m\times n$ 階矩陣，$\boldsymbol{A}$ 的每一個列都可看做 $\mathbf{R}^{1\times n}$ 的列向量，故 $\boldsymbol{A}$ 有 m 個列向量，同樣地，A 的每一個行都可看做 A 的 $\mathbf{R}^{n}$ 之行向量，故 $\boldsymbol{A}$ 有 n 個行向量。

例如：$A=\begin{bmatrix}1&3&5\\2&4&6\end{bmatrix}$，則 A 有 2 個列向量 $[1,3,5]$，$[2,4,6]$，有三個行向量，$\begin{bmatrix}1\\2\end{bmatrix}$，$\begin{bmatrix}3\\4\end{bmatrix}$，$\begin{bmatrix}5\\6\end{bmatrix}$。

定義

A 為 $m\times n$ 階矩陣，則由 A 之所有列向量所生成之 $\mathbf{R}^{1\times n}$ 的子空間為 A 之**列空間**(row space)，而 A 之所有行向量所生成之 $\mathbf{R}^{m}$ 之子空間稱為 A 之**行空間**(column space)。矩陣 A 之列空間以 $RS(A)$，行空間以 $CS(A)$ 表之

定理 A

若矩陣 A 經有限個列運算而得到矩陣 B，則 A, B 有相同之列空間

證

因矩陣是矩陣 A 經過有限個列運算而得到的，因此 B 之列向量可表成 A 之列向量的線性組合，$\therefore$ B 之列空間為 A 列空間之線性組合。同理 A 之列空間亦為 B 之列空間，故 A, B 有相同之列空間

定理 A 之重要意義是給定一個 $m \times n$ 階矩陣 A，我們可透過列運算而得到 A 之列空間和行空間之基底，以及它們的維數。列空間之秩數即為 A 之**秩**(rank)，我們將在第四章中討論。

例 1

$A=\begin{bmatrix}1&1&3&1\\2&3&7&2\\2&3&7&3\end{bmatrix}$，求 $RS(A)$ 與 $CS(A)$ 之一組基底及維數

解

$$\begin{bmatrix}1&1&3&1\\2&3&7&2\\2&3&7&3\end{bmatrix}\to\begin{bmatrix}1&1&3&1\\0&1&1&0\\0&1&1&1\end{bmatrix}\to\begin{bmatrix}\textcircled{1}&1&3&1\\0&\textcircled{1}&1&0\\0&0&0&\textcircled{1}\end{bmatrix}$$

$\therefore RS(A)=\{[1,1,3,1],[2,3,7,2],[2,3,7,3]\}$，$\dim RS(A)=3$

$$CS(A)=\left\{\begin{bmatrix}1\\2\\2\end{bmatrix},\begin{bmatrix}1\\3\\3\end{bmatrix},\begin{bmatrix}1\\2\\3\end{bmatrix}\right\}，\dim CS(A)=3$$

附記

$$A\xrightarrow{\text{列運算}}U$$

在 U 之領先 1 (leading one)，即 U 中不為零列之最左方的 1 畫“○”，以決定何為列空間或行空間之基底。若 a_{ij} 為領先 1，那麼第 i 列為列空間之一個基底，第 j 行為行空間之一個基底

在例 1 中我們發現 $\mathbf{dim}\boldsymbol{RS(A)}=\mathbf{dim}\boldsymbol{CS(A)}$，這是一個重要結果，它是矩陣的秩。

例 2

$A=\begin{bmatrix}1&2&3&1\\2&4&7&3\\3&6&10&4\\1&2&4&2\end{bmatrix}$，求 $RS(A)$，$CS(A)$，又它們的維數？

解

$$\begin{bmatrix}1&2&3&1\\2&4&7&3\\3&6&10&4\\1&2&4&2\end{bmatrix}\to\begin{bmatrix}1&2&3&1\\0&0&1&1\\0&0&0&1\\0&0&1&1\end{bmatrix}\to\begin{bmatrix}\textcircled{1}&2&3&1\\0&0&\textcircled{1}&1\\0&0&0&\textcircled{1}\\0&0&0&0\end{bmatrix}$$

$\therefore RS(A)=\{[1,2,3,1],[2,4,7,3],[3,6,10,4]\}$，$\dim RS(A)=3$

$$CS(A)=\left\{\begin{bmatrix}1\\2\\3\\1\end{bmatrix},\begin{bmatrix}3\\7\\10\\4\end{bmatrix},\begin{bmatrix}1\\3\\4\\2\end{bmatrix}\right\}，\dim CS(A)=3$$

定理 B

列運算不會改變列空間，行運算不會改變行空間

例 3

求 $A=\begin{bmatrix}1&0\\0&1\end{bmatrix}$之列空間與行空間

解

顯然 A 之列空間為 $\{[1,0],[0,1]\}$，行空間為 $\left\{\begin{bmatrix}1\\0\end{bmatrix},\begin{bmatrix}0\\1\end{bmatrix}\right\}$

▶ 零空間

定義

A 為 $m \times n$ 矩陣，則 A 之零空間(null space)，以 $N(A)$ 或 $\ker(A)$ 表示，定義 $N(A)=\{\mathbf{x} \mid A\mathbf{x}=\mathbf{0}\,;\, x\in\mathbf{R}^n\}$

例 4

求 $A=\begin{bmatrix}1 & 3\\ 2 & 6\end{bmatrix}$ 之零空間的一組基底

解

$\left[\begin{array}{cc|c}1 & 3 & 0\\ 2 & 6 & 0\end{array}\right]\to\left[\begin{array}{cc|c}1 & 3 & 0\\ 0 & 0 & 0\end{array}\right]$，得 $x_2=t$， $x_1=-3t$ $\quad x=t\begin{bmatrix}-3\\ 1\end{bmatrix}$，$t\in\mathbf{R}$

$\therefore$ A 零空間之一組基底為 $\left\{\begin{bmatrix}-3\\ 1\end{bmatrix}\right\}$

附記

求 A 之零空間之一組基底，相當於求 $Ax=0$ 之一組解

例 5

求 $\begin{bmatrix}1 & 2 & -1 & 1\\ 3 & 6 & -4 & 1\\ 1 & 2 & -3 & -3\end{bmatrix}$ 之零空間及維數

解

$$\left[\begin{array}{cccc|c}1 & 2 & -1 & 1 & 0\\ 3 & 6 & -4 & 1 & 0\\ 1 & 2 & -3 & -3 & 0\end{array}\right]\to\left[\begin{array}{cccc|c}1 & 2 & -1 & 1 & 0\\ 0 & 0 & -1 & 2 & 0\\ 0 & 0 & -2 & -4 & 0\end{array}\right]\to\left[\begin{array}{cccc|c}1 & 2 & -1 & 1 & 0\\ 0 & 0 & 1 & 2 & 0\\ 0 & 0 & 0 & 0 & 0\end{array}\right]\to\left[\begin{array}{cccc|c}1 & 2 & 0 & 3 & 0\\ 0 & 0 & 1 & 2 & 0\\ 0 & 0 & 0 & 0 & 0\end{array}\right]$$

令 $x_4=t$，則 $x_3=-2t$， $x_2=s$， $x_1=-2s-3t$

$$\therefore x=\begin{bmatrix}-2s-3t\\s\\-2t\\t\end{bmatrix}=s\begin{bmatrix}-2\\1\\0\\0\end{bmatrix}+t\begin{bmatrix}-3\\0\\-2\\1\end{bmatrix}，s,t\in\mathbf{R}$$

$\boldsymbol{A}$ 零空間之一組基底為

$$\left\{\begin{bmatrix}-2\\1\\0\\0\end{bmatrix},\begin{bmatrix}-3\\0\\-2\\1\end{bmatrix}\right\}，\dim N(A)=2$$

例 6

$\boldsymbol{A}$ 為 $n\times m$ 階矩陣，若 A 之各行為線性獨立，試證 $N(\boldsymbol{A})=\{0\}$

解

設 $A=[\,\boldsymbol{a}_1\,|\,\boldsymbol{a}_2\,|\cdots|\,\boldsymbol{a}_m\,]$，$\boldsymbol{a}_1,\boldsymbol{a}_2,\cdots,\boldsymbol{a}_m\in\mathbf{R}^m$，並令

$\boldsymbol{a}_1x_1+\boldsymbol{a}_2x_2+\cdots+\boldsymbol{a}_mx_m=\mathbf{0}$，其中 $x_1,x_2,\cdots,x_m$ 為純量

$\because \boldsymbol{a}_1,\boldsymbol{a}_2,\cdots,\boldsymbol{a}_m$ 為線性獨立，$\therefore x_1=x_2=\cdots=x_m=0$，令 $x=(x_1,x_2,\cdots,x_n)^T$

則 $\boldsymbol{Ax}=\mathbf{0}$ 之解為 $x=\mathbf{0}$，即 $N(A)=\{\,\mathbf{0}\,\}$

例 7

$\boldsymbol{A}$ 為 $m\times n$ 階矩陣，x_0 為 $\boldsymbol{Ax}=\boldsymbol{b}$ 之一個解，若 $\boldsymbol{y}=\boldsymbol{x}_0+\boldsymbol{z}\in\mathbf{R}^n$，且若 y 亦為 $Ax=b$ 的一個解，試證 $z\in N(A)$

解

$\because \boldsymbol{y}=\boldsymbol{x}_0+\boldsymbol{z}$ 為 $\boldsymbol{Ax}=\boldsymbol{b}$ 之一個解

$\therefore \boldsymbol{Ay}=\boldsymbol{Ax}_0+\boldsymbol{Az}=\boldsymbol{b}+\boldsymbol{Az}=\boldsymbol{b}\Rightarrow\boldsymbol{Az}=\mathbf{0}$

$\therefore \boldsymbol{z}\in N(\boldsymbol{A})$

習題 3.5 Exercise

1. $\boldsymbol{A}=\begin{bmatrix}1&0&0&0\\0&1&0&0\\0&0&1&0\\0&0&0&0\end{bmatrix}$求 A 之 $RS(A)$，$CS(A)$，$N(A)$ 及其維數

2. $\boldsymbol{A}=\begin{bmatrix}1&1&3&3&0\\3&5&8&8&2\\3&5&8&8&1\end{bmatrix}$求 A 之 $RS(A)$，$CS(A)$ 及其維數

3. $\boldsymbol{A}=\begin{bmatrix}1&0&1\\-1&1&1\\1&2&5\end{bmatrix}$求 A 之 $RS(A)$，$CS(A)$ 及其維數

4. 若 $\boldsymbol{A}$ 為 $m\times n$ 矩陣，試證 $N(A)\subseteq N(A^TA)$

3.6 基底變換

n 維向量空間之任意 n 個線性獨立的向量都可取作該向量空間的基底，因此，一個向量空間可以有不同的基底。因為一個向量在不同基底下的座標未必相同，所以我們對同一個向量在不同基底下的座標，如何變化極感興趣。這是本節要討論的。

為便於理解起見，我們先從 $\mathbf{R}^2$ 著手，令 $\{\boldsymbol{e}_1, \boldsymbol{e}_2\}$ 為 $\mathbf{R}^2$ 之標準基底，$\{\boldsymbol{u}_1, \boldsymbol{u}_2\}$ 為 $\mathbf{R}^2$ 之另一組基底將座標系統間之變換分成下列幾個問題：

I. **向量 $x = c_1\boldsymbol{u}_1 + c_2\boldsymbol{u}_2$ 相對於標準基底 $\{\boldsymbol{e}_1, \boldsymbol{e}_2\}$，$\boldsymbol{e}_1 = \begin{pmatrix} 1 \\ 0 \end{pmatrix}$，$\boldsymbol{e}_2 = \begin{pmatrix} 0 \\ 1 \end{pmatrix}$ 之座標為何？**

令 $\boldsymbol{u}_1 = \begin{pmatrix} a_1 \\ b_1 \end{pmatrix}$，$\boldsymbol{u}_2 = \begin{pmatrix} a_2 \\ b_2 \end{pmatrix}$，則：

$$\boldsymbol{u}_1 = \begin{pmatrix} a_1 \\ b_1 \end{pmatrix} = a_1\begin{pmatrix} 1 \\ 0 \end{pmatrix} + b_1\begin{pmatrix} 0 \\ 1 \end{pmatrix} = a_1\boldsymbol{e}_1 + b_1\boldsymbol{e}_2$$

$$\boldsymbol{u}_2 = \begin{pmatrix} a_2 \\ b_2 \end{pmatrix} = a_2\begin{pmatrix} 1 \\ 0 \end{pmatrix} + b_2\begin{pmatrix} 0 \\ 1 \end{pmatrix} = a_2\boldsymbol{e}_1 + b_2\boldsymbol{e}_2$$

$$\text{即}\begin{cases} \boldsymbol{u}_1 = a_1\boldsymbol{e}_1 + b_1\boldsymbol{e}_2 \\ \boldsymbol{u}_2 = a_2\boldsymbol{e}_1 + b_2\boldsymbol{e}_2 \end{cases} \tag{1}$$

$$\therefore \boldsymbol{x} = c_1\boldsymbol{u}_1 + c_2\boldsymbol{u}_2 = c_1\begin{pmatrix} a_1 \\ b_1 \end{pmatrix} + c_2\begin{pmatrix} a_2 \\ b_2 \end{pmatrix}$$

$$= c_1\left[a_1\begin{pmatrix} 1 \\ 0 \end{pmatrix} + b_1\begin{pmatrix} 0 \\ 1 \end{pmatrix}\right] + c_2\left[a_2\begin{pmatrix} 1 \\ 0 \end{pmatrix} + b_2\begin{pmatrix} 0 \\ 1 \end{pmatrix}\right]$$

$$= (c_1a_1 + c_2a_2)\begin{pmatrix} 1 \\ 0 \end{pmatrix} + (c_1b_1 + c_2b_2)\begin{pmatrix} 0 \\ 1 \end{pmatrix} = \begin{pmatrix} c_1a_1 + c_2a_2 \\ c_1b_1 + c_2b_2 \end{pmatrix} = \begin{pmatrix} a_1 & a_2 \\ b_1 & b_2 \end{pmatrix}\cdot\begin{pmatrix} c_1 \\ c_2 \end{pmatrix} \tag{2}$$

$\Rightarrow \boldsymbol{x} = \boldsymbol{U}_C$，即 $\boldsymbol{c} = \boldsymbol{U}^{-1}\boldsymbol{x}$，$\boldsymbol{U} = [\boldsymbol{u}_1 \quad \boldsymbol{u}_2]$

上式中的 U 稱為基底 $\{\boldsymbol{u}_1, \boldsymbol{u}_2\}$ 至基底 $\{\boldsymbol{e}_1, \boldsymbol{e}_2\}$ 之**轉移矩陣** (transient matrix)。

例 1

$\boldsymbol{u}_1 = \begin{pmatrix} 1 \\ 1 \end{pmatrix}$，$\boldsymbol{u}_2 = \begin{pmatrix} 2 \\ -1 \end{pmatrix}$，求相對 $\boldsymbol{u}_1, \boldsymbol{u}_2$ 下 $\boldsymbol{x} = \begin{pmatrix} 8 \\ -1 \end{pmatrix}$ 之座標向量

解

（方法一）

應用 $\boldsymbol{c} = \boldsymbol{U}^{-1}\boldsymbol{x}$ ； $\boldsymbol{u} = [\, \boldsymbol{u}_1, \boldsymbol{u}_2 \,]$

$$\boldsymbol{c} = \boldsymbol{U}^{-1}\boldsymbol{x} = \begin{bmatrix} 1 & 2 \\ 1 & -1 \end{bmatrix}^{-1} \begin{pmatrix} 8 \\ -1 \end{pmatrix} = \frac{-1}{3} \begin{bmatrix} -1 & 1 \\ 2 & 1 \end{bmatrix} \begin{pmatrix} 8 \\ 1 \end{pmatrix} = \begin{pmatrix} 2 \\ 3 \end{pmatrix}$$

（方法二）

令 $\begin{pmatrix} 8 \\ -1 \end{pmatrix} = a \begin{pmatrix} 1 \\ 1 \end{pmatrix} + b \begin{pmatrix} 2 \\ -1 \end{pmatrix}$，解之 $\begin{pmatrix} a \\ b \end{pmatrix} = \begin{pmatrix} 2 \\ 3 \end{pmatrix}$

附記

$$\begin{bmatrix} a & c \\ b & d \end{bmatrix}^{-1} = \frac{1}{ad - bc} \begin{bmatrix} d & -c \\ -b & a \end{bmatrix}$$

II. **向量** c **從標準基底** $\boldsymbol{E} = \{\boldsymbol{e}_1, \boldsymbol{e}_2\}$ **到基底** $\boldsymbol{U} = \{\boldsymbol{u}_1, \boldsymbol{u}_2\}$ **後之轉移矩陣為何？**

由 I. $x = U_C$ $\quad \therefore c = U^{-1}x$

例 2

(1) 求由基底 $\boldsymbol{U} = \left\{ \begin{pmatrix} 1 \\ 1 \end{pmatrix}, \begin{pmatrix} 1 \\ -1 \end{pmatrix} \right\}$ 到基底 $\boldsymbol{E} = \left\{ \begin{pmatrix} 1 \\ 0 \end{pmatrix}, \begin{pmatrix} 0 \\ 1 \end{pmatrix} \right\}$ 之轉移矩陣

(2) 求由 $\boldsymbol{E} = \left\{ \begin{pmatrix} 1 \\ 0 \end{pmatrix}, \begin{pmatrix} 0 \\ 1 \end{pmatrix} \right\}$ 轉移到 $\boldsymbol{U} = \left\{ \begin{pmatrix} 1 \\ 1 \end{pmatrix}, \begin{pmatrix} 1 \\ -1 \end{pmatrix} \right\}$ 之轉移矩陣

解

(1) 此為 $\boldsymbol{U} \to \boldsymbol{E}$

$\therefore$轉移矩陣為 $\boldsymbol{U} = \begin{bmatrix} u_1 & u_2 \end{bmatrix} = \begin{bmatrix} 1 & 1 \\ 1 & -1 \end{bmatrix}$

(2) 此為 $\boldsymbol{E} \to \boldsymbol{U}$

$\therefore$轉移矩陣為 $\boldsymbol{V} = \boldsymbol{U}^{-1} = \begin{bmatrix} 1 & 1 \\ 1 & -1 \end{bmatrix}^{-1} = -\dfrac{1}{2}\begin{bmatrix} -1 & -1 \\ -1 & 1 \end{bmatrix}$

III. 由基底 $V = [v_1, v_2]$ 轉移到另一基底 $U = [u_1, u_2]$ 之轉移矩陣？

基底 $\{v_1, v_2\}$ 轉移到 $\{u_1, u_2\}$ 之方法，直覺地，可先由 $\{v_1, v_2\}$ 轉移到 $\{e_1, e_2\}$，然後由 $\{e_1, e_2\}$ 轉移到 $\{u_1, u_2\}$，令 $x \in \mathbf{R}^2$，c 為 x 相對於 $\{v_1, v_2\}$ 之座標向量，d 為相對於 $\{u_1, u_2\}$ 之座標向量。

設 V 為從 $\{v_1, v_2\}$ 到 $\{u_1, u_2\}$ 之轉移矩陣，U^{-1} 為從 $\{e_1, e_2\}$ 到 $\{u_1, u_2\}$ 之轉移矩陣，則 $V_e = x$ 且 $U^{-1}x = d$

$\therefore U^{-1}V_C = U^{-1}x = d$

例 3

求基底 $[\boldsymbol{v}_1, \boldsymbol{v}_2]$ 轉移至 $[\boldsymbol{u}_1, \boldsymbol{u}_2]$ 之轉移矩陣，其中 $\boldsymbol{u}_1 = \begin{pmatrix} 1 \\ 0 \end{pmatrix}$，$\boldsymbol{u}_2 = \begin{pmatrix} -1 \\ 1 \end{pmatrix}$，$\boldsymbol{v}_1 = \begin{pmatrix} 3 \\ 2 \end{pmatrix}$，$\boldsymbol{v}_2 = \begin{pmatrix} 4 \\ 3 \end{pmatrix}$

解

(1) $V \to E$：

$[\boldsymbol{v}_1, \boldsymbol{v}_2]$ 轉移到 $[\boldsymbol{e}_1, \boldsymbol{e}_2]$ 之轉移矩陣為 $V = \begin{bmatrix} 3 & 4 \\ 2 & 3 \end{bmatrix}$

$[\boldsymbol{e}_1, \boldsymbol{e}_2]$轉移到$[\boldsymbol{v}_1, \boldsymbol{v}_2]$之轉移矩陣為$U^{-1}=\begin{bmatrix}1 & -1\\0 & 1\end{bmatrix}^{-1}=\begin{bmatrix}1 & 1\\0 & 1\end{bmatrix}$

$\therefore [\boldsymbol{v}_1, \boldsymbol{v}_2]$轉移到$[\boldsymbol{u}_1, \boldsymbol{u}_2]$之轉移矩陣為$U^{-1}V=\begin{bmatrix}1 & 1\\0 & 1\end{bmatrix}\begin{bmatrix}3 & 4\\2 & 3\end{bmatrix}=\begin{bmatrix}5 & 7\\2 & 3\end{bmatrix}$

即基底$\left[\begin{pmatrix}3\\2\end{pmatrix},\begin{pmatrix}4\\3\end{pmatrix}\right]$轉移到$\left[\begin{pmatrix}1\\0\end{pmatrix},\begin{pmatrix}-1\\1\end{pmatrix}\right]$之轉移矩陣為$\begin{bmatrix}5 & 7\\2 & 3\end{bmatrix}$

例 4

$A=[v_1, v_2]=\left[\begin{pmatrix}1\\1\end{pmatrix},\begin{pmatrix}2\\3\end{pmatrix}\right]$，$B=[u_1, u_2]=\left[\begin{pmatrix}1\\1\end{pmatrix},\begin{pmatrix}1\\2\end{pmatrix}\right]$，求由 A 到 B 之轉移矩陣，若 $x=2v_1+v_2$，求$[x]_B$，$[x]_B$表示以 B 為基底時之座標向量

解

X 為 $A\to E$ 之轉移矩陣為 $X=\begin{bmatrix}1 & 2\\1 & 3\end{bmatrix}$

Y 為 $E\to B$ 之轉移矩陣為 $Y^{-1}=\begin{bmatrix}1 & 1\\1 & 2\end{bmatrix}^{-1}=\begin{bmatrix}2 & -1\\-1 & 1\end{bmatrix}$

$\therefore A\to B$ 之轉移矩陣為

$$Y^{-1}X=\begin{bmatrix}2 & -1\\-1 & 1\end{bmatrix}\begin{bmatrix}1 & 2\\1 & 3\end{bmatrix}=\begin{bmatrix}1 & 1\\0 & 1\end{bmatrix}$$

$$\therefore [x]_B=\begin{bmatrix}1 & 1\\0 & 1\end{bmatrix}\begin{bmatrix}2\\1\end{bmatrix}=\begin{bmatrix}3\\1\end{bmatrix}$$

（別解）

我們可由$[x]_B$之意義來解

$$x=u_1+u_2=2\begin{pmatrix}1\\1\end{pmatrix}+\begin{pmatrix}2\\3\end{pmatrix}=\begin{pmatrix}4\\5\end{pmatrix}$$

$$\therefore \begin{pmatrix}4\\5\end{pmatrix}=a\begin{pmatrix}1\\1\end{pmatrix}+b\begin{pmatrix}1\\2\end{pmatrix}=\begin{pmatrix}a+b\\a+2b\end{pmatrix}$$

解 $\begin{cases} a+\ \ b=4 \\ a+2b=5 \end{cases}$ 得 $a=3$，$b=1$

$\therefore [x]_B=\begin{pmatrix} 3 \\ 1 \end{pmatrix}$

定理 A

$A=[a_1,a_2,\cdots,a_n]$，$B=[b_1,b_2,\cdots,b_n]$ 分別為 $\mathbf{R}^n$ 之一組基底，則由 A 到 B 之轉移矩陣可由增廣矩陣 $[B\,|\,A]$ 之最簡列梯形式而得到

例 5

以例 3 為例，應用定理 A 重解 V 到 U 之轉換之轉移矩陣

解

$$[U\,|\,V]=\left[\begin{array}{cc|cc} 1 & -1 & 3 & 4 \\ 0 & 1 & 2 & 3 \end{array}\right]\to\left[\begin{array}{cc|cc} 1 & 0 & 5 & 7 \\ 0 & 1 & 2 & 3 \end{array}\right]$$

$\therefore V$ 到 U 之轉移矩陣為 $\begin{bmatrix} 5 & 7 \\ 2 & 3 \end{bmatrix}$

例 6

設 $\boldsymbol{x}=(c_1,c_2,c_3)^T$ 是 $\mathbf{R}^3$ 中向量，$U=\{u_1,u_2,u_3\}$

$$u_1=\begin{bmatrix} 1 \\ 0 \\ 0 \end{bmatrix},u_2=\begin{bmatrix} 1 \\ 1 \\ 0 \end{bmatrix},\cdots,u_n=\begin{bmatrix} 1 \\ 1 \\ 1 \end{bmatrix}$$

求 $[x]_U$ ？

解

從 $\boldsymbol{E}=\{\boldsymbol{e}_1,\boldsymbol{e}_2,\boldsymbol{e}_3\}$ 到 $\{\boldsymbol{u}_1,\boldsymbol{u}_2,\boldsymbol{u}_3\}$ 之轉移矩陣為

$$\boldsymbol{U}=\begin{bmatrix}1&1&1\\0&1&1\\0&0&1\end{bmatrix}$$

$$\therefore [\boldsymbol{x}]_U=\boldsymbol{U}^{-1}\boldsymbol{c}=\begin{bmatrix}1&1&1\\0&1&1\\0&0&1\end{bmatrix}^{-1}\begin{pmatrix}c_1\\c_2\\c_3\end{pmatrix}$$

習題 3.6 Exercise

1. $\mathbf{R}^n$ 之二個基底 $\boldsymbol{A}=\left\{\begin{bmatrix}0\\1\end{bmatrix},\begin{bmatrix}-1\\2\end{bmatrix}\right\}$ 及 $\boldsymbol{B}=\left\{\begin{bmatrix}1\\-4\end{bmatrix},\begin{bmatrix}2\\-7\end{bmatrix}\right\}$，$E$ 為標準基底，求

   (1) 從 $\boldsymbol{A}$ 到 $\boldsymbol{B}$ 轉換之轉移矩陣

   (2) $\left[\begin{pmatrix}-1\\2\end{pmatrix}\right]_B$

2. P_2 之二組基底 $A=[x,1]$，與 $B=[2x-1,2x+1]$

   (1) 求由 A 到 B 之轉移矩陣

   (2) 求由 B 到 A 之轉移矩陣

3. $\boldsymbol{u}_1=\begin{pmatrix}0\\1\end{pmatrix}$，$\boldsymbol{u}_2=\begin{pmatrix}1\\0\end{pmatrix}$，求

   (1) $\boldsymbol{U}=\{\boldsymbol{u}_1,\boldsymbol{u}_2\}$ 到 $\boldsymbol{E}=\{\boldsymbol{e}_1,\boldsymbol{e}_2\}$ 之轉移矩陣

   (2) $\boldsymbol{E}=\{\boldsymbol{e}_1,\boldsymbol{e}_2\}$ 到 $\boldsymbol{U}=\{\boldsymbol{u}_1,\boldsymbol{u}_2\}$ 之轉移矩陣

4. 令 $\boldsymbol{v}_1=\begin{pmatrix}1\\0\end{pmatrix}$，$\boldsymbol{v}_2=\begin{pmatrix}1\\1\end{pmatrix}$，$\boldsymbol{u}_1=\begin{pmatrix}1\\1\end{pmatrix}$，$\boldsymbol{u}_2=\begin{pmatrix}0\\1\end{pmatrix}$

   (1) 求基底 $\boldsymbol{A}=[\boldsymbol{v}_1,\boldsymbol{v}_2]$ 到 $\boldsymbol{B}=[\boldsymbol{u}_1,\boldsymbol{u}_2]$ 之轉移矩陣

   (2) 若 $\boldsymbol{X}=2\boldsymbol{v}_1-5\boldsymbol{v}_2$，驗證 $[x]_B=\begin{pmatrix}-3\\-2\end{pmatrix}$

   (3) 應用(2)之結果驗證 $2\boldsymbol{v}_1-5\boldsymbol{v}_2=-3\boldsymbol{u}_1-2\boldsymbol{u}_2$

Chapter 04

LINEAR ALGEBRA
Made Easy

線性變換

4.1 線性變換之定義

定義

$T:V\to U$ 為一映射，若滿足 $T(\alpha u+\beta v)=\alpha T(u)+\beta T(v)$，$u,v\in V$，$\alpha,\beta\in F$，則稱 T 為線性變換(linear transformation)或**線性映射**(linear mapping)

定義

線性變換 $T:V\to V$ 則稱 T 為**線性算子**(operater)

定理 A

$T:V\to U$ 為一映射 $u,v\in V$，α 為純量。若 T 滿足 (1) $T(u+v)=T(u)+T(v)$ 及 (2) $T(\alpha u)=\alpha T(u)$，則稱 T 為線性變換

由定義，$T:V\to U$ 為線性變換，則 T 必滿足：

(1) $T(u+v)=T(u)+T(v)$，$\forall u,v\in V$

(2) $T(\alpha v)=\alpha T(v)$，$\forall \lambda\in F$，$v\in V$

推論 A1

設 T 是向量空間 V 上的線性變換，則 $T(\mathbf{0})=\mathbf{0}$

證

$T(0)=T(0\boldsymbol{v})=0T(\boldsymbol{v})=\mathbf{0}$

若 T 是線性映射，則 $T(\mathbf{0})=0$，其逆敘述即為若 $T(\mathbf{0})\neq 0$，則 T 不是線性變換，因此，**$T(0)=0$ 是判斷 T 是否是線性變換之一個重要而簡單的結果。**

例 1 向量放大與縮小之變換

$T:\mathbf{R}^3\to\mathbf{R}^3$，定義為 $\forall v\in V$，$T(v)=cv$，c 為純量。它的幾何意義就是把向量放大（縮小）c 倍，如 $c>1$ $(0<c<1)$。問 T 是否為線性變換？

解

$T(v_1+v_2)=c(v_1+v_2)=cv_1+cv_2=T(v_1)+T(v_2)$

$T(kv)=c(kv)\ =k(cv)\ =kT(v)$

$\therefore T$ 為一線性變換

例 2 微分變換

線性空間 $\mathbf{P}_n[x]$中，定義 $\mathcal{D}(f(x))=f'(x)$，$\forall f(x)\in\mathbf{P}_n[x]$，問 $\mathcal{D}$ 是否為一線性變換？

解

因 $\mathcal{D}(f(x)+g(x))=f'(x)+g'(x)$

$\mathcal{D}(kf(x))=kf'(x)$

$\forall f(x), g(x)\in\mathbf{P}_n[x]$，$\forall x\in\mathbf{P}^n$，$\therefore\mathcal{D}$ 是一個線性變換

例 3

$T:\mathbf{R}^2\to\mathbf{R}^2$，定義 $T(\boldsymbol{X})=(|x|,0)$，問 T 是否為一線性變換？

解

$T(x_1+x_2)=(|x_1+x_2|,0)\neq(|x_1|,0)+(|x_2|,0)$

$\therefore T$ 不為線性變換

例 4

$T:\mathbf{R}^2\to\mathbf{R}^3$，定義 $T(X)=(x_1,x_2,1)$，問 T 是否為一線性變換？

解

$\because T(\mathbf{0})=(0,0,1)$，$\therefore T(x)$ 不是線性變換

例 5

若 $f\in C[0,1]$，定義 $T(f)=\int_0^x f(t)dt$，問 T 是否是線性變換？若是，求 $T(3e^t)$

解

(1) 設 $f_1,f_2\in C[0,1]$，則

① $T(f_1+f_2)=\int_0^x\left(f_1(t)+f_2(t)\right)dt=\int_0^x f_1(t)dt+\int_0^x f_2(t)dt$
$=T(f_1)+T(f_2)$

② $T(\alpha f_1)=\int_0^x \alpha f_1(t)dt=\alpha\int_0^x f_1(t)dt=\alpha T(f_1)$

$\therefore T$ 為一線性變換

(2) $T(3e^t)=\int_0^x 3e^t dt=3e^t\Big|_0^x=3(e^x-1)$

附記

$T(\mathbf{0})\neq 0$ 一定不是線性變換

定理 B

若 $T:V\to W$ 是一線性變換，$v_1,v_2,\cdots,v_n\in V$ 為線性相依，則 $T(v_1),T(v_2),\cdots,T(v_n)$ 亦為線性相依

證

若 $v_1, v_2, \cdots, v_n$ 線性相依，則存在不全為 0 的純量 $k_1, k_2, \ldots, k_n$，使得

$$k_1 v_1 + k_2 v_2 + \cdots + k_n v_n = \mathbf{0}$$

$\because k_1, k_2, \cdots, k_n$ 不全為 0

$$k_1 T(v_1) + k_2 T(v_2) + \cdots + k_n T(v_n) = T\left(\sum_{i=1}^{n} k_i v_i\right) = T(\mathbf{0}) = \mathbf{0}$$

$\therefore T(v_1), T(v_2), \cdots, T(v_n)$ 為線性相依

注意：線性獨立的向量組經線性變換不一定是線性獨立。

▶ 線性變換的矩陣表示

線性變換 $T: \mathbf{R}^n \to \mathbf{R}^m$，若存在一個 $m \times n$ 矩陣 A 使得 $T(\boldsymbol{x}) = A\boldsymbol{x}$，$\boldsymbol{x} \in \mathbf{R}^n$，稱 $\boldsymbol{A}$ 為線性變換的一個矩陣表示。

定理 C

$T: \mathbf{R}^n \to \mathbf{R}^m$ 為一線性變換，則存在一個 $m \times n$ 矩陣 $\boldsymbol{A}$ 滿足 $T(\boldsymbol{x}) = A\boldsymbol{x}$

證

$A = [a_{ij}]_{m \times n} = (a_1, a_2, \cdots, a_n)$，$A$ 之第 j 行為 a_j

令 $\boldsymbol{a}_j = T(\boldsymbol{e}_j)$

若 $x = x_1\boldsymbol{e}_1 + x_2\boldsymbol{e}_2 + \cdots + x_n\boldsymbol{e}_n$，$x \in \mathbf{R}^n$

則

$$T(x) = T(x_1\boldsymbol{e}_1 + x_2\boldsymbol{e}_2 + \cdots + x_n\boldsymbol{e}_n) = x_1 T(\boldsymbol{e}_1) + x_2 T(\boldsymbol{e}_2) + \cdots + x_n T(\boldsymbol{e}_n)$$

$$= x_1\boldsymbol{a}_1 + x_2\boldsymbol{a}_2 + \cdots + x_n\boldsymbol{a}_n = (\boldsymbol{a}_1, \boldsymbol{a}_2, \cdots, \boldsymbol{a}_n)\begin{pmatrix} x_1 \\ x_2 \\ \vdots \\ x_n \end{pmatrix} = \boldsymbol{Ax}$$

我們在本節稍後說明，線性映射T除了標準基底$\{\boldsymbol{e}_1, \boldsymbol{e}_2, \cdots, \boldsymbol{e}_n\}$外，還可用其他基底得到$T$的矩陣表示。

例 6

定義投影變換T，$T:\mathbf{R}^3 \to \mathbf{R}^3$

$$T\left(\begin{bmatrix} x_1 \\ x_2 \\ x_3 \end{bmatrix}\right) = \begin{bmatrix} x_1 \\ x_2 \\ 0 \end{bmatrix}$$

取標準基底$\{\boldsymbol{e}_1, \boldsymbol{e}_2, \boldsymbol{e}_3\}$

$$T(e_1) = \begin{bmatrix} 1 \\ 0 \\ 0 \end{bmatrix}，T(e_2) = \begin{bmatrix} 0 \\ 1 \\ 0 \end{bmatrix}，T(e_3) = \begin{bmatrix} 0 \\ 0 \\ 0 \end{bmatrix} = \mathbf{0}$$

因此投影變換T在標準基底$\{\boldsymbol{e}_1, \boldsymbol{e}_2, \boldsymbol{e}_3\}$下的矩陣表示為

$$\boldsymbol{A} = \begin{bmatrix} 1 & 0 & 0 \\ 0 & 1 & 0 \\ 0 & 0 & 0 \end{bmatrix}$$

例 7

$\boldsymbol{P}_3[x]$ 中取一組基底$\{1, x, x^2\}$，試求 $\mathcal{D}(f(x)) = f'(x)$，$\forall f(x) \in \boldsymbol{P}_n[x]$之矩陣表示

解

$$\mathcal{D}(1) = 0 = 0\cdot 1 + 0\cdot x + 0\cdot x^2$$

$$\mathcal{D}(x) = 1 = 1\cdot 1 + 0\cdot x + 0\cdot x^2$$

$$\mathcal{D}(x^2) = 2x = 0\cdot 1 + 2\cdot x + 0\cdot x^2$$

所以 $\mathcal{D}$ 在這組基底下的矩陣表示 A

$$A=\begin{bmatrix}0 & 1 & 0\\0 & 0 & 2\\0 & 0 & 0\end{bmatrix}$$

定理 D

$\{v_1, v_2, \ldots, v_n\}$ 是 n 維線性空間，則每個線性變換 T 都對應唯一的一個 n 階矩陣 A；反之亦然

線性變換之矩陣表示銜接了線性變換與矩陣之關係。

習題 4.1 Exercise

1. 反射變換或鏡面反射：$T:\mathbf{R}^2 \to \mathbf{R}^2$，$\forall \boldsymbol{x} = \begin{bmatrix} x_1 \\ x_2 \end{bmatrix}$，定義 $T(\boldsymbol{x}) = \begin{bmatrix} x_1 \\ -x_2 \end{bmatrix}$。試證 T 為一線性變換

2. 判斷下列何者為線性變換？
   (1) $T:\mathbf{R}^2 \to \mathbf{R}^3$，$T(x_1, x_2)^T = (x_1 + x_2, x_3, 0)$
   (2) $T:\mathbf{R}^2 \to \mathbf{R}^3$，$T(x_1, x_2)^T = (x_1, x_2, e^x)$
   (3) $T:\mathbf{R}^2 \to \mathbf{R}^2$，$T(x_1, x_2)^T = (x_1^2, x_2)$
   (4) $T:\mathbf{R}^3 \to \mathbf{R}^2$，$T(x_1, x_2)^T = (1 + x_1, x_2, x_3)$
   (5) $T:P_2^2 \to P_3$，$T(P(x)) = P(x) + xP(x) + x^2 P'(x)$
   (6) $T:\mathbf{R}^{n\times n} \to \mathbf{R}^{n\times n}$，$T(\boldsymbol{A}) = \boldsymbol{A} + \boldsymbol{A}^T$

4.2 線性變換之像與核

▶ $P(t)$為 t 之多項式，T 為線性變換，$P(T)$=？

$P(t)$ 為 t 之多項式，T 為線性變換，則 $P(T)$ 在處理上與函數之合成運算類似，惟需注意到：$T^2(u)=T(T(u))$，$T^3(u)=T(T(T(u)))\cdots$，及 $I(T(u))=T(u)$。

延續上章之 $m\times n$ 階矩陣 A 的零空間、列空間、行空間，我們將看線性變換之像空間與核空間。

定義

$T:V\to U$ 為一線性變換，T 之像以 $R(T)$ 表之，定義為 $R(T)=\{u\mid 對某些\ u\in V，滿足\ T(v)=u，u\in U\}$

定義

$T:V\to U$ 為一線性變換，T 之核也稱為 T 之**零空間**(null space)，記做 $N(T)$（或 $\ker(T)$），定義為 $N(T)=\{V\mid T(\boldsymbol{v})=\mathbf{0}, \boldsymbol{v}\in V\}$

定理 A

$T:V\to U$ 為一線性變換，則 $R(T)$ 為 U 之子空間，$N(T)$ 為 V 之子空間

證

(1) 若 $\boldsymbol{v}_1, \boldsymbol{v}_2\in V$ 則 $T(\boldsymbol{v}_1)=\boldsymbol{u}_1$，$T(\boldsymbol{v}_2)=\boldsymbol{u}_2$，$\boldsymbol{u}_1, \boldsymbol{u}_2\in U$

① $T(\boldsymbol{v}_1+\boldsymbol{v}_2)=T(\boldsymbol{v}_1)+T(\boldsymbol{v}_2)=\boldsymbol{u}_1+\boldsymbol{u}_2\in R(T)$

② $T(c\boldsymbol{v}_1)=cT(\boldsymbol{v}_1)=c\boldsymbol{u}_1\in R(T)$

即 $R(T)$ 為 U 之子空間

(2) 若 $\boldsymbol{v}_1, \boldsymbol{v}_2 \in N(T)$，則 $T(\boldsymbol{v}_1)=\mathbf{0}$ 及 $T(\boldsymbol{v}_2)=\mathbf{0}$

① $T(\boldsymbol{v}_1+\boldsymbol{v}_2)=T(v_1)+T(v_2)=\mathbf{0}+\mathbf{0}=\mathbf{0}\in N(T)$

② $T(c\boldsymbol{v}_1)=cT(\boldsymbol{v}_1)=\mathbf{0}\in N(T)$

即 $N(T)$ 為 V 之子空間

例 1

$T:\mathbf{R}^2\to\mathbf{R}^2$，$T\begin{pmatrix}x+y\\x\end{pmatrix}=\begin{pmatrix}2x+y\\x+y\end{pmatrix}$，$P(t)=t^2-t-1$，求 $P(T)$

解

$$T^2\begin{pmatrix}x\\y\end{pmatrix}=T\left(T\begin{pmatrix}x\\y\end{pmatrix}\right)=T\begin{pmatrix}x+y\\x\end{pmatrix}=\begin{pmatrix}2x+y\\x+y\end{pmatrix}$$

$$P(t)=t^2-t-1 \quad \therefore P(T)=T^2\begin{pmatrix}x\\y\end{pmatrix}-T\begin{pmatrix}x\\y\end{pmatrix}-\begin{pmatrix}x\\x\end{pmatrix}=\begin{pmatrix}2x+y\\x+y\end{pmatrix}-\begin{pmatrix}x\\y\end{pmatrix}-\begin{pmatrix}x+y\\x\end{pmatrix}=\begin{pmatrix}0\\0\end{pmatrix}$$

附記

在求 $R(T)$，$N(T)$ 之一組基底時，可考慮用標準基底，求出 T 之矩陣表示，再計算其餘

例 2

$T:\mathbf{R}^2\to\mathbf{R}^2$ 為一線性算子，定義 $T\begin{pmatrix}x\\y\end{pmatrix}=\begin{pmatrix}x+y\\x+y\end{pmatrix}$，(1)求 $R(T)$ 之一組基底及維數；(2)求 $N(T)$ 之一組基底及維數

解

(1) $T(\boldsymbol{e}_1)=T\begin{pmatrix}1\\0\end{pmatrix}=\begin{pmatrix}1\\1\end{pmatrix}$，$T(\boldsymbol{e}_2)=T\begin{pmatrix}0\\1\end{pmatrix}=\begin{pmatrix}1\\1\end{pmatrix}$

$\therefore R(T)$ 之一組基底為 $\{[1,1]^T\}$，$\dim\{R(T)\}=1$

(2) $T(v)=\begin{bmatrix}1&1\\1&1\end{bmatrix}\begin{bmatrix}v_1\\v_2\end{bmatrix}=\begin{bmatrix}0\\0\end{bmatrix}$

$$\left[\begin{array}{cc|c}1&1&0\\1&1&0\end{array}\right]\to\left[\begin{array}{cc|c}1&1&0\\0&0&0\end{array}\right]$$

$\therefore v_2=t$，$v_1=-t$，$t\in\mathbf{R}$ 得 $N(T)$ 之一組基底 $\left\{\begin{bmatrix}-1\\1\end{bmatrix}\right\}$

$\therefore \dim N(T)=1$

例 3

$T:\mathbf{R}^3\to\mathbf{R}^3$ 為一線性變換，定義 $T\begin{pmatrix}x\\y\\z\end{pmatrix}=\begin{pmatrix}x-y\\x+2y+3z\\x+y+2z\end{pmatrix}$，求(1) $R(T)$ 之一組基底及維數；(2) $N(T)$ 之一組基底及維數

解

(1) $T(\boldsymbol{e}_1)=T\begin{pmatrix}1\\0\\0\end{pmatrix}=\begin{pmatrix}1\\1\\1\end{pmatrix}$，$T(\boldsymbol{e}_2)=T\begin{pmatrix}0\\1\\0\end{pmatrix}=\begin{pmatrix}-1\\2\\1\end{pmatrix}$，$T(\boldsymbol{e}_3)=T\begin{pmatrix}0\\0\\1\end{pmatrix}=\begin{pmatrix}0\\3\\2\end{pmatrix}$

$$A=\begin{bmatrix}1&-1&0\\1&2&3\\1&1&2\end{bmatrix}\to\begin{bmatrix}1&-1&0\\0&3&3\\0&2&2\end{bmatrix}\to\begin{bmatrix}1&-1&0\\0&1&1\\0&2&2\end{bmatrix}\to\begin{bmatrix}\textcircled{1}&-1&0\\0&\textcircled{1}&0\\0&0&0\end{bmatrix}$$

$\therefore R(T)$ 之一組基底為 $\left\{\begin{bmatrix}1\\1\\1\end{bmatrix},\begin{bmatrix}-1\\2\\1\end{bmatrix}\right\}$

$\dim\{R(T)\}=2$

(2) $\boldsymbol{A}\boldsymbol{x}=\boldsymbol{0}\Rightarrow\left[\begin{array}{ccc|c}1&-1&0&0\\1&2&3&0\\1&1&2&0\end{array}\right]\to\left[\begin{array}{ccc|c}1&-1&0&0\\0&1&1&0\\0&0&0&0\end{array}\right]$

令 $x_3 = t$ ， $x_2 = -t$ ， $x_1 = -t$

得 $\begin{pmatrix} x_1 \\ x_2 \\ x_3 \end{pmatrix} = t\begin{pmatrix} -1 \\ -1 \\ 1 \end{pmatrix}$

$\therefore N(T)$ 之一組基底為 $\left\{\begin{bmatrix} -1 \\ -1 \\ 1 \end{bmatrix}\right\}$

$\dim N(T) = 1$

我們由上二例發現到 $\dim(R(T) + \dim(N(T)) = \dim V$ ，這在 V 為有限維之情況下均成立，此即有名之 Sylvester 定理。

定理 B （Sylvester 定理）

$T:V \to W$ 為一線性變換，V 為有限維之向量空間，則

$$\dim V = \dim(N(T)) + \dim(R(T))$$

▶ 一對一、映成與逆映射

我們在中學數學或大學微積分都學過**一對一函數**（one to one function；簡記 1-1function），**映成函數**(onto function)以及**反函數**(inverse function)。1-1函數之定義是函數 f 之定義域內之所有元素 a, b 若 $a \neq b$ 則 $f(a) \neq f(b)$ ，其等價之定義是，函數 f 之定義域內所有元素 a, b ，若 $f(a) = f(b)$ ，則 $a = b$ ，映成函數是若函數 f 之對應域等於值域，當函數 f 是一對一，且映成時有反函數 f^{-1} 。微積分有一則定理是說，若 f 在區間為一對一則反函數存在。

只要 $T:V \to V$ 是一對一，逆映設 T^{-1} 存在，T^{-1} 之求法和一般函數反函數求法類似。

定理 E 是判斷線性算子 T 為一對一，映成及可逆性之重要定理。

定理 C

$T:V \to V$ 為一線性算子，若且惟若 $N(T)=\{\mathbf{0}\}$ 則 T 為一對一

證

(1) $N(T)=\{\mathbf{0}\} \Rightarrow T$ 為 1-1：

設 $\boldsymbol{v}_1, \boldsymbol{v}_2 \in V$，若 $T(\boldsymbol{v}_1)=T(\boldsymbol{v}_2)$，則 $T(\boldsymbol{v}_1-\boldsymbol{v}_2)=\mathbf{0}$

$\therefore \boldsymbol{v}_1, \boldsymbol{v}_2 \in N(T)$

但 $N(T)=\{\mathbf{0}\}$ $\quad\therefore \boldsymbol{v}_1-\boldsymbol{v}_2=\mathbf{0}$ 或 $\boldsymbol{v}_1=\boldsymbol{v}_2$

即 $N(T)=\mathbf{0} \Rightarrow T$ 為 1-1

(2) T 為 1-1 $\Rightarrow N(T)=\{\mathbf{0}\}$：

T 為 1-1，若 $v \in N(T)$，則 $T(\mathbf{0})=\mathbf{0}$ 得 $v=\mathbf{0}$，即 $N(T)=\{\mathbf{0}\}$

定理 D

$T:V \to V$ 為一線性算子，若且惟若 T 為一對一，則 T 為映成

證

(1) T 為 1-1 $\Rightarrow T$ 為映成：

由定理 B（Sylvester 定理）

$\dim V=\dim(N(T))+\dim(R(T))$

$\because T$ 為 1-1，$\dim(N(T))=\dim(\{\mathbf{0}\})=0$

$\therefore \dim V=\dim R(T)$

即 $V=R(T)$，亦即 T 為映成

(2) T 為映成 $\Rightarrow T$ 為 1-1

$\because \dim V=\dim(N(T))+\dim(R(T))$

又 T 為映成 $\quad\therefore \dim V=\dim(R(T))$

故 $\dim(N(T))=0 \Rightarrow N(T)=\{\mathbf{0}\}$，即為 1-1

有了定理 D，只要為 1-1，連帶地為映成與存在逆映射，若不是 1-1，那一定不會映成，從而也無逆映射，逆映射求法跟我們在中學代數求反函數之做法相似。

例 4

$T:\mathbf{R}^3\to\mathbf{R}^3$，定義 $T\begin{pmatrix}x\\y\\z\end{pmatrix}=\begin{pmatrix}x\\x+y\\x+y+z\end{pmatrix}$，問 T 是否 1-1？是否映成？是否可逆？若可逆，請求出反映射 T^{-1}

解

(1) $T\begin{pmatrix}x\\y\\z\end{pmatrix}=\begin{pmatrix}x\\x+y\\x+y+z\end{pmatrix}=\begin{pmatrix}0\\0\\0\end{pmatrix}$時，$x=y=z=0$

$\therefore T(u)=\mathbf{0}$時有唯一解$\begin{pmatrix}0\\0\\0\end{pmatrix}$，即 $N(T)=\{\mathbf{0}\}$

$\therefore T$ 為 1-1，從而 T 為映成，故 T 為可逆

(2) 令 $T\begin{pmatrix}x\\y\\z\end{pmatrix}=\begin{pmatrix}x\\x+y\\x+y+z\end{pmatrix}=\begin{pmatrix}\alpha\\\beta\\\gamma\end{pmatrix}$，由$\begin{cases}x=\alpha\\x+y=\beta\\x+y+z=\gamma\end{cases}$

易知 $x=\alpha$，$y=\beta-\alpha$，$z=\gamma-\beta$

$\therefore T^{-1}\begin{pmatrix}\alpha\\\beta\\\gamma\end{pmatrix}=\begin{pmatrix}\alpha\\\beta-\alpha\\\gamma-\beta\end{pmatrix}$或$T^{-1}\begin{pmatrix}x\\y\\z\end{pmatrix}=\begin{pmatrix}x\\y-x\\z-y\end{pmatrix}$

例 5

$T:\mathbf{R}^2 \to \mathbf{R}^2$，$T\begin{pmatrix} x \\ y \end{pmatrix} = \begin{pmatrix} 2x+6y \\ x+3y \end{pmatrix}$，問 T 是否 1-1？映成？是否存逆映射？若有請求之

解

$T\begin{pmatrix} x \\ y \end{pmatrix} = \begin{pmatrix} 2x+6y \\ x+3y \end{pmatrix} = \begin{pmatrix} 0 \\ 0 \end{pmatrix}$，$\begin{pmatrix} x \\ y \end{pmatrix} = t\begin{pmatrix} -3 \\ 1 \end{pmatrix}$，$N(T) \neq \{\mathbf{0}\}$

$\therefore T$ 不是 1-1，從而 T 非映成，故不存在 T^{-1}

習題 4.2 Exercise

1. $T:\mathbf{R}^2\to\mathbf{R}^2$ 為線性變換，$T\begin{pmatrix}1\\3\end{pmatrix}=\begin{pmatrix}1\\1\end{pmatrix}$，$T\begin{pmatrix}2\\7\end{pmatrix}=\begin{pmatrix}3\\1\end{pmatrix}$，(1) 求 $T\begin{pmatrix}x\\y\end{pmatrix}$；(2) $T\begin{pmatrix}-1\\2\end{pmatrix}$；(3) T 是否一對一？(4)是否映成？(5)若有 T^{-1}，求 T^{-1}

2. $T:\mathbf{R}^3\to\mathbf{R}^2$ 為線性變換，$T\begin{pmatrix}1\\1\\0\end{pmatrix}=\begin{pmatrix}1\\-1\end{pmatrix}$，$T\begin{pmatrix}1\\0\\1\end{pmatrix}=\begin{pmatrix}3\\2\end{pmatrix}$，$T\begin{pmatrix}0\\1\\1\end{pmatrix}=\begin{pmatrix}-3\\2\end{pmatrix}$，求 $T\begin{pmatrix}x\\y\\z\end{pmatrix}=$？

3. $T:\mathbf{R}^2\to\mathbf{R}^2$，若 $T\begin{pmatrix}1\\0\end{pmatrix}=\begin{pmatrix}1\\4\end{pmatrix}$，$T\begin{pmatrix}1\\1\end{pmatrix}=\begin{pmatrix}2\\5\end{pmatrix}$，求 $T\begin{pmatrix}2\\3\end{pmatrix}=$？

4. $T:\mathbf{R}^2\to\mathbf{R}^2$ 之線性轉換，$T\begin{pmatrix}x\\y\end{pmatrix}=\begin{pmatrix}x+2y\\3x+4y\end{pmatrix}$，$P(t)=t^2-5t-2$，驗證 $P(T)=\begin{pmatrix}0\\0\end{pmatrix}$

5. T_1,T_2 為 $V\to W$ 之線性變換，$\{\boldsymbol{u}_1,\boldsymbol{u}_2,\cdots,\boldsymbol{u}_n\}$ 為 V 之一組基底，若 $T_1(\boldsymbol{u}_i)=T_2(\boldsymbol{u}_i)$，$\forall i=1,2,\cdots,n$，試證 $T_1=T_2$

6. $T:\mathbf{R}^3\to\mathbf{R}^2$ 為一線性變換，若

$T\left(\begin{bmatrix}1\\0\\0\end{bmatrix}\right)=\begin{pmatrix}3\\2\end{pmatrix}$，$T\left(\begin{bmatrix}0\\1\\1\end{bmatrix}\right)=\begin{pmatrix}-1\\0\end{pmatrix}$，$T\left(\begin{bmatrix}1\\2\\2\end{bmatrix}\right)=\begin{pmatrix}0\\1\end{pmatrix}$，求 $T\left(\begin{bmatrix}4\\2\\5\end{bmatrix}\right)$

7. $T:\mathbf{R}^2\to\mathbf{R}^2$ 為線性變換，$T\begin{pmatrix}1\\0\end{pmatrix}=\begin{pmatrix}1\\4\end{pmatrix}$，$T\begin{pmatrix}1\\1\end{pmatrix}=\begin{pmatrix}2\\5\end{pmatrix}$，求 $T\begin{pmatrix}3\\5\end{pmatrix}$

4.3 秩

本節我們談的**秩**(rank)，主題上仍是線性獨立，只不過重點放在線性獨立之向量的“個數”，先看一個例子：

例 1

$\boldsymbol{A}=\begin{bmatrix}1&2&3\\1&1&1\\2&2&2\end{bmatrix}$，它有 3 個行向量，$\boldsymbol{u}_1=\begin{pmatrix}1\\1\\2\end{pmatrix}$，$\boldsymbol{u}_2=\begin{pmatrix}2\\1\\2\end{pmatrix}$，$\boldsymbol{u}_3=\begin{pmatrix}3\\1\\2\end{pmatrix}$，$\boldsymbol{u}_1-2\boldsymbol{u}_2+\boldsymbol{u}_3=\boldsymbol{0}$，$\therefore$ $\boldsymbol{u}_1,\boldsymbol{u}_2,\boldsymbol{u}_3$ 為線性相依，若只考慮 $\boldsymbol{u}_1,\boldsymbol{u}_2$，則 $a_1\boldsymbol{u}_1+a_2\boldsymbol{u}_2=0\Rightarrow a_1=a_2=0$，$\therefore$ $\boldsymbol{u}_1,\boldsymbol{u}_2$ 為線性獨立，A 的行向量最大線性獨立子集之個數為 2

我們的目光就移向矩陣 A，看它的各列或各行最多有幾個列或行為線性獨立。因此，有以下定義：

定義

矩陣 A 之列秩(row rank)是 A 最大線性獨立之列向量，A 之行秩(column rank)是 A 最大線性獨立之行向量

白話地說是矩陣 A 中，線性獨立之最大行數、列數，就是 A 之行秩或列秩。

可證明的是矩陣的行秩與列秩相等，因此有了秩之第一種定義：

定義

若 $A_{m\times n}$ 階矩陣，則 A 之行秩與列秩之共同數稱為 A 之秩，以 $\text{rank}(A)$ 之表

A之第二種定義是從行列式：

定義

A為$m\times n$階矩陣，若存在一個r階子行列式不為 0，而所有$r+1$階均為 0，則 $\text{rank}(A)=r$

第三種定義是從線性映射：

定義

若 $T:V\to U$ 為線性變換，則 T 之秩記做 $\text{rank}(T)$，定義為 $\text{rank}(T)=\dim(R(T))$

上述定義，線映變換T之秩為值域之維數。

以上三種不同對秩所做之定義可證為等價，我們在求矩陣A之秩時最方便的方法是對A實施列運算，最後**列梯形式之非零向量之列數即為A之秩**。

例 2

求 $\boldsymbol{A}=\begin{bmatrix}1&2&3&4\\3&5&7&9\\4&7&10&13\\5&9&13&17\end{bmatrix}$之秩

解

$$\begin{bmatrix}1&2&3&4\\3&5&7&9\\4&7&10&13\\5&9&13&17\end{bmatrix}\to\begin{bmatrix}1&2&3&4\\0&1&2&3\\0&1&2&3\\0&1&2&3\end{bmatrix}\to\begin{bmatrix}1&2&3&4\\0&1&2&3\\0&0&0&0\\0&0&0&0\end{bmatrix}$$

列梯形式中有二個非零列 $\therefore \text{rank}(\boldsymbol{A})=2$

顯然，A**為** $m\times n$ **階矩陣，則** $\text{rank}(\boldsymbol{A})\le\min(m,n)$

▶ rank(A)與| A |之關係

定理 A

A為n階方陣，則

(1) $|A| \neq 0 \Leftrightarrow \text{rank}(A) = n \Leftrightarrow A^{-1}$存在$\Leftrightarrow A$之各行（列）為線性獨立

(2) $|A| = 0 \Leftrightarrow \text{rank}(A) \neq n \Leftrightarrow A^{-1}$不存在$\Leftrightarrow A$之各行（列）為線性相依

定理 A 是由定義（秩之第二種定義）以及前面章節綜合出之漂亮結果。

例 3

A, B均為n階方陣，A, B均有n個線性獨立之列，問(1) A, B是否亦有n個線性獨立之行？(2) AB之各行是否亦線性獨立？(3) A^T是否有n個線性獨立之行？(4) A^{-1}是否有n個線性獨立之列？

解

(1) A, B均有n個線性獨立之列$\Rightarrow A$有n個線性獨立之行或列

(2) A, B均有n個線性獨立之列，$\therefore |A| \neq 0$，$|B| \neq 0$，$\therefore |AB| = |A||B| \neq 0$

$\Rightarrow AB$有n個線性獨立之行，即AB各行為線性獨立

(3) $|A^T| = |A| \neq 0$，$\therefore A^T$有n個線性獨立之行

(4) $|A^{-1}| = |A|^{-1} \neq 0$，$\therefore A^{-1}$有$n$個線性獨立之列

▶ 線性聯立方程組之相容性與秩之關係

定理 B

線性聯立方程組$Ax = b$有解之充要條件為$\text{rank}(A) = \text{rank}(A \mid b)$

證

$[\boldsymbol{A}|\boldsymbol{b}]$ 比 A 多了一個行，$\therefore$ $\text{rank}(\boldsymbol{A}|\boldsymbol{b})$ 只有 $\text{rank}(\boldsymbol{A}|\boldsymbol{b})=\text{rank}(\boldsymbol{A})$ 或 $\text{rank}(\boldsymbol{A}|\boldsymbol{b})=\text{rank}(\boldsymbol{A})+1$ 二種情形：

若 $\text{rank}(\boldsymbol{A}|\boldsymbol{b})=\text{rank}(\boldsymbol{A})+1$，則 $[\boldsymbol{A}|\boldsymbol{b}]$ 之列梯形式之最後一個非零列為 $[0,0,\cdots,0|1]$，它表示 $0x_1+0x_2+\cdots+0x_n=1$，這是矛盾方程組（或稱不相容 inconsistent），從而 $\boldsymbol{Ax}=\boldsymbol{b}$ 為無解

$\therefore$ $\boldsymbol{Ax}=\boldsymbol{b}$ 有解之充要條件為 $\text{rank}(\boldsymbol{A}|\boldsymbol{b})=\text{rank}(\boldsymbol{A})$

附記

$Ax=b$ 有解 $\to$ 相容

$Ax=b$ 無解 $\to$ 不相容

例 4

判斷 $\begin{cases} x_1+2x_2+3x_3 &=5 \\ 2x_1-\ x_2+\ x_3 &=1 \\ 4x_2-2x_2+2x_3 &=3 \end{cases}$ 是否有解，若有，請解出

解

$$\left[\begin{array}{ccc|c} 1 & 2 & 3 & 5 \\ 2 & -1 & 1 & 1 \\ 4 & -2 & 2 & 3 \end{array}\right] \to \left[\begin{array}{ccc|c} 1 & 2 & 3 & 5 \\ 0 & -5 & -5 & -9 \\ 0 & -10 & -10 & -17 \end{array}\right] \to \left[\begin{array}{ccc|c} 1 & 2 & 3 & 5 \\ 0 & 5 & 5 & 9 \\ 0 & 0 & 0 & 1 \end{array}\right]$$

$\because$ $\text{rank}(A)=2$，$\text{rank}(A|b)=3$

$\therefore$ 方程組無解。

定理 C（秩－零維度定理 rank-nullity theorem）

A 為 $m\times n$ 階矩陣，則 $\text{rank}(A)+\dim N(A)=n$

證

考慮一個齊次線性聯立方程組 $\boldsymbol{A}x=\mathbf{0}$

$$[\boldsymbol{A}\,|\,\mathbf{0}]\xrightarrow{\text{基本列運算}}[\boldsymbol{U}\,|\,\mathbf{0}]$$

若 $[U\,|\,0]$ 有 r 個非零列，則 $[\boldsymbol{U}\,|\,\mathbf{0}]$ 必有 $n-r$ 個非零列，$\dim N(\boldsymbol{A})=$ 自由變數之個數。

$\therefore \operatorname{rank}(\boldsymbol{A})+\dim N(\boldsymbol{A})=n$

例 5

由 $\begin{cases} x_1 + 2x_2 + x_3 = 0 \\ x_1 - x_2 + x_3 = 0 \\ 2x_1 - 2x_2 + 2x_3 = 0 \end{cases}$ 說明定理 C

解

$$\left[\begin{array}{ccc|c} 1 & 2 & 1 & 0 \\ 1 & -1 & 1 & 0 \\ 2 & -2 & 2 & 0 \end{array}\right] \to \left[\begin{array}{ccc|c} 1 & 2 & 1 & 0 \\ 0 & 3 & 0 & 0 \\ 0 & 6 & 0 & 0 \end{array}\right] \to \left[\begin{array}{ccc|c} 1 & 2 & 1 & 0 \\ 0 & 3 & 0 & 0 \\ 0 & 0 & 0 & 0 \end{array}\right] \to \left[\begin{array}{ccc|c} 1 & 2 & 1 & 0 \\ 0 & 1 & 0 & 0 \\ 0 & 0 & 0 & 0 \end{array}\right] \to \left[\begin{array}{ccc|c} 1 & 0 & 1 & 0 \\ 0 & 1 & 0 & 0 \\ 0 & 0 & 0 & 0 \end{array}\right]$$

$\therefore x_2=0$，$x_3=t$，$x_1=-t$，$t\in\mathbf{R}$

自由變數 t 之個數為 1，即 $\dim N(A)=1$

又 $\operatorname{rank}(\boldsymbol{A})=\operatorname{rank}\left(\begin{bmatrix} 1 & 2 & 1 \\ 1 & -1 & 1 \\ 2 & -2 & 2 \end{bmatrix}\right)=\operatorname{rank}\left(\begin{bmatrix} 1 & 0 & 1 \\ 0 & 1 & 0 \\ 0 & 0 & 0 \end{bmatrix}\right)=2$

$\therefore \operatorname{rank}(\boldsymbol{A})+\dim N(A)=2+1=3=n$

定理 D

A 為 $m\times n$ 階矩陣，若且惟若 $A=\mathbf{0}$ 則 $\operatorname{rank}(\boldsymbol{A})=0$

證

若 $A=\mathbf{0}$ 則 $\text{rank}(A)=0$ 顯然成立

$\text{rank}(A)=0$ 時，若 $A\neq\mathbf{0}$，則 A 至少有一元素異於 0，那麼 $\text{rank}(A)\neq 0$

$\therefore \text{rank}(A)=0$ 時 $A=\mathbf{0}$

例 6

$\boldsymbol{A}, \boldsymbol{B}$ 分別為 $m\times n$， $p\times n$ 矩陣，若 $\boldsymbol{Ax}=\mathbf{0}$ 與 $\boldsymbol{Bx}=\mathbf{0}$ 有相同之解集合，試證 $\text{rank}(\boldsymbol{A})=\text{rank}(\boldsymbol{B})$

解

$\because$ $\boldsymbol{Ax}=\mathbf{0}$ 與 $\boldsymbol{Bx}=\mathbf{0}$ 有相同之解集合， $\dim N(\boldsymbol{A})=\dim N(\boldsymbol{B})$

由定理 C， $\text{rank}(\boldsymbol{A})=n-\dim N(\boldsymbol{A})=n-\dim N(\boldsymbol{B})=\text{rank}(\boldsymbol{B})$

附記

證明 $\boldsymbol{A}=\mathbf{0}$ 之途徑：

1. $\boldsymbol{A}^T\boldsymbol{A}=\mathbf{0}$
2. $\boldsymbol{A}x=\mathbf{0}$
3. $\text{rank}(\boldsymbol{A})=0$
4. $tr(\boldsymbol{A}^T\boldsymbol{A})=0$

▶ 有關秩之進一步性質

秩有很多重要的性質，茲舉一些比較常用的：

定理 E

$\boldsymbol{A}, \boldsymbol{B}$ 為可乘，則 $\text{rank}(\boldsymbol{AB})\leq\min\{\text{rank}(\boldsymbol{A}), \text{rank}(\boldsymbol{B})\}$

由定理 E 可知 $\text{rank}(\boldsymbol{A})\geq\text{rank}(\boldsymbol{AB})$ 且 $\text{rank}(\boldsymbol{B})\geq\text{rank}(\boldsymbol{AB})$ 。

定理 F

$\boldsymbol{A}, \boldsymbol{B}$ 為可加，則 $\operatorname{rank}(\boldsymbol{A}+\boldsymbol{B}) \le \operatorname{rank}(\boldsymbol{A})+\operatorname{rank}(\boldsymbol{B})$

定理 G

若 $\boldsymbol{P}$ 為可逆，則 $\operatorname{rank}(\boldsymbol{PA}) = \operatorname{rank}(\boldsymbol{A})$

例 7

若 $\boldsymbol{A}, \boldsymbol{B}$ 均為 n 階方陣，且 $\boldsymbol{AB}=\boldsymbol{I}$，試證 $\operatorname{rank}(\boldsymbol{A})=n$

解

$\operatorname{rank}(\boldsymbol{AB}) = \operatorname{rank}(\boldsymbol{I}) = n$，由定理 G

又 $\operatorname{rank}(\boldsymbol{A}) \ge \operatorname{rank}(\boldsymbol{AB}) = n$

$\because$ $\boldsymbol{A}$ 為 n 階方陣 $\operatorname{rank}(A) \le n$

$\therefore$ $\operatorname{rank}(\boldsymbol{A}) = n$

習題 4.3 Exercise

1. 求(1)$\begin{bmatrix} 2 & -2 & 4 \\ -1 & 4 & 4 \\ 1 & -2 & 2 \end{bmatrix}$秩；(2)$\begin{bmatrix} 1 & -2 & 3 & 0 & 0 \\ 1 & -3 & 3 & -2 & -3 \\ -1 & 7 & -3 & 4 & 9 \\ 1 & 1 & 3 & 7 & 10 \end{bmatrix}$秩及列空間與行空間

2. 用秩的觀點說明何以下列方程組無解

$$\begin{cases} x_1 + 3x_2 + 7x_3 = 4 \\ 2x_1 - 3x_2 - 5x_3 = -1 \\ 4x_1 - 6x_2 - 10x_3 = 1 \end{cases}$$

3. $\boldsymbol{A}$為$m\times n$矩陣，$\boldsymbol{B}$為$n\times m$階矩陣，$m>n$，試證$\boldsymbol{AB}$各列為線性相依。（提示：即證AB為奇異陣）

4. 若$\boldsymbol{A}$為$m\times n$階矩陣，$\boldsymbol{P}$為m階可逆方陣，試證$\text{rank}(\boldsymbol{PA})=\text{rank}(\boldsymbol{A})$

正交性

5.1 $\mathbf{R}^n$之內積

▶ $\mathbf{R}^2$與 $\mathbf{R}^3$之內積

定義

$\boldsymbol{x}, \boldsymbol{y} \in \mathbf{R}^n$ 則 $\boldsymbol{x}, \boldsymbol{y}$ 之內積(inner product)也稱為純量積(scalar product)記做 $<\boldsymbol{x}, \boldsymbol{y}>$，$<\boldsymbol{x}, \boldsymbol{y}> = \boldsymbol{x}^T \boldsymbol{y}$

$\boldsymbol{x}, \boldsymbol{y} \in \mathbf{R}^n$，若 $\boldsymbol{x} = (x_1, x_2, \cdots, x_n)^T$，$\boldsymbol{y} = (y_1, y_2, \cdots, y_n)^T$，則

$$<\boldsymbol{x}, \boldsymbol{y}> = \boldsymbol{x}^T \boldsymbol{y} = x_1 y_1 + x_2 y_2 + \cdots + x_n y_n$$

幾個內積定義：

1. $\mathbf{R}^n$：$\mathbf{R}^n$之內積 $<x, y> = x^T y$，$x, y \in \mathbf{R}^n$
2. $\mathbf{R}^{m\times n}$：$<\boldsymbol{A}, \boldsymbol{B}> = \sum_{i=1}^{m}\sum_{i=1}^{n} a_{ij} b_{ij}$，$\boldsymbol{A}, \boldsymbol{B} \in \mathbf{R}^{m\times n}$
3. $C[a, b]$：$<f, g> = \int_a^b f(x)g(x)dx$，$f, g \in C[a, b]$

例 1

$f(x) = x$，$g(x) = x^2$，則 $f, g \in C[-1, 1]$，那麼

(1) $<f, g> = \int_{-1}^{1} f(x)g(x)dx = \int_{-1}^{1} x \cdot x^2 dx = 0$

(2) $<1, x^2> = \int_{-1}^{1} 1 \cdot x^2 dx = \left.\frac{x^3}{3}\right]_{-1}^{1} = \frac{2}{3}$

例 2

若 $\boldsymbol{x}=\begin{pmatrix}1\\0\\-1\end{pmatrix}$，$\boldsymbol{y}=\begin{pmatrix}2\\3\\1\end{pmatrix}$，則

(1) $\boldsymbol{x}^T\boldsymbol{y}=(1,0,-1)\begin{pmatrix}2\\3\\1\end{pmatrix}=1\cdot 2+0\cdot 3+(-1)\cdot 1=1$

(2) $\boldsymbol{y}^T\boldsymbol{x}=(2,3,1)\begin{pmatrix}1\\0\\-1\end{pmatrix}=2\cdot 1+3\cdot 0+1\cdot(-1)=1$

例 3

V 為多項式所成之向量空間，定義

$$<f,g>=\int_0^1 f'(t)g(t)dt \text{，求} <t,e^t>$$

解

$$<t,e^t>=\int_0^1 (t)'e^t dt=\int_0^1 e^t dt=e-1$$

定理 A

$\boldsymbol{x},\boldsymbol{y}\in\mathbf{R}^n$，則 $\boldsymbol{x}^T\boldsymbol{y}=\boldsymbol{y}^T\boldsymbol{x}$ 且 $\boldsymbol{x}^T\boldsymbol{x}\geq 0$，且 $\boldsymbol{x}^T\boldsymbol{x}=0$ 只在 $\boldsymbol{x}=\mathbf{0}$ 時成立

證

(1) $\boldsymbol{x}^T\boldsymbol{y}=(x_1,x_2,\cdots,x_n)\begin{pmatrix}y_1\\y_2\\\vdots\\y_n\end{pmatrix}=x_1y_1+x_2y_2+\cdots+x_ny_n$

$=y_1x_1+y_2x_2+\cdots+y_nx_n=\boldsymbol{y}^T\boldsymbol{x}$

(2) $\boldsymbol{x}^T\boldsymbol{x}=(x_1,x_2,\cdots,x_n)\begin{pmatrix}y_1\\y_2\\\vdots\\y_n\end{pmatrix}=x_1^2+x_2^2+\cdots+x_n^2=0\Leftrightarrow x_1=x_2=\cdots=x_n=0$

即 $\boldsymbol{x}=\boldsymbol{0}$

定義

$x\in\mathbf{R}^2$ 或 $\mathbf{R}^3$，向量 x 的長度，記作 $\|x\|$：定義 $\|x\|$ 為

$$\|x\|=(x^Tx)^{\frac{1}{2}}=\begin{cases}\sqrt{x_1^2+x_2^2}&\text{，若}x\in\mathbf{R}^2\\\sqrt{x_1^2+x_2^2+x_3^2}&\text{，若}x\in\mathbf{R}^3\end{cases}$$

上述定義可一般化到 $x\in\mathbf{R}^n$ 之情況，規定 $\|\mathbf{0}\|=0$。

$\|x\|=1$ 的向量 x 稱為**單位向量**(unit vector)。如果 $x\neq\mathbf{0}$，則向量 $\frac{1}{\|x\|}x$ 是 x 之單位向量。

定理 B

$\boldsymbol{x},\boldsymbol{y}$ 為 $\mathbf{R}^2$ 或 $\mathbf{R}^3$ 之二個非零向量，θ 為夾角，則

$$\boldsymbol{x}^T\boldsymbol{y}=\|x\|\|y\|\cos\theta$$

證

（只證 $\mathbf{R}^2$ 之情況）

由餘弦定律，我們有

$\|\boldsymbol{y}-\boldsymbol{x}\|^2=\|\boldsymbol{x}\|^2+\|\boldsymbol{y}\|^2-2\|\boldsymbol{x}\|\|\boldsymbol{y}\|\cos\theta$

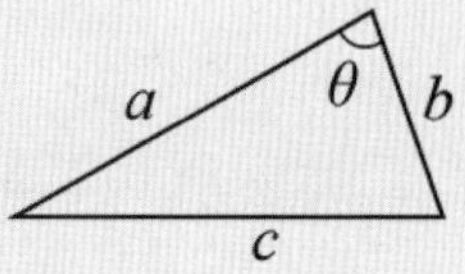

$c^2=a^2+b^2-2ab\cos\theta$

（正弦定律）

$$\therefore \|\boldsymbol{x}\|\|\boldsymbol{y}\|\cos\theta = \frac{1}{2}(\|\boldsymbol{x}\|^2 + \|\boldsymbol{y}\|^2 - \|\boldsymbol{y}-\boldsymbol{x}\|^2)$$
$$= \frac{1}{2}\left(\boldsymbol{x}^{\mathrm{T}}\boldsymbol{x} + \boldsymbol{y}^T\boldsymbol{y} - (\boldsymbol{y}-\boldsymbol{x})^T(\boldsymbol{y}-\boldsymbol{y})\right)$$
$$= \frac{1}{2}(\boldsymbol{x}^T\boldsymbol{x} + \boldsymbol{y}^T\boldsymbol{y}) - (\boldsymbol{y}^T - \boldsymbol{x}^T)(\boldsymbol{y}-\boldsymbol{x})$$
$$= \frac{1}{2}(\boldsymbol{x}^T\boldsymbol{x} + \boldsymbol{y}^T\boldsymbol{y} - \boldsymbol{y}^T\boldsymbol{y} + \boldsymbol{y}^T\boldsymbol{x} + \boldsymbol{x}^T\boldsymbol{y} - \boldsymbol{x}^T\boldsymbol{x})$$
$$= \boldsymbol{x}^T\boldsymbol{y} \quad (\because \boldsymbol{x}^T\boldsymbol{y} = \boldsymbol{y}^T\boldsymbol{x})$$

由定理 B 顯然有：

(1) $-1 \le \dfrac{\boldsymbol{x}^T\boldsymbol{y}}{\|\boldsymbol{x}\|\|\boldsymbol{y}\|} \le 1$

(2) $\boldsymbol{x}^T\boldsymbol{y} = 0$ 時 $\theta = 0$，$<\boldsymbol{x}, \boldsymbol{y}> = \boldsymbol{x}^T\boldsymbol{y} \equiv 0$ 表示 $\boldsymbol{x}, \boldsymbol{y}$ 為垂直，也就是 $\boldsymbol{x}, \boldsymbol{y}$ 為**正交**(orthogonal)或直交，以 $\boldsymbol{x} \perp \boldsymbol{y}$ 表之。

推論 B1（**Cauchy-Schwarz 不等式**）

設 $x, y \in \mathbf{R}^2$ 或 $\mathbf{R}^3$，$|x^T y| \le \|x\|\|y\|$

證

由定理 B 即得

定理 C

$x, y \in \mathbf{R}^2$ 或 $\mathbf{R}^3$時

(1) $\|x+y\| \le \|x\| + \|y\|$：由下圖，三角形二邊長之和大於第三邊邊長

(2) 當 $x \perp y$ 時，$\|x+y\|^2 = \|x\|^2 + \|y\|^2$ 此等式稱為畢氏定理

證

(1) $\|x+y\|^2=(x+y)^T(x+y)=(x^T+y^T)(x+y)$

$=x^Tx+x^Ty+y^Tx+y^Ty$

$=\|x\|^2+2x^Ty+\|y\|^2\le\|x\|^2+2\|x\|\|y\|+\|y\|^2$

$=(\|x\|+\|y\|)^2$，故 $\|x+y\|\le\|x\|+\|y\|$

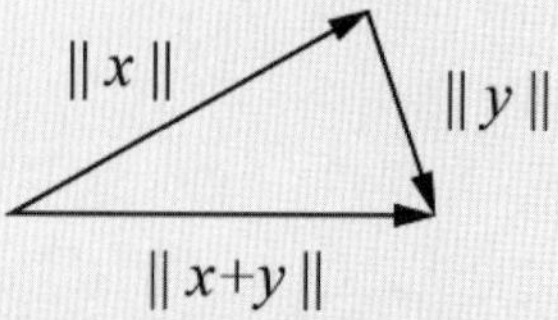

$\|\boldsymbol{x}+\boldsymbol{y}\|\le\|\boldsymbol{x}\|+\|\boldsymbol{y}\|$

(2) 當 $x\perp y$ 時，$\|x+y\|^2=\|x\|^2+\|y\|^2$　（畢式定理）

例 4

若 $\boldsymbol{u}=\begin{bmatrix}2\\a\\1\end{bmatrix}$ 與 $\boldsymbol{v}=\begin{bmatrix}1\\1\\1\end{bmatrix}$ 在 $\mathbf{R}^3$ 中正交，求 a

解

$$u^Tv=[2,a,1]\begin{bmatrix}1\\1\\1\end{bmatrix}=2\times1+a\times1+1\times1=0\qquad\therefore a=-3$$

定義

二向量 $\boldsymbol{u},\boldsymbol{v}\in V$ 則定義 $\boldsymbol{u},\boldsymbol{v}$ 之距離 $d(\boldsymbol{u},\boldsymbol{v})=\|\boldsymbol{u}-\boldsymbol{v}\|$

若 $x=(x_1,x_2)$， $y=(y_1,y_2)$，則

$$\|x-y\|=\|(x_1-y_1)+(x_2-y_2)\|=\sqrt{(x_1-y_1)^2+(x_2-y_2)^2}$$

例 5

$\boldsymbol{x}=(1,2)^T$， $\boldsymbol{y}=(3,4)^T$ 則

$$\|\boldsymbol{x}-\boldsymbol{y}\|=\sqrt{(1-3)^2+(2-4)^2}=2\sqrt{2}$$

▶ 投影量與投影向量

有了正交後，我們接著引入**投影**(vector projection)與**投影量**(scalar projection)兩個概念。

如右圖

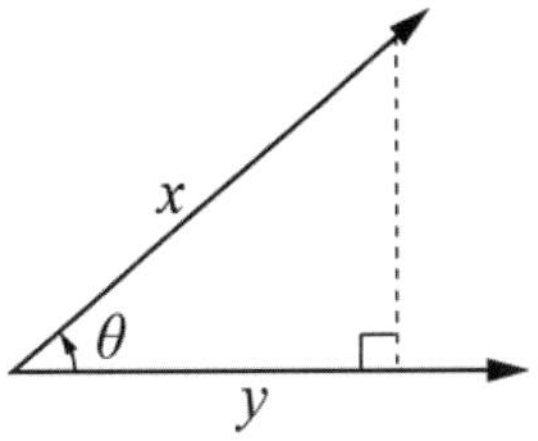

$$\alpha = \|\boldsymbol{x}\|\cos\theta = \frac{\|\boldsymbol{x}\|\|\boldsymbol{y}\|}{\|\boldsymbol{y}\|}\cos\theta = \frac{\boldsymbol{x}^T\boldsymbol{y}}{\|\boldsymbol{y}\|}\text{，}$$

稱 α 為 $\boldsymbol{x}$ 在 $\boldsymbol{y}$ 之投影量，$\boldsymbol{x}$ 在 $\boldsymbol{y}$ 方向之投影向量為

$$P = \alpha\frac{\boldsymbol{y}}{\|\boldsymbol{y}\|} = \frac{\boldsymbol{x}^T\boldsymbol{y}}{\boldsymbol{y}^T\boldsymbol{y}}\boldsymbol{y}\text{ 。}$$

附記

$\boldsymbol{x}, \boldsymbol{y} \in \mathbf{R}^2$，$\boldsymbol{x}$ 在 $\boldsymbol{y}$ 上之投影向量為 $\boldsymbol{x}$ 在 $\boldsymbol{y}$ 上之正射影，它包括二部分：

(1) 大小部分：$\|\boldsymbol{x}\|\cos\theta$

(2) 方向部分：$\dfrac{\boldsymbol{y}}{\|\boldsymbol{y}\|}$

例 6

$\boldsymbol{u} = [1, 2, -3]$，$\boldsymbol{v} = [1, 1, 2]$　求(a) $\boldsymbol{u}$ 在 $\boldsymbol{v}$ 方向之投影量 α，(b) $\boldsymbol{u}$ 在 $\boldsymbol{v}$ 之投影向量 P

解

(1) $\alpha = \dfrac{\boldsymbol{u}^T\boldsymbol{v}}{\|\boldsymbol{v}\|} = \dfrac{1\cdot1+2\cdot1-3\cdot2}{\sqrt{6}} = \dfrac{-3}{\sqrt{6}}$

(2) $\boldsymbol{P} = \alpha\cdot\dfrac{v}{\|v\|} = \dfrac{-3}{\sqrt{6}}\cdot\dfrac{1}{\sqrt{6}}[1, 1, 2] = -\dfrac{1}{2}[1, 1, 2]$

附記

$\boldsymbol{x}, \boldsymbol{y} \in \mathbf{R}^2$

(1) $\boldsymbol{x}$在$\boldsymbol{y}$之投影向量$P = \dfrac{x^T y}{y^T y} y$

(2) $\boldsymbol{x}$在$\boldsymbol{y}$方向之投影量$\alpha = \dfrac{x^T y}{\|y\|}$

例 7

求$y = 2x$上最接近(2, 5)之點

解

在$y = 2x$上任取一點(2, 4)則形成一個**位置向量**(position vector) $\boldsymbol{w} = [2, 4]^T$令$\boldsymbol{v} = [2, 5]^T$，設$y = 2x$上一點$Q(a, b)$離(2, 5)最近，則

$$[a, b]^T = \left(\frac{\boldsymbol{v}^T\boldsymbol{w}}{\boldsymbol{w}^T\boldsymbol{w}}\right)\boldsymbol{w} = \frac{24}{20} \cdot [2, 4] = [2.4, 4.8]^T$$

，轉換得坐標(2.4, 4.8)

附記

(a, b)之位置向量是以$(0, 0)$為起點，(a, b)為終點之向量。

因此，點(a, b)與位置向量$[a, b]$有下列關係：

(1) 位置向量$[a, b] \Rightarrow$向量終點(a, b)

(2) 點(a, b)之位置向量$[a, b]$

例 8 （論例求平面方程式）

已知平面E與向量$N = [a, b, c]$垂直，且$P_0(x_0, y_0, z_0) \in E$，求此平面之方程式

解

設 $P=(x,y,z)\in E$ ，則 $\overline{P_0P}=[\,x-x_0,y-y_0,z-z_0\,]\perp N$ ，

$\therefore\ \overline{P_oP}\cdot N=0$

即 $[\,x-x_0,y-y_0,z-z_0\,]\cdot[\,a,b,c\,]=0$

$\therefore\ a(x-x_0)+b(y-y_0)+c(z-z_0)=0$ 是為所求

附記

例 8 之 N **稱為法向量**(normal vector)

例 9

求過 $(1,0,-1)$ 且垂直 $N=[\,2,3,1\,]$ 之平面方程式

解

利用例 8 之結果：

$$\overline{P_0P}=[\,x-1,y,z+1\,]$$

$$\overline{P_0P}\cdot N=[\,x-1,y,z+1\,]\cdot[\,2,3,1\,]=0$$

$\therefore\ 2(x-1)+3y+(z+1)=0$

即 $2x+3y+z=1$

▶ 正交性之進一步討論－正交補餘

正交補餘(orthogonal complement)是延續前面之正交觀念。

定義

W 為 $\mathbf{R}^n$ 之子空間，W 之正交補餘做 $W^{\perp}$ ，定義為

$$W^{\perp}=\left\{\boldsymbol{x}\in\mathbf{R}^n\,\middle|\,\boldsymbol{x}^T\boldsymbol{w}=0,\ \forall\boldsymbol{w}\in W\right\}$$

由定義可知，$W^{\perp}$是W中與$\boldsymbol{x}\in\mathbf{R}^n$正交之所有向量所成之集合。

例 10

U, W為$\mathbf{R}^3$之子空間，$U=\text{span}\{\boldsymbol{e}_1\}$, $W=\text{span}\{\boldsymbol{e}_2\}$，問(1)$U$, W是否正交(2)$U^{\perp}$, $W^{\perp}=?$

解

(1) $\boldsymbol{U}=\text{span}\{\boldsymbol{e}_1\}=\begin{pmatrix}1\\0\\0\end{pmatrix}$, $W=\text{span}\{\boldsymbol{e}_2\}=\begin{pmatrix}0\\1\\0\end{pmatrix}$

$\therefore U_1^TW=0$，即U, W正交

(2) $\boldsymbol{U}^{\perp}=\{\boldsymbol{e}_2,\boldsymbol{e}_3\}$，$W^{\perp}=\{\boldsymbol{e}_1,\boldsymbol{e}_3\}$，其中$\boldsymbol{e}_1=[1,0,0]^T$，$\boldsymbol{e}_2=[0,1,0]^T$，$\boldsymbol{e}_3=[0,0,1]^T$

例 11

設W為$\mathbf{R}^3$之子空間且$W=\text{span}\{(1,-1,2)^T\}$，求(a)$W^{\perp}$之一個基底(b)$W^{\perp}$的幾何意義

解

(1) 設$x=[x_1,x_2,x_3]^T$，則$x^Tw=x[1,-1,2]^T=[x_1,x_2,x_3]\begin{pmatrix}1\\-1\\2\end{pmatrix}=x_1-x_2+2x_3=0$

令$x_3=t$, $x_2=s$, $x_1=t-2s$

$$\therefore\begin{pmatrix}x_1\\x_2\\x_3\end{pmatrix}=\begin{pmatrix}t-2s\\s\\t\end{pmatrix}=t\begin{pmatrix}1\\0\\1\end{pmatrix}+s\begin{pmatrix}-2\\1\\0\end{pmatrix}$$

即$W^{\perp}$之一個基底為$\{[1,0,1]^T,[-2,1,0]^T\}$

(2) $W^{\perp}$是所有法向量為w之平面

例 12

設 W 為 $\mathbf{R}^3$ 之子空間且 $W=\text{span}\left\{(1,-1,2)^T,(2,-1,0)^T\right\}$，求 $W^{\perp}$ 之一個基底

解

設 $\boldsymbol{u}=(x_1,x_2,x_3)^T$ ，則

$\boldsymbol{u}\cdot(1,-1,2)^T=(x_1,x_2,x_3)^T\cdot(1,-1,2)^T=x_1-x_2+2x_3=0$

$\boldsymbol{u}\cdot(2,-1,0)^T=(x_1,x_2,x_3)^T\cdot(2,-1,0)^T=2x_1-x_2+0x_3=0$

$$\left[\begin{array}{ccc|c}1&-1&2&0\\2&-1&0&0\end{array}\right]\to\left[\begin{array}{ccc|c}1&-1&2&0\\0&1&-4&0\end{array}\right]\to\left[\begin{array}{ccc|c}1&0&-2&0\\0&1&-4&0\end{array}\right]$$

令 $x_3=t$ ，則 $x_2=4t,\ \ x_1=2t$ ， $(x_1,x_2,x_3)^T=t(2,4,1)^T$

$\therefore W$ 之一個基底為 $\left\{(2,4,1)^T\right\}$

▶ 正交補餘之一些重要性質

定理 D

X 為 $\mathbf{R}^n$ 之正交子空間，則 $X^{\perp}$ 為 $\mathbf{R}^n$ 之子空間

證

(1) 若 $\boldsymbol{x}\in Y^{\perp}$ ， α 為純量，則 $(a\boldsymbol{x})^T\boldsymbol{y}=a(\boldsymbol{x}^T\boldsymbol{y})=\alpha\cdot 0=0$

$\therefore a\boldsymbol{x}\in Y^{\perp}$

(2) 若 $\boldsymbol{x}_1,\boldsymbol{x}_2\in\mathbf{R}^3$ 則 $(\boldsymbol{x}_1+\boldsymbol{x}_2)^T\boldsymbol{y}=\boldsymbol{x}_1^T\boldsymbol{y}+\boldsymbol{x}_2^T\boldsymbol{y}=0\cdot 0=0$ ， $\forall\boldsymbol{y}\in Y$

$\therefore \boldsymbol{x}_1+\boldsymbol{x}_2\in Y^{\perp}$

由(1), (2)， $Y^{\perp}$ 為 $\mathbf{R}^n$ 之子空間

定理 E

$X \cap X^2 = \{\mathbf{0}\}$

證

若 $x \in X \cap X^2$，則 $x \in X$ 且 $x \in X^2$

$\therefore <x, x> = 0 \Rightarrow x = \mathbf{0}$

習題 5.1 Exercise

1. 求下列向量之夾角

(1) $\boldsymbol{x}=\begin{pmatrix}1\\1\end{pmatrix},\ \boldsymbol{y}=\begin{pmatrix}2\\1\end{pmatrix}$ (2) $\boldsymbol{x}=\begin{pmatrix}1\\2\\1\end{pmatrix},\ \boldsymbol{y}=\begin{pmatrix}2\\3\\1\end{pmatrix}$

2. $\boldsymbol{x}, \boldsymbol{y}, \boldsymbol{z} \in \mathbf{R}^2$，若 $\boldsymbol{x} \perp \boldsymbol{y},\ \boldsymbol{y} \perp \boldsymbol{z}$ 那麼 $\boldsymbol{x} \perp \boldsymbol{z}$ 是否成立？

3. $\boldsymbol{x}, \boldsymbol{y}, \boldsymbol{z} \in \mathbf{R}^3$，試證 $\boldsymbol{x}^T(\boldsymbol{y}+\boldsymbol{z})=\boldsymbol{x}^T\boldsymbol{y}+\boldsymbol{x}^T\boldsymbol{z}$

4. 求 $y=3x$ 最接近(1, 5)之點

5. $W_1,\ W_2$ 均為 $\mathbf{R}^n$ 之子空間，若 $W_1 \subseteq W_2$ 試證 $W_2^{\perp} \subseteq W_1^{\perp}$

6. 求下列 W 之正交補餘之一組基底

(1) $W_1=\left\{\begin{pmatrix}1\\2\\3\end{pmatrix}\right\}$ (2) $W_2=\left\{\begin{pmatrix}1\\2\\3\end{pmatrix},\begin{pmatrix}1\\0\\1\end{pmatrix}\right\}$

5.2 內積空間

定義

向量空間 V 之一**內積**(inner product)是一個函數，V 之每一對向量 $\boldsymbol{x}$ 與 $\boldsymbol{y}$，都配置(assign)一實數，$<\boldsymbol{x}, \boldsymbol{y}>$ 並滿足下列公理：

(1) $<\boldsymbol{x}, \boldsymbol{z}> \geq 0$，等式成立之充要之條件為 $\boldsymbol{x} = \boldsymbol{0}$

(2) 對於 V 所有 $\boldsymbol{x}$ 與 $\boldsymbol{y}$，$<\boldsymbol{x}, \boldsymbol{y}> = <\boldsymbol{y}, \boldsymbol{x}>$

(3) 對於 V 所有 $\boldsymbol{x}, \boldsymbol{y}, \boldsymbol{z}$ 與所有純量 α 及 β，$<\alpha\boldsymbol{x} + \beta\boldsymbol{y}, \boldsymbol{z}> = \alpha <\boldsymbol{x}, \boldsymbol{z}> + \beta <\boldsymbol{y}, \boldsymbol{z}>$ 具有內積之向量空間 V 稱為**內積空間**(inner product space)

例 1

$\boldsymbol{u} = \begin{pmatrix} x_1 \\ x_2 \end{pmatrix}$, $\boldsymbol{v} = \begin{pmatrix} y_1 \\ y_2 \end{pmatrix}$, $\boldsymbol{u}, \boldsymbol{v} \in \mathbf{R}^2$，問 $<\boldsymbol{u}, \boldsymbol{v}> = x_1x_2y_1y_2$ 是否為 $\mathbf{R}^2$ 之內積空間？

解

$<\alpha u + \beta v, w> \alpha <u, w> + \beta <v, w>$：

$$<\alpha u + \beta v, w> = \left\langle \begin{pmatrix} \alpha x_1 + \beta y_1 \\ \alpha x_2 + \beta y_1 \end{pmatrix}, \begin{pmatrix} z_1 \\ z_2 \end{pmatrix} \right\rangle = (\alpha x_1 + \beta y_1)(\alpha x_2 + \beta y_2) z_1 z_2 \quad (1)$$

$$\alpha <u, w> + \beta <v, w> = \alpha \left\langle \begin{pmatrix} x_1 \\ x_2 \end{pmatrix}, \begin{pmatrix} z_1 \\ z_2 \end{pmatrix} \right\rangle + \beta \left\langle \begin{pmatrix} y_1 \\ y_2 \end{pmatrix}, \begin{pmatrix} z_1 \\ z_2 \end{pmatrix} \right\rangle$$

$$= \alpha(x_1\ x_2\ z_1\ z_2) + \beta(y_1\ y_2\ z_1\ z_2) \quad (2)$$

$(1) \neq (2)$. $\therefore <u, v>$ 不為 $\mathbf{R}^2$ 之內積空間

例 2

$\boldsymbol{u}=\begin{bmatrix}2 & 1\\ 3 & 1\end{bmatrix}$, $\boldsymbol{v}=\begin{bmatrix}0 & -1\\ 2 & 3\end{bmatrix}$，定義 $<A, B>=tr(B^T A)$ ， $\boldsymbol{u}, \boldsymbol{v}\in \mathbf{R}^{2\times 2}$ ，求 $\boldsymbol{u}, \boldsymbol{v}$ 之夾角

解

$$<\boldsymbol{u}, \boldsymbol{v}>=tr\left(\begin{bmatrix}0 & -1\\ 2 & 3\end{bmatrix}^T\begin{bmatrix}2 & 1\\ 3 & 1\end{bmatrix}\right)$$

$$=tr\left(\begin{bmatrix}0 & 2\\ -1 & 3\end{bmatrix}\begin{bmatrix}2 & 1\\ 3 & 1\end{bmatrix}\right)=tr\left[\begin{pmatrix}6 & 2\\ 7 & 2\end{pmatrix}\right]=8$$

又 $\|\boldsymbol{u}\|^2=<\boldsymbol{u}, \boldsymbol{u}>=tr\left(\begin{bmatrix}2 & 3\\ 1 & 1\end{bmatrix}\begin{bmatrix}2 & 1\\ 3 & 1\end{bmatrix}\right)=tr\left(\begin{bmatrix}13 & 5\\ 5 & 2\end{bmatrix}\right)=15$

$$\|\boldsymbol{u}\|^2=<\boldsymbol{v}, \boldsymbol{v}>=tr\left(\begin{bmatrix}0 & 2\\ -1 & 3\end{bmatrix}\begin{bmatrix}0 & -1\\ 2 & 3\end{bmatrix}\right)=tr\left(\begin{bmatrix}4 & 6\\ 6 & 10\end{bmatrix}\right)=14$$

$$\therefore \cos\theta=\frac{<\boldsymbol{u}, \boldsymbol{v}>}{\|\boldsymbol{u}\|\|\boldsymbol{v}\|}=\frac{8}{\sqrt{15}\cdot\sqrt{14}}=\frac{8}{\sqrt{210}}$$

$$\theta=\cos^{-1}\frac{8}{\sqrt{210}}$$

例 3

$\boldsymbol{u}, \boldsymbol{v}$ 為內積空間 V 之二向量，試證

$$<\boldsymbol{u}, \boldsymbol{v}>=\frac{1}{4}(\|\boldsymbol{u}+\boldsymbol{v}\|^2-\|\boldsymbol{u}-\boldsymbol{v}\|^2)$$

解

$$\|\boldsymbol{u}+\boldsymbol{v}\|^2-\|\boldsymbol{u}-\boldsymbol{v}\|^2=<\boldsymbol{u}+\boldsymbol{v}, \boldsymbol{u}+\boldsymbol{v}>-<\boldsymbol{u}-\boldsymbol{v}, \boldsymbol{u}-\boldsymbol{v}>$$

$$=(<\boldsymbol{u}, \boldsymbol{u}>+2<\boldsymbol{u}, \boldsymbol{v}>+<\boldsymbol{v}, \boldsymbol{v}>)-(<\boldsymbol{u}, \boldsymbol{u}>-2<\boldsymbol{u}, \boldsymbol{v}>+<\boldsymbol{v}, \boldsymbol{v}>)$$

$$=4<\boldsymbol{u}, \boldsymbol{v}>$$

$$\therefore <\boldsymbol{u}, \boldsymbol{v}>=\frac{1}{4}(\|\boldsymbol{u}+\boldsymbol{v}\|^2-\|\boldsymbol{u}+\boldsymbol{v}\|^2)$$

習題 5.2 Exercise

1. V 為布於實數 R 之 $m\times n$ 階矩陣所成之向量空間，定義 $<A,B>=tr(AB^T)$，問是否為一內積空間

2. V 為多項式之向量空間，定義 $<f,g>=\int_0^1 f(t)g(t)dt$，$f(t)=t^2+1$，$g(t)=t$，求(1) $<f,g>$；(2) $\|f\|$

3. V 為布於實數 R 之內積空間，$\boldsymbol{u},\boldsymbol{v}\in V$，試證 $<u+v,u-v>=0$ 則 $\|u\|=\|v\|$

4. V 為 $\mathbf{R}^{2\times 2}$ 所成之向量空間，若定義

$$<\boldsymbol{A},\boldsymbol{B}>=a_{11}b_{11}+a_{12}b_{12}+a_{21}b_{21}+a_{22}b_{22},\quad \boldsymbol{A},\boldsymbol{B}\in\mathbf{R}^{2\times 2}$$

試證此定義為一內積空間

5. V 為布於 $\mathbf{R}$ 之內積空間，$\boldsymbol{u},\boldsymbol{v}\in V$，試證：
(1) $\|\boldsymbol{u}+\boldsymbol{v}\|\le\|\boldsymbol{u}\|+\|\boldsymbol{v}\|$（提示：從 $<\boldsymbol{u}+\boldsymbol{v},\boldsymbol{u}+\boldsymbol{v}>$ 著手）
(2) $\|\boldsymbol{u}+\boldsymbol{v}\|^2+\|\boldsymbol{u}-\boldsymbol{v}\|^2=2(\|\boldsymbol{u}\|^2+\|\boldsymbol{v}\|^2)$

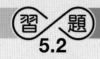

5.3 單範正交基底

定義

內積空間 V 中之向量 $v_1, v_2, \cdots, v_n$，若 $(v_i, v_j) = \delta_{ij}$，$\delta = \begin{cases} 1, & i = j \\ 0, & i \neq j \end{cases}$，則稱 $\{v_1, v_2, \cdots v_n\}$ 為**正交集**(orthogonal set)：單位向量之正交集稱為**單範正交集**(orthonormal set)

例 1

判斷下列集合何者為 $\mathbf{R}^2$ 之單範正交集？

(1) $\left\{\begin{bmatrix}1\\0\end{bmatrix}, \begin{bmatrix}0\\-1\end{bmatrix}\right\}$ (2) $\left\{\begin{bmatrix}0\\1\end{bmatrix}, \begin{bmatrix}2\\0\end{bmatrix}\right\}$ (3) $\left\{\begin{bmatrix}\frac{4}{5}\\-\frac{3}{5}\end{bmatrix}, \begin{bmatrix}-\frac{3}{5}\\-\frac{4}{5}\end{bmatrix}\right\}$

解

(1), (3)均是，但(2)不是（$\because \|[2,0]^T\| \neq 1$）

例 2

$\{\boldsymbol{u}_1, \boldsymbol{u}_2, \boldsymbol{u}_3\}$ 是單範正交基底，若 $\boldsymbol{u} = 2\boldsymbol{u}_1 + \boldsymbol{u}_2 - \boldsymbol{u}_3$，$\boldsymbol{v} = \boldsymbol{u}_1 - 2\boldsymbol{u}_3$，求 (1) $< \boldsymbol{u}, \boldsymbol{v} >$；(2) $\|\boldsymbol{u}\|$ 與 $\|\boldsymbol{v}\|$；(3) $\boldsymbol{u}, \boldsymbol{v}$ 之夾角

解

(1) $< \boldsymbol{u}, \boldsymbol{v} > = < 2\boldsymbol{u}_1 + \boldsymbol{u}_2 - \boldsymbol{u}_3, \boldsymbol{u}_1 - 2\boldsymbol{u}_3 > = < 2\boldsymbol{u}_1, \boldsymbol{u}_1 > + < -\boldsymbol{u}_3, -2\boldsymbol{u}_3 >$

$= 2 < \boldsymbol{u}_1, u_1 > + 2 < \boldsymbol{u}_3, \boldsymbol{u}_3 > = 2 \cdot 1 + 2 \cdot 1 = 4$

(2) $\| \boldsymbol{u} \| = < \boldsymbol{u}, \boldsymbol{u} > = < 2\boldsymbol{u}_1 + \boldsymbol{u}_2 - \boldsymbol{u}_3, 2\boldsymbol{u}_1 + \boldsymbol{u}_2 - \boldsymbol{u}_3 >$

$= < 2\boldsymbol{u}_1, 2\boldsymbol{u}_1 > + < \boldsymbol{u}_2, \boldsymbol{u}_2 > + < -\boldsymbol{u}_3, -\boldsymbol{u}_3 >$

$= 4 < \boldsymbol{u}_1, \boldsymbol{u}_1 > + < \boldsymbol{u}_2, \boldsymbol{u}_2 > + < \boldsymbol{u}_3, \boldsymbol{u}_3 > = 4 \cdot 1 + 1 \cdot 1 + 1 \cdot 1 = 6$

$\| \boldsymbol{v} \| = < \boldsymbol{u}_1 - 2\boldsymbol{u}_3, \boldsymbol{u}_1 - 2\boldsymbol{u}_3 > = < \boldsymbol{u}_1, \boldsymbol{u}_1 > + < -2\boldsymbol{u}_3, -2\boldsymbol{u}_3 > = < \boldsymbol{u}_1, \boldsymbol{u}_1 > + 4 < \boldsymbol{u}_3, \boldsymbol{u}_3 >$

$= 1 \cdot 1 + 4 \cdot 1 = 5$

(3) $\theta = \cos^{-1} \dfrac{< \boldsymbol{u}, \boldsymbol{v} >}{\| \boldsymbol{u} \| \, \| \boldsymbol{v} \|} = \cos^{-1} \dfrac{4}{6 \cdot 5} = \cos^{-1} \dfrac{2}{15}$

定理 A

設非零向量$\{v_1, v_2, \cdots, v_n\}$是內積空間$V$之正交集，則$v_1, v_2, \cdots, v_n$是線性獨立

證

設$\boldsymbol{v}_1, \boldsymbol{v}_2, \cdots, \boldsymbol{v}_n$是相互正交之非零向量

$$k_1\boldsymbol{v}_1 + k_2\boldsymbol{v}_2 + \cdots + k_s\boldsymbol{v}_n = \boldsymbol{0}$$

在上式兩邊的取$\boldsymbol{v}_j$，$1 \le j \le n$作內積，則

$$k_1 < \boldsymbol{v}_j, \boldsymbol{v}_1 > + k_2 < \boldsymbol{v}_j, \boldsymbol{v}_2 > + \cdots + k_n < \boldsymbol{v}_j, \boldsymbol{v}_n >$$

$\because k_i < \boldsymbol{v}_j, \boldsymbol{v}_i > = \begin{cases} 0 & , \quad i \ne j \\ 1 & , \quad i = j \end{cases}$

$\because \boldsymbol{v}_j \ne \boldsymbol{0}$，$\therefore (\boldsymbol{v}_j, \boldsymbol{v}_j) > 0$，從而$k_j = 0$，同法可證$k_1 = k_2 = \cdots = k_n = 0$，故$\boldsymbol{v}_1, \boldsymbol{v}_2, \cdots, \boldsymbol{v}_n$線性獨立

定理 B

設 $\{\boldsymbol{u}_1, \boldsymbol{u}_2, \cdots, \boldsymbol{u}_n\}$ 是 n 維內積空間 V 的一個單範正交基底，若 $\boldsymbol{v} = \sum_{i=1}^{n} c_i \boldsymbol{u}_i$，則$c_i = < \boldsymbol{u}_i, \boldsymbol{v} >$, $n \ge i \ge 1$

證

$<\boldsymbol{u}_i, \boldsymbol{v}> = \left\langle \boldsymbol{u}_i, \sum_{j=1}^{n} c_j \boldsymbol{u}_j \right\rangle = \sum_{j \neq i}^{n} c_j < \boldsymbol{u}_i, \boldsymbol{u}_i > + c_i < \boldsymbol{u}_i, \boldsymbol{u}_1 > = c_i < \boldsymbol{u}_i, \boldsymbol{u}_i > = c_i$，

$n \geq i \geq 1$

推論 B1

若$<\boldsymbol{u}_1, \boldsymbol{u}_2, \cdots, \boldsymbol{u}_n>$是內積空間之一個單範正交基底，則

(1) 若$\boldsymbol{u} = \sum_{i=1}^{n} a_i \boldsymbol{u}_i$，$\boldsymbol{v} = \sum_{i=1}^{n} b_i \boldsymbol{u}_i$，則$<\boldsymbol{u}, \boldsymbol{v}> = \sum_{i=1}^{n} a_i b_i$

(2) 若$\boldsymbol{v} = \sum_{i=1}^{n} c_i \boldsymbol{u}_i$，則$\|\boldsymbol{v}\|^2 = \sum_{i=1}^{n} c_i^2$（Parseval 公式）

證

(1) $<\boldsymbol{u}, \boldsymbol{v}> = \left\langle \sum_{i=1}^{n} a_i \boldsymbol{u}_i, \sum_{i=1}^{n} b_i \boldsymbol{u}_i \right\rangle = \langle a_1\boldsymbol{u}_1 + a_2\boldsymbol{u}_2 + \cdots + a_n\boldsymbol{u}_n, b_1\boldsymbol{u}_1 + b_2\boldsymbol{u}_2 + \cdots + b_n\boldsymbol{u}_n \rangle$

$= \sum_{i=1}^{n} \langle a_i\boldsymbol{u}_i, b_i\boldsymbol{u}_i \rangle = \sum_{i=1}^{n} a_i b_i$

(2) $\|\boldsymbol{v}\|^2 = <\boldsymbol{u}, \boldsymbol{v}> = \sum_{i=1}^{n} c_i^2$（由(1)取$a_i = b_i = c_i$）

例 3

$\boldsymbol{x}_1 = \begin{pmatrix} \cos\theta \\ \sin\theta \end{pmatrix}$，$\boldsymbol{x}_2 = \begin{pmatrix} -\sin\theta \\ \cos\theta \end{pmatrix}$

(1) 證明$\{\boldsymbol{x}_1, \boldsymbol{x}_2\}$為$\mathbf{R}^2$上之一單範正交基底

(2) $y = \begin{pmatrix} y_1 \\ y_2 \end{pmatrix}$試證$y$可為$x_1, x_2$之線性組合，即求$y = c_1x_1 + c_2x_2$

(3) 驗證：$c_1^2 + c_2^2 = y_1^2 + y_2^2$

解

(1) $<\boldsymbol{x}_1, \boldsymbol{x}_2> = \boldsymbol{x}_1^T \boldsymbol{x}_2 = \cos\theta(-\sin\theta) + \sin\theta\cos\theta = 0$ 且 $\| x_1 \| = \| x_2 \| = 1$

$\therefore \{\boldsymbol{x}_1, \boldsymbol{x}_2\}$ 為 $\mathbf{R}^2$ 上之一單範正交基底

(2) 令 $\begin{pmatrix} y_1 \\ y_2 \end{pmatrix} = c_1 \begin{pmatrix} \cos\theta \\ \sin\theta \end{pmatrix} + c_2 \begin{pmatrix} -\sin\theta \\ \cos\theta \end{pmatrix}$

$$\begin{cases} c_1\cos\theta & + & c_2(-\sin\theta) & = & y_1 \\ c_1\sin\theta & + & c_2(\cos\theta) & = & y_2 \end{cases}$$

由 Cramer 規則：

$$c_1 = \frac{\begin{vmatrix} y_1 & -\sin\theta \\ y_2 & \cos\theta \end{vmatrix}}{\begin{vmatrix} \cos\theta & -\sin\theta \\ \sin\theta & \cos\theta \end{vmatrix}} = y_1\cos\theta + y_2\sin\theta$$

$$c_2 = \frac{\begin{vmatrix} \cos\theta & y_1 \\ \sin\theta & y_2 \end{vmatrix}}{\begin{vmatrix} \cos\theta & -\sin\theta \\ \sin\theta & \cos\theta \end{vmatrix}} = y_2\cos\theta - y_1\sin\theta$$

即 $y = (y_1\cos\theta + y_2\sin\theta)x_1 + (y_2\cos\theta - y_2\sin\theta)x_2$

(3) $c_1^2 + c_2^2 = (y_1\cos\theta + y_2\sin\theta)^2 + (y_2\cos\theta - y_1\sin\theta)^2$

$= y_1^2 + y_2^2$

▶ Gram-Schmidt 正交過程

Gram-Schmidt **正交過程**(Gram-Schmidt orthogonal process)是一迭算過程，因導出過程較為繁瑣，故只將過程之結論列之如下：

Gram-Schmidt 正交過程

設 $\{v_1, v_2, \cdots v_n\}$ 為內積空間 V 之基底所成之集合

$$u_1 = v_1$$

$$u_2 = v_2 - \frac{< v_2, u_1 >}{< u_1, u_1 >} u_1$$

$$u_3 = v_3 - \frac{< v_3, u_1 >}{< u_1, u_1 >} u_1 - \frac{< v_3, u_2 >}{< u_2, u_2 >} u_2$$

$$\vdots$$

$$u_k = v_k - \sum_{i-1}^{k-1} \frac{< v_k, u_i >}{< u_i, u_i >} u_i ,$$

$$k = 2, 3 \cdots\cdots n$$

則 $\{u_1, u_2 \cdots\cdots u_k\}$ 為內積空間 V 之單範正交基底

例 4

設一 $\mathbf{R}^3$ 之子空間為 $x_1 = (1,1,1)^T$， $x_2 = (1,0,1)^T$ 及 $x_3 = (3,2,3)^T$ 所生成，試求其單範正交基底

解

$$\boldsymbol{y}_1 = \boldsymbol{x}_1 = (1,1,1)^T$$

$$\boldsymbol{y}_2 = \boldsymbol{x}_2 - \frac{< \boldsymbol{x}_2, \boldsymbol{y}_1 >}{< \boldsymbol{y}_1, \boldsymbol{y}_1 >} y_1 = [1,0,1]^T - \frac{[1,0,1]^T \cdot [1,1,1]^T}{(1,1,1)^T \cdot (1,1,1)^T} [1,1,1]^T$$

$$= (1,0,1)^T - \frac{2}{3}(1,1,1)^T = \left(\frac{1}{3}, -\frac{2}{3}, \frac{1}{3}\right)^T$$

$$\boldsymbol{y}_3 = \boldsymbol{x}_3 - \frac{<\boldsymbol{x}_3, \boldsymbol{y}_1>}{<\boldsymbol{y}_1, \boldsymbol{y}_1>}\boldsymbol{y}_1 - \frac{<\boldsymbol{x}_3, \boldsymbol{y}_2>}{<\boldsymbol{y}_2, \boldsymbol{y}_2>}\boldsymbol{y}_2$$

$$= (3,2,3)^T - \frac{(3,2,3)^T \cdot (1,1,1)}{(1,1,1)^T \cdot (1,1,1)}(1,1,1)^T - \frac{(3,2,3)\cdot\left(\frac{1}{3}, -\frac{2}{3}, \frac{1}{3}\right)^T}{\left(\frac{1}{3}, -\frac{2}{3}, \frac{1}{3}\right)^T \cdot \left(\frac{1}{3} - \frac{2}{3}, \frac{1}{3}\right)} = \left(\frac{1}{3} - \frac{2}{3}, \frac{1}{3}\right)^T$$

$$= (3,2,3)^T - \frac{8}{3}(1,1,1)^T - \frac{\frac{2}{3}}{\frac{2}{3}}\left(\frac{1}{3}, -\frac{2}{3}, \frac{1}{3}\right)^T = (0,0,0)^T$$

$\therefore \{y_1, y_2\}$ 為此子空間之正交基底，因此單範正交基底為：

$$\frac{y_1}{\|y_1\|} = \frac{[1,1,1]}{\|[1,1,1]\|} = \left(\frac{1}{\sqrt{3}}, \frac{1}{\sqrt{3}}, \frac{1}{\sqrt{3}}\right)^T$$

$$\frac{y_2}{\|y_2\|} = \frac{\left(\frac{1}{3}, -\frac{2}{3}, \frac{1}{3}\right)^T}{\left\|\left[\frac{1}{3}, -\frac{2}{3}, \frac{1}{3}\right]\right\|} = \frac{\sqrt{6}}{6}(1,-2,1)^T$$

例 5

在 $\mathbf{R}^4$ 中之一子空間為三個向量 $v_1 = (1,-1,1,-1)^T$， $v_2 = (5,1,1,1)^T$ 及 $v_3 = (-3,-3,1,-3)^T$ 所生成，試求單範正交基底

解

應用 Gram-Schmidt 正交過程

$$y_1 = v_1 = (1, -1, 1, -1)$$

$$y_2 = v_2 - \frac{<v_2, y_1>}{<y_1, y_1>}y_1$$

$$= (5,1,1,1)^T - \frac{(5,1,1,1)^T \cdot (1,-1,1,-1)}{(1,-1,1,-1)^T \cdot (1,-1,1,1)}(1,-1,1,-1)$$

$$= (5,1,1,1)^T - \frac{4}{4}(1,-1,1,-1)^T = (4,2,0,2)^T$$

$$y_3 = v_3 - \frac{<v_3, y_1>}{<y_1, y_1>} y_1 - - \frac{<v_3, y_2>}{<y_2, y_2>} y_2$$

$$= (-3, -3, 1, -3) - \frac{(-3, -3, 1, -3)^T \cdot (1, -1, 1, -1)}{(1, -1, 1, -1)^T \cdot (1, -1, 1, 1)} (1, -1, 1, -1)^T$$

$$- \frac{(-3, -3, 1, -3)^T \cdot (4, 2, 0, 2)}{(4, 2, 0, 2)^T \cdot (4, 2, 0, 2)} (4, 2, 0, 2)$$

$$= (-3, -3, 1, -3)^T - \frac{4}{4}(1, -1, 1, -1)^T + \frac{24}{24}(4, 2, 0, 2)^T = (0, 0, 0, 0)^T$$

因 $\boldsymbol{y}_1, \boldsymbol{y}_2$ 為異於 0 之向量 $\therefore \{\boldsymbol{y}_1, \boldsymbol{y}_2\}$ 為此子空間之直交基底，求單範正交基底，我們將 $\boldsymbol{y}_1, \boldsymbol{y}_2$ 予以正規化：

$$\frac{\boldsymbol{y}_1}{\|\boldsymbol{y}_1\|} = \frac{1}{2}(1, -1, 1, -1)^T = \left(\frac{1}{2}, -\frac{1}{2}, \frac{1}{2}, -\frac{1}{2}\right)^T$$

$$\frac{\boldsymbol{y}_2}{\|\boldsymbol{y}_2\|} = \frac{1}{2\sqrt{6}}(4, 2, 0, 2)^T = \left(\frac{2}{\sqrt{6}}, \frac{1}{\sqrt{6}}, 0, \frac{1}{\sqrt{6}}\right)^T$$

$\therefore$ 子空間之單範正變基底為 $\left(\frac{1}{2}, -\frac{1}{2}, \frac{1}{2}, -\frac{1}{2}\right)^T$ 及 $\left(\frac{2}{\sqrt{6}}, \frac{1}{\sqrt{6}}, 0, \frac{1}{\sqrt{6}}\right)^T$

▶ 正交陣與正交變換

定義

n 階方陣的行向量為 $\mathbf{R}^n$ 之單範正交集，則是正交陣

定理 C

設 Q 是 n 階方陣，若 $Q^T Q = I$ 則稱 Q 為**正交陣**(orthogonal matrix)

證

由正交陣之定義，Q為正交陣之充要條件為Q之行向量q_i, q_j滿足

$$q_i^T q_j = q_{ij}\text{ ，} q_{ij} = \begin{cases} 1 \ , & i = j \\ 0 \ , & i \neq j \end{cases}$$

但$q_i^T q_j$為$Q^T Q$之第i列第j行元素，$\therefore \boldsymbol{Q}$為正交$\Leftrightarrow \boldsymbol{Q}^T \boldsymbol{Q} = \boldsymbol{I}$

定理 D

設$\boldsymbol{A}, \boldsymbol{B}$都是同階正交陣，則

(1) $|\boldsymbol{A}| = \pm 1$

(2) $\boldsymbol{A}$可逆，且$\boldsymbol{A}^{-1} = \boldsymbol{A}^T$

(3) $\boldsymbol{A}^T$（即$\boldsymbol{A}^{-1}$）也是正交矩陣

(4) $\boldsymbol{AB}$也是正交陣

證

（只證(1)，餘留做習題）

$\boldsymbol{A}^T \boldsymbol{A} = \boldsymbol{I}$，兩邊取行列式得$|\boldsymbol{A}^T||\boldsymbol{A}| = |\boldsymbol{I}| = 1$，$|\boldsymbol{A}|^2 = 1$

$\therefore |\boldsymbol{A}| = \pm 1$

▶ Householder 轉換

當給出方陣A之某一行，我們便可透過 Householder 轉換得到一個對稱正交陣，但在**作轉換前，我們應確認該行向量為單位向量，若非單位向量則需先變為單位向量**。

定理 E （W為方陣 A 之某一行）

$W = [w_1, w_2, \cdots w_n]^T$，且$\sqrt{w_1^2 + w_2^2 + \cdots + w_n^2} = 1$，則$H = 1 - 2WW^T$為一對稱正交陣

證

(1) 先證 $\boldsymbol{H}$ 為正交陣

$$\boldsymbol{H}^T\boldsymbol{H} = (\mathbf{1}-2\boldsymbol{W}\boldsymbol{W}^T)^T(\mathbf{1}-2\boldsymbol{W}\boldsymbol{W}^T) = (\mathbf{1}-2\boldsymbol{W}\boldsymbol{W}^T)(\mathbf{1}-2\boldsymbol{W}\boldsymbol{W}^T)$$

$$= \mathbf{1}-2\boldsymbol{W}\boldsymbol{W}^T-2\boldsymbol{W}\boldsymbol{W}^T+4\boldsymbol{W}\boldsymbol{W}^T\boldsymbol{W}\boldsymbol{W}^T$$

$$= \mathbf{1}-2\boldsymbol{W}\boldsymbol{W}^T-2\boldsymbol{W}\boldsymbol{W}^T+4\boldsymbol{W}\boldsymbol{W}^T\boldsymbol{W}\boldsymbol{W}^T = \mathbf{1}-4\boldsymbol{W}\boldsymbol{W}^T+4\boldsymbol{W}\underbrace{(\boldsymbol{W}^T\boldsymbol{W})}_{\mathbf{1}}\boldsymbol{W}^T$$

$$= \mathbf{1}-4\boldsymbol{W}\boldsymbol{W}^T+4\boldsymbol{W}\boldsymbol{W}^T = \boldsymbol{I}$$

$\therefore$ $\boldsymbol{H}$ 為一正交陣

(2) 次證 $\boldsymbol{H}$ 具有對稱性：

$\because$ $\boldsymbol{H} = 1-2\boldsymbol{W}\boldsymbol{W}^T$ $\therefore$ $\boldsymbol{H}^T = (1-2\boldsymbol{W}\boldsymbol{W}^T)^T = 1-2\boldsymbol{W}\boldsymbol{W}^T$ 即 $\boldsymbol{H}$ 有對稱性

即 $\boldsymbol{H}$ 為一對稱正交陣

例 6

已知 3 陣方陣之一個行 $[1, 0, 0]^T$，試用 Householder 轉換來建構一個對稱正交陣

解

$\because$ $\boldsymbol{W} = [1, 0, 0]^T$ 之 $\|\boldsymbol{W}\| = \sqrt{1^2+0^2+0^2} = 1$

$\therefore$ $\boldsymbol{H} = \boldsymbol{I} - 2\boldsymbol{W}\boldsymbol{W}^T$

$$= \begin{bmatrix} 1 & 0 & 0 \\ 0 & 1 & 0 \\ 0 & 0 & 1 \end{bmatrix} - 2\begin{bmatrix} 1 \\ 0 \\ 0 \end{bmatrix}[1, 0, 0] = \begin{bmatrix} 1 & 0 & 0 \\ 0 & 1 & 0 \\ 0 & 0 & 1 \end{bmatrix} - 2\begin{bmatrix} 1 & 0 & 0 \\ 0 & 0 & 0 \\ 0 & 0 & 0 \end{bmatrix}$$

$$= \begin{bmatrix} -1 & 0 & 0 \\ 0 & 1 & 0 \\ 0 & 0 & 1 \end{bmatrix}$$

習題 5.3 Exercise

1. 判斷下列矩陣是否正交陣

(1) $\begin{bmatrix} \cos\theta & -\sin\theta \\ \sin\theta & \cos\theta \end{bmatrix}$ (2) $\begin{bmatrix} 1 & -\frac{1}{2} & \frac{1}{3} \\ -\frac{1}{2} & 1 & \frac{1}{2} \\ \frac{1}{3} & \frac{1}{2} & -1 \end{bmatrix}$

2. 設 A, B 是正交陣，證明定理 E 之(2), (3), (4)

3. W 為 $\mathbf{R}^4$ 之子空間，$\mathbf{R}^4 = \text{span}\left\{\begin{bmatrix} -1 \\ 0 \\ 1 \\ 2 \end{bmatrix}, \begin{bmatrix} 0 \\ 1 \\ 0 \\ 1 \end{bmatrix}\right\}$，求 W 一個單範正交基底

4. 求一正交陣，其第 1 行為 $\begin{bmatrix} 1 \\ 1 \\ 1 \end{bmatrix}$

5. 試證 $< \boldsymbol{u}_2, \boldsymbol{u}_1 > = 0$

特徵值

6.1 特徵值與特徵向量

定義

$\boldsymbol{A}$ 是一n階方陣，若存在一個純量λ和n維非零向量$\boldsymbol{x}$，使得$\boldsymbol{Ax}=\lambda\boldsymbol{x}$，則稱$\lambda$是$\boldsymbol{A}$之一個**特徵值**（eigenvalue 或 characteristic value）。x為特徵值λ的**特徵向量**（eigenvector 或 characteristic rector）

n階方陣 $\boldsymbol{A}$ 的特徵值λ就是滿足齊次線性方程組$(\boldsymbol{A}-\lambda I)\boldsymbol{x}=\boldsymbol{0}$，$(\boldsymbol{A}-\lambda I)\boldsymbol{x}=\boldsymbol{0}$有非零解的充要條件是$|\boldsymbol{A}-\lambda I|=0$，我們可總結以上討論為定理 A。

定理 A

設$\boldsymbol{A}$為一方陣，λ為A之一特徵值，則下列各敘述為等價：

(1) $(\boldsymbol{A}-\lambda\boldsymbol{I})x=0$具有一非零解

(2) $\boldsymbol{A}-\lambda\boldsymbol{I}$為奇異方陣，即$A-\lambda I$為不可逆

(3) $|\boldsymbol{A}-\lambda\boldsymbol{I}|=0$

定義

$\boldsymbol{A}$是n階方陣，λ是一個純量，則

$$P(\lambda)=|\boldsymbol{A}-\lambda\boldsymbol{I}|=\begin{vmatrix} a_{11}-\lambda & a_{12} & \cdots & a_{1n} \\ a_{21} & a_{22}-\lambda & \cdots & a_{2n} \\ \vdots & \vdots & & \vdots \\ a_{n1} & a_{n2} & \cdots & a_{nn}-\lambda \end{vmatrix}$$

稱為矩陣$\boldsymbol{A}$的**特徵多項式**(characteristic polynomial)。$f(\lambda)=0$是$\boldsymbol{A}$的**特徵方程式**(characteristic equation)

定理 B

A 為 n 階方陣，$P(\lambda)=0$ 為 A 之特徵方程式，則：

$$\lambda^n+s_1\lambda^{n-1}+s_2\lambda^{n-2}+\cdots\cdots+s_n=0$$

其中 $s_m=(-1)^m$（A 之所有沿主對角線之 m 階行列式之和），特別是 $s_1=-tr(A)$，$s_n=(-1)^n|A|$

定理 B 是求特徵值之利器。

推論 B1

A 為方陣，若存在一個特徵值為 0 則 A 為不可逆

推論 B1 是重很重要而明顯之結果，由它可知 $\lambda=0$ 可得很多訊息：$|\boldsymbol{A}|=0$，$Ax=0$ 有異於 0 之解，A 之每行、列為線性相依，$\text{rank}(A)<n$。

$f(\lambda)=|\boldsymbol{A}-\lambda\boldsymbol{I}|$ 是否有根，以及根的個數都與討論的數系有關。根據代數基本定理，n 次多項式在複數系中一定有 n 個根（可能有若干個重根），特徵多項式的 k 重根也稱為 k 重特徵值。

$n=2,3$ 時，可由下表決定 A 特徵方程式：

$n=2$	$\begin{bmatrix} a & b \\ c & d \end{bmatrix}$：$\lambda^2-(a+d)\lambda+\begin{vmatrix} a & b \\ c & d \end{vmatrix}=0$
$n=3$	$\begin{bmatrix} a & b & c \\ d & e & f \\ g & h & i \end{bmatrix}$： $\lambda^3-(a+e+i)\lambda^2+\left(\begin{vmatrix} a & b \\ d & e \end{vmatrix}+\begin{vmatrix} a & c \\ g & i \end{vmatrix}+\begin{vmatrix} e & f \\ h & i \end{vmatrix}\right)\lambda-\begin{vmatrix} a & b & c \\ d & e & f \\ g & h & i \end{vmatrix}=0$

<table>
<tr><td>$n=3$</td><td>註 $n=3$ 時 λ 係數 s_2：
$$\begin{bmatrix} \textcircled{a} & \textcircled{b} & c \\ \textcircled{d} & \textcircled{e} & f \\ g & h & i \end{bmatrix};\begin{bmatrix} \textcircled{a} & b & \textcircled{c} \\ d & e & f \\ \textcircled{g} & h & \textcircled{i} \end{bmatrix};\begin{bmatrix} a & b & c \\ d & \textcircled{e} & \textcircled{f} \\ g & \textcircled{h} & \textcircled{i} \end{bmatrix}$$
$$s_2 = \begin{vmatrix} a & b \\ d & e \end{vmatrix} + \begin{vmatrix} a & c \\ g & i \end{vmatrix} + \begin{vmatrix} e & f \\ h & i \end{vmatrix}$$</td></tr>
</table>

例 1

求 $\boldsymbol{A}=\begin{bmatrix} 1 & 1 \\ 1 & 1 \end{bmatrix}$ 之特徵值與特徵向量

解

(1) $\boldsymbol{A}$ 之特徵方程式

$$|\boldsymbol{A}-\lambda I|=\begin{vmatrix} 1-\lambda & 1 \\ 1 & 1-\lambda \end{vmatrix}=\lambda^2-2\lambda=\lambda(\lambda-2)=0$$

$\therefore$ $\boldsymbol{A}$ 的特徵值為 $\lambda=0$ 或 2

(2) $\lambda=0$ 時，$(\boldsymbol{A}-\lambda I)x=\boldsymbol{A}x=0$：

$$\left[\begin{array}{cc|c} 1 & 1 & 0 \\ 1 & 1 & 0 \end{array}\right] \to \left[\begin{array}{cc|c} 1 & 1 & 0 \\ 0 & 0 & 0 \end{array}\right]$$，取 $\boldsymbol{x}_2=I$，則 $\boldsymbol{x}_1=-t$ $\quad\therefore \boldsymbol{x}_1=t\begin{pmatrix} -1 \\ 1 \end{pmatrix}$

$\lambda=2$ 時，$(\boldsymbol{A}-\lambda \boldsymbol{I})\boldsymbol{x}=(\boldsymbol{A}-2\boldsymbol{I})\boldsymbol{x}=\boldsymbol{0}$

$$\left[\begin{array}{cc|c} -1 & 1 & 0 \\ 1 & -1 & 0 \end{array}\right] \to \left[\begin{array}{cc|c} 1 & -1 & 0 \\ 0 & 0 & 0 \end{array}\right]$$，取 $\boldsymbol{x}_2=t$，則 $\boldsymbol{x}_1=t$ $\quad\therefore \boldsymbol{x}=t\begin{pmatrix} 1 \\ 1 \end{pmatrix}$

例 2

求 $A=\begin{bmatrix} 2 & 0 & -2 \\ 0 & 4 & 0 \\ -2 & 0 & 5 \end{bmatrix}$ 的特徵值和特徵向量

解

(1) 特徵多項式

$$f(\lambda)=|A-\lambda I|=\begin{vmatrix} 2-\lambda & 0 & -2 \\ 0 & 4-\lambda & 0 \\ -2 & 0 & 5-\lambda \end{vmatrix}=\lambda^3-11\lambda^2+34\lambda-24$$

$$=(\lambda-4)(\lambda-1)(\lambda-6)=0$$

得 $\boldsymbol{A}$ 的特徵值為 $\lambda_1=4,1,6$

(2) (i) $\lambda_1=4$時，$(A-\lambda I)x=(A-4I)x=0$

$$\left[\begin{array}{ccc|c} -2 & 0 & -2 & 0 \\ 0 & 0 & 0 & 0 \\ -2 & 0 & 1 & 0 \end{array}\right]\to\left[\begin{array}{ccc|c} 1 & 0 & 1 & 0 \\ 0 & 0 & 0 & 0 \\ -2 & 0 & 1 & 0 \end{array}\right]\to\left[\begin{array}{ccc|c} 1 & 0 & 1 & 0 \\ 0 & 0 & 0 & 0 \\ 0 & 0 & 3 & 0 \end{array}\right]\to\left[\begin{array}{ccc|c} 1 & 0 & 1 & 0 \\ 0 & 0 & 0 & 0 \\ 0 & 0 & 1 & 0 \end{array}\right]$$

$$\to\left[\begin{array}{ccc|c} 1 & 0 & 0 & 0 \\ 0 & 0 & 0 & 0 \\ 0 & 0 & 1 & 0 \end{array}\right]$$ 取 $x_3=0$，$x_1=0$，$x_2=t$，$t\in\mathbf{R}-\{0\}$

$$\therefore\ x=t\begin{bmatrix} 0 \\ 1 \\ 0 \end{bmatrix}$$

(ii) $\lambda_2=1$時，$(A-\lambda I)x=(A-I)x=0$

$$\left[\begin{array}{ccc|c} 1 & 0 & -2 & 0 \\ 0 & 3 & 0 & 0 \\ -2 & 0 & 4 & 0 \end{array}\right]\to\left[\begin{array}{ccc|c} 1 & 0 & -2 & 0 \\ 0 & 3 & 0 & 0 \\ 0 & 0 & 0 & 0 \end{array}\right]$$

取 $x_3=t$，$x_1=2t$，$x_2=0$，$t\in\mathbf{R}-\{0\}$

$$\therefore\ x=t\begin{bmatrix} 2 \\ 0 \\ 1 \end{bmatrix}$$

(iii) $\lambda_3 = 6$時，$(A-\lambda I)x=(A-6I)x=0$ ：

$$\left[\begin{array}{ccc|c} -4 & 0 & -2 & 0 \\ 0 & -2 & 0 & 0 \\ -2 & 0 & -1 & 0 \end{array}\right] \to \left[\begin{array}{ccc|c} 1 & 0 & \frac{1}{2} & 0 \\ 0 & -2 & 0 & 0 \\ -2 & 0 & -1 & 0 \end{array}\right] \to \left[\begin{array}{ccc|c} 1 & 0 & \frac{1}{2} & 0 \\ 0 & -2 & 0 & 0 \\ 0 & 0 & 0 & 0 \end{array}\right] \to \left[\begin{array}{ccc|c} 1 & 0 & \frac{1}{2} & 0 \\ 0 & 1 & 0 & 0 \\ 0 & 0 & 0 & 0 \end{array}\right]$$

取 $x_3 = -2t$, $x_1 = t$, $x_2 = 0$

$$\therefore x = t\begin{bmatrix} 1 \\ 0 \\ -2 \end{bmatrix}$$

特徵方程式有 p 個重根 λ 時對應之特徵向量為 $k_1x_1+k_2x_2+\cdots+k_px_p$ ，其中 $k_1, k_2, \cdots, k_t$ 不全為零的任意常數。

例 3

求 $\boldsymbol{A}=\begin{bmatrix} 4 & 6 & 0 \\ -3 & -5 & 0 \\ -3 & -6 & 1 \end{bmatrix}$的特徵值和特徵向量

解

(1) 特徵多項式 $\lambda^3-3\lambda+2=(\lambda-1)(\lambda+2)(\lambda-1)=(\lambda-1)^2(\lambda+2)=0$

$$\begin{array}{cccc|c} 1 & 0 & -3 & 2 & 1 \\ & 1 & 1 & -2 & \\ \hline 1 & 1 & -2 & & \end{array}$$

得 $\boldsymbol{A}$ 的特徵值為 $\lambda_1=-2$ ，$\lambda_2=\lambda_3=1$

(2) (i) 當 $\lambda_1=-2$時，$(A-\lambda I)x=(A+2I)x=0$ ：

$$\left[\begin{array}{ccc|c} 6 & 6 & 0 & 0 \\ -3 & -3 & 0 & 0 \\ -3 & -6 & 3 & 0 \end{array}\right] \to \left[\begin{array}{ccc|c} 1 & 1 & 0 & 0 \\ 3 & 3 & 0 & 0 \\ 3 & 6 & -3 & 0 \end{array}\right] \to \left[\begin{array}{ccc|c} 1 & 1 & 0 & 0 \\ 0 & 0 & 0 & 0 \\ 0 & 3 & -3 & 0 \end{array}\right] \to \left[\begin{array}{ccc|c} 1 & 1 & 0 & 0 \\ 0 & 0 & 0 & 0 \\ 0 & 1 & -1 & 0 \end{array}\right],$$

取 $x_3 = t$，$x_2 = t$，$x_1 = -t$，$t \in \mathbf{R} - \{0\}$，$\therefore X = t\begin{bmatrix} -1 \\ 1 \\ 1 \end{bmatrix}$

(ii) 當 $\lambda_2 = \lambda_3 = 1$時，$(A - \lambda I)x = (A - I)x = \mathbf{0}$

$$\left[\begin{array}{ccc|c} 3 & 6 & 0 & 0 \\ -3 & -6 & 0 & 0 \\ -3 & -6 & 0 & 0 \end{array}\right] \to \left[\begin{array}{ccc|c} 1 & 2 & 0 & 0 \\ -3 & -6 & 0 & 0 \\ -3 & -6 & 0 & 0 \end{array}\right] \to \left[\begin{array}{ccc|c} 1 & 2 & 0 & 0 \\ 0 & 0 & 0 & 0 \\ 0 & 0 & 0 & 0 \end{array}\right]$$

$$\therefore x = \begin{bmatrix} -2s \\ s \\ t \end{bmatrix} = s\begin{bmatrix} -2 \\ 1 \\ 0 \end{bmatrix} + t\begin{bmatrix} 0 \\ 0 \\ 1 \end{bmatrix}$$

例 4

先證明若 λ 為方陣 $\boldsymbol{A}$ 之特徵值，則 $\lambda + 1$為 $\boldsymbol{A} + \boldsymbol{I}$ 之特徵值，應用此結果，求 $\boldsymbol{A} = \begin{bmatrix} 2 & 1 & 1 \\ 1 & 2 & 1 \\ 1 & 1 & 2 \end{bmatrix}$的特徵值和特徵向量

解

(1) $(\boldsymbol{A} + \boldsymbol{I})\boldsymbol{x} = \boldsymbol{A}\boldsymbol{x} + \boldsymbol{x} = \lambda\boldsymbol{x} + \boldsymbol{x} = (\lambda + 1)\boldsymbol{x}$

$$\begin{bmatrix} 2 & 1 & 1 \\ 1 & 2 & 1 \\ 1 & 1 & 2 \end{bmatrix} = \begin{bmatrix} 1 & 1 & 1 \\ 1 & 1 & 1 \\ 1 & 1 & 1 \end{bmatrix} + \begin{bmatrix} 1 & 0 & 0 \\ 0 & 1 & 0 \\ 0 & 0 & 1 \end{bmatrix}$$

$\because \begin{bmatrix} 1 & 1 & 1 \\ 1 & 1 & 1 \\ 1 & 1 & 1 \end{bmatrix}$之特徵方程式為 $\lambda^3 - 3\lambda^2 = \lambda^2(\lambda - 3) = 0$，得特徵值 0, 0, 3

$\therefore \begin{bmatrix} 2 & 1 & 1 \\ 1 & 2 & 1 \\ 1 & 1 & 2 \end{bmatrix}$之特徵值為 1, 1, 4

(2) (i) $\lambda = 1$時

$(A-\lambda I)x = (A-I)x = 0$

$\left[\begin{array}{ccc|c} 1 & 1 & 1 & 0 \\ 1 & 1 & 1 & 0 \\ 1 & 1 & 1 & 0 \end{array}\right]$，$\lambda = 1$為重根，由視察法可得

$$x = s\begin{bmatrix} 1 \\ -2 \\ 1 \end{bmatrix} + t\begin{bmatrix} 1 \\ 0 \\ -1 \end{bmatrix}$$

(ii) $\lambda = 4$時

$(A-\lambda I)x = (A-4I)x = 0$

$\left[\begin{array}{ccc|c} -2 & 1 & 1 & 0 \\ 1 & -2 & 1 & 0 \\ 1 & 1 & -2 & 0 \end{array}\right]$由視察法易知$x = \begin{bmatrix} 1 \\ 1 \\ 1 \end{bmatrix}$

例 5

$A = [a_{ij}]$為n階方陣，特徵值為$\lambda_1, \lambda_2, \cdots, \lambda_3$，求證$\lambda_j = a_{jj} + \sum_{i \neq j}(a_{ii} - \lambda_i)$

解

$$\sum_{i=1}^{n} \lambda_1 = \sum_{i=1}^{n} a_{ii} = \sum_{i \neq j} a_{ii} + a_{jj}$$

又$\sum_{i=1}^{n} \lambda_i = \sum_{i \neq j} \lambda_i + \lambda_j = \sum_{i \neq j} a_{jj} + a_{jj}$

$$\therefore \lambda_j = a_{jj} + \sum_{i \neq j}(a_{ii} - \lambda_i)$$

習題 6.1 Exercise

1. 求$\begin{bmatrix} 1 & 4 \\ 3 & 2 \end{bmatrix}$之特徵值與特徵向量

2. 求$\begin{bmatrix} 1 & -1 & 0 \\ -1 & 2 & -1 \\ 0 & -1 & 1 \end{bmatrix}$之特徵值與特徵向量

3. 求$\begin{bmatrix} 0 & 1 & 1 \\ 1 & 0 & 1 \\ 1 & 1 & 0 \end{bmatrix}$之特徵值與特徵向量

4. 求$\begin{bmatrix} 0 & 1 & 0 \\ 0 & 0 & 1 \\ -a & -b & -c \end{bmatrix}$之特徵方程式

5. 不用計算，你可看出下列方陣之特徵值

(1) $A=\begin{bmatrix} 1 & 1 & 1 & 1 & 1 \\ 1 & 1 & 1 & 1 & 1 \\ 1 & 1 & 1 & 1 & 1 \\ 1 & 1 & 1 & 1 & 1 \\ 1 & 1 & 1 & 1 & 1 \end{bmatrix}$

(2) $B=\begin{bmatrix} 0 & 0 & 0 & 0 & 0 \\ 0 & 0 & 0 & 0 & 0 \\ 0 & 0 & 0 & 0 & 0 \\ 0 & 0 & 0 & 0 & 0 \\ 0 & 0 & 0 & 0 & 0 \end{bmatrix}$

(3) $C=\begin{bmatrix} 1 & 0 & 0 & 0 & 0 \\ 0 & 0 & 0 & 0 & 0 \\ 0 & 0 & 0 & 0 & 0 \\ 0 & 0 & 0 & 0 & 0 \\ 0 & 0 & 0 & 0 & 0 \end{bmatrix}$

6.2 特徵值與特徵向量之進一步性質

定理 A

若λ是矩陣$\boldsymbol{A}$的特徵值。$\boldsymbol{x}$是$\boldsymbol{A}$對λ的特徵向量，則

(1) $k\lambda$是$k\boldsymbol{A}$的特徵值（k是任意常數）

(2) λ^m是$\boldsymbol{A}^m$的特徵值（m是正整數）

(3) 當$\boldsymbol{A}$可逆時，λ^{-1}是$\boldsymbol{A}^{-1}$的特徵值

(4) $f(\lambda)$是$f(\boldsymbol{A})$的特徵值，其中

$$f(x)=a_m x^m+a_{m-1}x^{m-1}+\ldots+a_1 x+a_0$$

證

(1) $(k\boldsymbol{A})\boldsymbol{x}=k(\boldsymbol{A}\boldsymbol{x})=k(\lambda\boldsymbol{x})=(k\lambda)\boldsymbol{x}$ ∴ $k\lambda$是$k\boldsymbol{A}$的特徵值

(2) $\boldsymbol{A}(\boldsymbol{A}\boldsymbol{x})=\boldsymbol{A}(\lambda\boldsymbol{x})=\lambda(\boldsymbol{A}\boldsymbol{x})=\lambda(\lambda\boldsymbol{x})$ ∴ $\boldsymbol{A}^2\boldsymbol{x}=\lambda^2\boldsymbol{x}$

(2)之結果可推廣到λ是$\boldsymbol{A}$的特徵值則λ^m亦為$\boldsymbol{A}^m$之特徵值

(3) 當$\boldsymbol{A}$可逆時，$\lambda\neq 0$。於是

$$\boldsymbol{A}^{-1}(\boldsymbol{A}\boldsymbol{x})=\boldsymbol{A}^{-1}(\lambda\boldsymbol{x})=\lambda(\boldsymbol{A}^{-1}\boldsymbol{x})\therefore \boldsymbol{A}^{-1}\boldsymbol{x}=\frac{1}{\lambda}\boldsymbol{x}$$

(4)
$$\begin{aligned} f(\boldsymbol{A})x &=(a_m\boldsymbol{A}^m+a_{m-1}\boldsymbol{A}^{m-1}+\cdots+a_1\boldsymbol{A}+a_0\boldsymbol{E})\boldsymbol{x}\\ &=a_m\boldsymbol{A}^m\boldsymbol{x}+a_{m-1}\boldsymbol{A}^{m-1}\boldsymbol{x}+\cdots+a_1\boldsymbol{A}\boldsymbol{x}+a_0\boldsymbol{I}\boldsymbol{x}\\ &=a_m\lambda^m\boldsymbol{x}+a_{m-1}\lambda^{m-1}\boldsymbol{x}+\cdots+a_1\lambda\boldsymbol{x}+a_0\boldsymbol{x}\\ &=(a_m\lambda^m+a_{m-1}\lambda^{m-1}+\cdots+a_1\lambda+a_0)\boldsymbol{x}\\ &=f(\lambda)\boldsymbol{x}\end{aligned}$$

讀者要注意到，若λ為$\boldsymbol{A}$之特徵值，x為特徵向量，則kA，A^m，A^{-1}，$f(A)$的特徵向量仍然是$\boldsymbol{x}$。

例 1

承上節例 2，已知 $\boldsymbol{A}=\begin{bmatrix}2 & 0 & -2\\ 0 & 4 & 0\\ -2 & 0 & 5\end{bmatrix}$ 之特徵值為 1, 4, 6，問(1) $\boldsymbol{A}^{-1}$；(2) $\boldsymbol{A}^{2}$；(3) $(\boldsymbol{A}^{-1})^{2}$ 之特徵值

解

(1) $\boldsymbol{A}^{-1}$ 之特徵值 $1, \frac{1}{4}, \frac{1}{6}$

(2) $\boldsymbol{A}^{2}$ 之特徵值 $1, 16, 36$

(3) $(\boldsymbol{A}^{-1})^{2}$ 之特徵值 $1, \frac{1}{16}, \frac{1}{36}$

由上節例 2 之結果可知 $\boldsymbol{A}^{2}$ 之特徵向量為：

(1)特徵值 1 對應之特徵向量：$\begin{pmatrix}2\\ 0\\ 1\end{pmatrix}$

(2)之特徵值 16 對應之特徵向量：$\begin{pmatrix}2\\ 0\\ 1\end{pmatrix}$

(3)之特徵值 36 對應之特徵向量：$\begin{pmatrix}1\\ 0\\ -2\end{pmatrix}$

定理 B

n 階方陣 $\boldsymbol{A}$ 與其轉置矩陣 $\boldsymbol{A}^{T}$ 有相同的特徵值

證

$\because |\boldsymbol{A}-\lambda \boldsymbol{I}| = |(\boldsymbol{A}-\lambda \boldsymbol{I})^{T}| = |\boldsymbol{A}^{T}-\lambda \boldsymbol{I}^{T}|$

$\therefore$ $\boldsymbol{A}$ 與 $\boldsymbol{A}^{T}$ 有相同的特徵多項式，故有完全相同的特徵值

我們舉一些特徵值之較理論的例子

例 2

$\boldsymbol{A}, \boldsymbol{B}$ 為可交換之同階方陣，若 $\boldsymbol{x}$ 為 $\boldsymbol{A}$ 之特徵向量，試證 $\boldsymbol{Bx}$ 亦為 $\boldsymbol{A}$ 之特徵向量

解

附記

$\boldsymbol{A}, \boldsymbol{B}$ 可交換 $\Leftrightarrow$ $\boldsymbol{AB} = \boldsymbol{BA}$

本題要證的目標是： $\boldsymbol{A}(\boldsymbol{Bx}) = \lambda(\boldsymbol{Bx})$

設 λ 為特徵值，$\boldsymbol{x}$ 為對應之特徵向量，即 $\boldsymbol{Ax} = \lambda\boldsymbol{x}$

兩邊同乘 $\boldsymbol{B}$ 得 $\boldsymbol{BAx} = \boldsymbol{B}\lambda\boldsymbol{x} = \lambda\boldsymbol{Bx}$

即 $(\boldsymbol{BA})\boldsymbol{x} = \lambda\boldsymbol{Bx}$

又 $\boldsymbol{A}, \boldsymbol{B}$ 可交換

$\therefore (\boldsymbol{AB})\boldsymbol{x} = \lambda\boldsymbol{Bx} \Rightarrow \boldsymbol{A}(\boldsymbol{Bx}) = \lambda(\boldsymbol{Bx})$

即 $\boldsymbol{Bx}$ 亦為 $\boldsymbol{A}$ 之一特徵向量

例 3

$\boldsymbol{A}$ 為冪等陣：(1)試求 $\boldsymbol{A}$ 之特徵值 λ；(2)若 $\lambda \neq 1$ 試證 $\boldsymbol{A}$ 必為不可逆

解

(1) 若 λ 為 $\boldsymbol{A}$ 之特徵值則 $\boldsymbol{Ax} = \lambda\boldsymbol{x}$，兩邊同乘 A 得 $\boldsymbol{A}^2\boldsymbol{x} = \boldsymbol{A}\lambda\boldsymbol{x} = \lambda\boldsymbol{Ax}$ $= \lambda(\lambda\boldsymbol{x}) = \lambda^2\boldsymbol{x}$

但 $\boldsymbol{A}$ 為冪等陣，$\boldsymbol{A}^2 = \boldsymbol{A}$ $\quad \therefore \lambda^2 = \lambda$ 得 $\lambda = 0, 1$

(2) $\because$ $\boldsymbol{A}$ 為冪等陣，A 之特徵值只有 0, 1 二種（可能有若干個 0，若干個 1）。因 $\lambda \neq 1$ $\quad \therefore \lambda = 0$ 從而 $\boldsymbol{A}$ 是不可逆的

例 4

$\boldsymbol{A}, \boldsymbol{B}$ 為 n 階方陣，若 λ 為 $\boldsymbol{AB}$ 之特徵值，試證 λ 亦為 $\boldsymbol{BA}$ 之特徵值

解

設 λ 為 $\boldsymbol{AB}$ 之特徵值，$\boldsymbol{x}$ 為對應之特徵向量則 $\boldsymbol{ABx} = \lambda\boldsymbol{x}$，

令 $\boldsymbol{y} = \boldsymbol{Bx}$ 則 $\boldsymbol{Ay} = \boldsymbol{ABx} = \lambda\boldsymbol{x}$

$\therefore \boldsymbol{BAy} = \boldsymbol{B}\lambda\boldsymbol{x} = \lambda\boldsymbol{Bx} = \lambda\boldsymbol{y}$

即 $(\boldsymbol{BA})\boldsymbol{y} = \lambda\boldsymbol{y}$ $\quad\therefore \lambda$ 亦為 $\boldsymbol{BA}$ 之特徵值

▶ Cayley-Hamilton 定理

定理 C

$\boldsymbol{A}$ 為 n 階方陣，$f(x)$ 為 $\boldsymbol{A}$ 之特徵多項式，則 $f(\boldsymbol{A}) = \boldsymbol{0}_{n\times n}$

證

$$(\lambda\boldsymbol{I} - \boldsymbol{A})adj(\lambda\boldsymbol{I} - \boldsymbol{A}) = |\lambda\boldsymbol{I} - \boldsymbol{A}|I = f(\lambda)\boldsymbol{I} \qquad (1)$$

$adj(\lambda\boldsymbol{I} - \boldsymbol{A})$ 為 λ 之多項式，其次數 $\leq n-1$，令：

$$\begin{aligned} adj(\lambda\boldsymbol{I} - \boldsymbol{A}) &= \lambda^{n-1}\boldsymbol{B}_0 + \lambda^{n-2}\boldsymbol{B}_1 + \cdots + \lambda\boldsymbol{B}_{n-2} + \boldsymbol{B}_{n-1}\ (\lambda\boldsymbol{I} - \boldsymbol{A})[adj(\lambda\boldsymbol{I} - \boldsymbol{A})] \\ &= (\lambda\boldsymbol{I} - \boldsymbol{A})(\lambda^{n-1}\boldsymbol{B}_0 + \lambda^{n-2}\boldsymbol{B}_1 + \cdots + \lambda\boldsymbol{B}_{n-2} + \boldsymbol{B}_{n-1}) \\ &= \lambda^n\boldsymbol{B}_0 + \lambda^{n-1}(\boldsymbol{B}_1 - \boldsymbol{AB}_0) + \lambda^{n-2}(\boldsymbol{B}_2 - \boldsymbol{AB}_1) + \cdots + \lambda\boldsymbol{B}_{n-1} - \boldsymbol{AB}_{n-2} - \boldsymbol{AB}_{n-1} \end{aligned} \qquad (2)$$

由(1)

$$設\ f(\lambda)I = \lambda^n I + C_{n-1}\lambda^{n-1}I + C_{n-2}\lambda^{n-2}I + \cdots C_1\lambda I + C_0 I \qquad (3)$$

比較(2)，(3)得

$$\begin{cases} \boldsymbol{B}_0 & = \boldsymbol{I} \\ \boldsymbol{B}_1 - \boldsymbol{A}\boldsymbol{B}_0 & = C_{n-1}\boldsymbol{I} \\ \boldsymbol{B}_2 - \boldsymbol{A}\boldsymbol{B}_1 & = C_{n-2}\boldsymbol{I} \\ \cdots\cdots & \\ \boldsymbol{B}_{n-1} - \boldsymbol{A}\boldsymbol{B}_{n-2} & = C_1\boldsymbol{I} \\ -\boldsymbol{A}\boldsymbol{B}_{n-1} & = C_0\boldsymbol{I} \end{cases} \tag{4}$$

依次用 $\boldsymbol{A}^n$, $\boldsymbol{A}^{n-1}$, …, $\boldsymbol{A}$, $\boldsymbol{I}$ 左乘(4)之兩邊

$$\begin{cases} \boldsymbol{A}^n\boldsymbol{B}_0 & = \boldsymbol{A}^n \\ \boldsymbol{A}^{n-1}\boldsymbol{B}_1 - \boldsymbol{A}^n\boldsymbol{B}_0 & = C_{n-1}\boldsymbol{A}^{n-1} \\ \boldsymbol{A}^{n-2}\boldsymbol{B}_2 - \boldsymbol{A}^{n-1}\boldsymbol{B}_1 & = C_{n-2}\boldsymbol{A}^{n-2} \\ \cdots\cdots & \\ \boldsymbol{A}\boldsymbol{B}_{n-1} - \boldsymbol{A}^2\boldsymbol{B}_{n-2} & = C_1\boldsymbol{A} \\ -\boldsymbol{A}\boldsymbol{B}_{n-1} & = C_0\boldsymbol{I} \end{cases} \tag{5}$$

(5)之各式左右二邊相加得：

$$\boldsymbol{A}^n + C_{n-1}\boldsymbol{A}^{n-1} + C_{n-2}\boldsymbol{A}^{n-2} + \cdots + C_1\boldsymbol{A} + C_0\boldsymbol{I} = \boldsymbol{0}$$

即 $f(\boldsymbol{A}) = 0$

Cayley-Hamilton 定理在應用時常可配合 λ 多項式之長除法，因此是求方陣多項式之好工具。

例 5

$\boldsymbol{A} = \begin{bmatrix} 1 & 1 \\ 1 & 1 \end{bmatrix}$，求(1) $\boldsymbol{A}^n$　(2) $\boldsymbol{A}^3 - 3\boldsymbol{A}^2 + 2\boldsymbol{A} - \boldsymbol{I}$

解

$\boldsymbol{A}$ 之特徵多項為 $\lambda^2 - 2\lambda = 0$，由定理 C： $\boldsymbol{A}^2 - 2\boldsymbol{A} = 0$

(1) $\because A^2=2A$ ， $A^3=A^2\cdot A=2A\cdot A=2A^2=2^2A\cdots A^n=2^{n-1}A$

$\therefore A^n=2^{n-1}\begin{bmatrix}1&1\\1&1\end{bmatrix}$

(2) A^3-3A^2+2A-I 之特徵多項式為 $\lambda^3-3\lambda^2+2\lambda-1$

又 $A^3-3A^2+2A-I=(\underbrace{A^2-2A}_{0})(A-I)-I=-I$

$\therefore A^3-3A^2+2A-I=-I=\begin{bmatrix}-1&0\\0&-1\end{bmatrix}$

附記

$$\begin{array}{r|l} & \lambda-1 \\ \lambda^2-2\lambda & \lambda^3-3\lambda^2+2\lambda-1 \\ & \underline{\lambda^3-2\lambda^2\qquad\qquad} \\ & \quad -\lambda^2+2\lambda-1 \\ & \quad \underline{-\lambda^2+2\lambda\quad} \\ & \qquad\qquad -1 \end{array}$$

例 6

$A=\begin{bmatrix}1&4\\2&3\end{bmatrix}$，用 Cayley-Hamilton 定理求 A^{-1}

解

A 之特徵方程式 $\lambda^2-4\lambda-5=0$，由 Cayley-Hamilton 定理： $A^2-4A-5I=0$

$5I=A^2-4A$, $I=\frac{1}{5}A^2-\frac{4}{5}A$

$\therefore A^{-1}=\frac{1}{5}A-\frac{4}{5}I=\begin{bmatrix}\frac{1}{5}&\frac{4}{5}\\\frac{2}{5}&\frac{3}{5}\end{bmatrix}-\begin{bmatrix}\frac{4}{5}&0\\0&\frac{4}{5}\end{bmatrix}=\begin{bmatrix}-\frac{3}{5}&\frac{4}{5}\\\frac{2}{5}&-\frac{1}{5}\end{bmatrix}$

習題 6.2 Exercise

利用 Cayley-Hamilton 定理計算 1~2 題

1. $\boldsymbol{A}=\begin{bmatrix}1 & 2\\ -4 & -4\end{bmatrix}$ 求 $\boldsymbol{A}^3-2\boldsymbol{A}^2+\boldsymbol{A}-2\boldsymbol{I}$

2. $\boldsymbol{A}=\begin{bmatrix}0 & 1\\ 2 & 1\end{bmatrix}$ 求 $\boldsymbol{A}^3-3\boldsymbol{A}^2-7\boldsymbol{A}+4\boldsymbol{I}$

3. $\boldsymbol{x}$ 為單位向量，若 $\boldsymbol{Ax}=\lambda\boldsymbol{x}$ 試證 $\boldsymbol{x}^T\boldsymbol{Ax}=\lambda$

4. λ_1, μ 為方陣 $\boldsymbol{A}$ 之二個相個相異特徵值，試證 λ 與 μ 不可能有相同之特徵向量

5. 若 $\boldsymbol{A}$ 之每列之列和均為 1，試證 1 為 $\boldsymbol{A}$ 之一個特徵值（提示：1 對應之特徵向量為何？）

6.3 相似性與對角化

定義

A, B 為二 n 階方陣，若存在一個非奇異陣 P，滿足 $B = P^{-1}AP$，則稱 $\boldsymbol{B}$ 相似於 $\boldsymbol{A}$ (B is similar to A)，而記做 $B \sim A$

由定義，判斷 $\boldsymbol{B}$ 是否相似於 $\boldsymbol{A}$，相當是 "是否存在一個非奇異陣 D"，這等同於方陣方程式 $PB = AP$（P 是待求方陣）是否有解。

方陣之相似性具有等價性，如定理 A。

定理 A

A, B, C 為三個 n 階方陣：

(1) 自反性：有 $\boldsymbol{A} \sim \boldsymbol{A}$.；即 $\boldsymbol{A}$ 與 $\boldsymbol{A}$ 相似

(2) 對稱性：若 $\boldsymbol{A} \sim \boldsymbol{B}$，則 $\boldsymbol{B} \sim \boldsymbol{A}$；即 $\boldsymbol{A}$ 與 $\boldsymbol{B}$ 相似，則 $\boldsymbol{B}$ 與 $\boldsymbol{A}$ 相似

(3) 遞移性：若 $\boldsymbol{A} \sim \boldsymbol{B}$ 且 $\boldsymbol{B} \sim \boldsymbol{C}$，便有 $\boldsymbol{A} \sim \boldsymbol{C}$，即 $\boldsymbol{A}$ 與 $\boldsymbol{B}$ 相似，且 $\boldsymbol{B}$ 與 $\boldsymbol{C}$ 相似，則 $\boldsymbol{A}$ 與 $\boldsymbol{C}$ 相似

證

(1) $\boldsymbol{A} \sim \boldsymbol{A}$：取 $\boldsymbol{P} = \boldsymbol{I}$ 即得

(2) $\boldsymbol{A} \sim \boldsymbol{B} \Rightarrow \boldsymbol{B} \sim \boldsymbol{A}$：$\because \boldsymbol{A} \sim \boldsymbol{B}$ $\therefore$ 存在一個非奇異陣 $\boldsymbol{P}$ 使得 $\boldsymbol{B} = \boldsymbol{P}^{-1}\boldsymbol{A}\boldsymbol{P}$，從而 $\boldsymbol{A} = \boldsymbol{P}\boldsymbol{B}\boldsymbol{P}^{-1}$，取 $\boldsymbol{Q} = \boldsymbol{P}^{-1}$ 則 $\boldsymbol{A} = \boldsymbol{Q}^{-1}\boldsymbol{B}\boldsymbol{Q}$ $\therefore$ $\boldsymbol{B} \sim \boldsymbol{A}$

▶ 相似矩陣的性質

定理 B

若 $A \sim B$ 則 $|A| = |B|$。即相似矩陣有相同的行列式

證

若 $A \sim B$，則存在可逆矩陣 P，使得 $B = P^{-1}AP$

$\therefore |B| = |P^{-1}AP| = |P^{-1}||A||P| = |P^{-1}||P||A|$

$= |P^{-1}P||A| = |I||A| = |A|$

定理 C

A, B 為 n 階非奇異陣，若 $A \sim B$ 則 $A^{-1} \sim B^{-1}$

證

假設 $A \sim B$ 則由定理 B 可知 $|A| = |B|$，$\therefore A$ 與 B 同時可逆或不可逆

現設 A 與 B 都可逆，因 $A \sim B$，所以存在可逆矩陣 P，使得 $B = P^{-1}AP$

兩邊取逆，得 $\therefore P^{-1}A^{-1}P = B^{-1}$ 得 $A^{-1} \sim B^{-1}$。

定理 D

A, B 為 n 階方陣，若 $A \sim B$ 則 A, B 有相同之特徵多項式

推論 D1

若 $A \sim B$ 則 $tr(A) = tr(B)$

證

$A \sim B$ $\therefore$ 存在一個可逆矩陣 P，使得 $B = P^{-1}AP$，兩邊同時取跡，則

$$tr(B) = tr(P^{-1}AP) = tr\left(P(P^{-1}A)\right) = tr(A)$$

例 1

$\boldsymbol{A}=\begin{bmatrix}1 & 1\\0 & 2\end{bmatrix}$與$\boldsymbol{B}=\begin{bmatrix}2 & 0\\1 & 0\end{bmatrix}$是否相似？

解

$tr(\boldsymbol{A})=1+2=3$, $tr(\boldsymbol{B})=2+0=2$ $\quad\therefore A, B$不相似

例 2

可否存在$tr(\boldsymbol{A})\neq tr(\boldsymbol{B})$但$\boldsymbol{A}\sim\boldsymbol{B}$之例子

解

$\boldsymbol{A}=\begin{bmatrix}1 & 0\\0 & 1\end{bmatrix}$, $\boldsymbol{B}=\begin{bmatrix}2 & 0\\0 & 2\end{bmatrix}=2A$

$tr(\boldsymbol{A})\neq tr(\boldsymbol{B})$，但$\boldsymbol{A}\sim\boldsymbol{B}$（取$\boldsymbol{P}=\frac{1}{2}\boldsymbol{I}$）

定理 E

相似矩陣有相同的特徵多項式

證

設$\boldsymbol{A}\sim\boldsymbol{B}$，則有可逆矩陣$\boldsymbol{P}$，使得$\boldsymbol{B}=\boldsymbol{P}^{-1}\boldsymbol{AP}$

$$\begin{aligned}\therefore |\boldsymbol{B}-\lambda\boldsymbol{I}| &= |\boldsymbol{P}^{-1}\boldsymbol{AP}-\lambda\boldsymbol{I}|=|\boldsymbol{P}^{-1}\boldsymbol{AP}-\boldsymbol{P}^{-1}(\lambda\boldsymbol{I})\boldsymbol{P}|\\ &=|\boldsymbol{P}^{-1}(\boldsymbol{A}-\lambda\boldsymbol{I})\boldsymbol{P}|=|\boldsymbol{P}^{-1}|\,|\boldsymbol{A}-\lambda\boldsymbol{I}|\,|\boldsymbol{P}|\\ &=|\boldsymbol{P}^{-1}\boldsymbol{P}|\,|\boldsymbol{A}-\lambda\boldsymbol{I}|=|\boldsymbol{A}-\lambda\boldsymbol{I}|\end{aligned}$$

即$\boldsymbol{A}$與$\boldsymbol{B}$有相同的特徵多項式。由定理 E 可知若$\boldsymbol{A}$與$\boldsymbol{B}$相似，則$\boldsymbol{A}, \boldsymbol{B}$有完全相同的特徵值。

定理 F

若 $\boldsymbol{A}, \boldsymbol{I}$ 均為 n 階方陣，若 $\boldsymbol{A}$ 與 $\boldsymbol{I}$ 相似，則 $\boldsymbol{A}=\boldsymbol{I}$

證

$\boldsymbol{I}\sim\boldsymbol{A}$ 則 $\boldsymbol{I}=\boldsymbol{P}^{-1}\boldsymbol{A}\boldsymbol{P}$ ，$\boldsymbol{P}$ 為非奇異陣，

$\therefore \boldsymbol{P}\boldsymbol{I}\boldsymbol{P}^{-1}=\boldsymbol{A}$，即 $\boldsymbol{A}=\boldsymbol{I}$

由定理 F，若 $\boldsymbol{A}$ 與 $\boldsymbol{I}$ 相似，則 $\boldsymbol{A}=\boldsymbol{I}$ ，因此 $\boldsymbol{A}\neq\boldsymbol{I}$ ，則 $\boldsymbol{A}$ 不與 $\boldsymbol{I}$ 相似。

例 3

$$\boldsymbol{I}=\begin{bmatrix}1 & 0\\ 0 & 1\end{bmatrix},\qquad \boldsymbol{A}=\begin{bmatrix}1 & 1\\ 0 & 1\end{bmatrix}$$

由定理 F 知 $\boldsymbol{I}$ 與 $\boldsymbol{A}$ 不相似

定理 G

$\boldsymbol{A}, \boldsymbol{B}$ 為同階方陣，若 $\boldsymbol{A}\sim\boldsymbol{B}$ 則 $\operatorname{rank}(\boldsymbol{A})=\operatorname{rank}(\boldsymbol{B})$

證

$\boldsymbol{A}\sim\boldsymbol{B}$ 則存在一個非奇異陣 $\boldsymbol{P}$ ，使得 $\boldsymbol{B}=\boldsymbol{P}^{-1}\boldsymbol{A}\boldsymbol{P}$

$\therefore \operatorname{rank}(\boldsymbol{B})=\operatorname{rank}\left((\boldsymbol{P}^{-1}\boldsymbol{A})\boldsymbol{P}\right)=\operatorname{rank}\left(\boldsymbol{P}(\boldsymbol{P}^{-1}\boldsymbol{A})\right)=\operatorname{rank}(\boldsymbol{A})$

定理 H

$\boldsymbol{A}, \boldsymbol{B}$ 為二同階方陣，若對所有之特徵值 λ 均有 $\operatorname{rank}(\boldsymbol{A}-\lambda\boldsymbol{I})=\operatorname{rank}(\boldsymbol{B}-\lambda\boldsymbol{I})$，則 $\boldsymbol{A}\sim\boldsymbol{B}$

我們不打算證明定理 H，在此只做一點說明，若 $\boldsymbol{A} \sim \boldsymbol{B}$ 就必須有相同之特徵值包括重根個數。若有一特徵值非兩者共有的，那 $\boldsymbol{A} \sim \boldsymbol{B}$ 便不成立了。

例 4

試證 $\boldsymbol{A}=\begin{bmatrix} 0 & 1 \\ -1 & 2 \end{bmatrix}$ 與 $\boldsymbol{B}=\begin{bmatrix} 1 & 1 \\ 0 & 1 \end{bmatrix}$ 相似

解

$\boldsymbol{A}, \boldsymbol{B}$ 之特徵方程式均為 $\lambda^2-2\lambda+1=0$，即 $\lambda=1$ 為

(i) $\operatorname{rank}(\boldsymbol{A}-\lambda\boldsymbol{I})=\operatorname{rank}\left(\begin{bmatrix} 0 & 1 \\ -1 & 2 \end{bmatrix}-\begin{bmatrix} 1 & 0 \\ 0 & 1 \end{bmatrix}\right)=\operatorname{rank}\left(\begin{bmatrix} -1 & 1 \\ -1 & 1 \end{bmatrix}\right)=1$

(ii) $\operatorname{rank}(\boldsymbol{B}-\lambda\boldsymbol{I})=\operatorname{rank}\left(\begin{bmatrix} 1 & 1 \\ 0 & 1 \end{bmatrix}-\begin{bmatrix} 1 & 0 \\ 0 & 1 \end{bmatrix}\right)=\operatorname{rank}\left(\begin{bmatrix} 0 & 1 \\ 0 & 0 \end{bmatrix}\right)=1$

$\therefore\ \boldsymbol{A} \sim \boldsymbol{B}$

▶ 方陣之對角化

有了方陣相似之觀念後，我們便可接著談**方陣對角化**(diagonalize)問題，方陣對角化不論在理論或應用上都占有重要貢獻上。

定義

$\boldsymbol{A}$ 為 n 階方陣，若存在一個非奇異陣 S，使得 $S^{-1}AS=D$

D 為對角陣，則稱 $\boldsymbol{A}$ 為可對角化，

D 之元素 $a_{11}, a_{22}, \cdots, a_{nn}$ 常為 A 之特徵值

定理 I

設λ_1, λ_2, …, λ_n為n階方陣$\boldsymbol{A}$之n個相異之特徵值，對應之特徵向量$\boldsymbol{x}_1$, $\boldsymbol{x}_2$, …, $\boldsymbol{x}_n$為線性獨立

證

(1) 若$\lambda_1 \neq \lambda_2$則λ_1, λ_2對應之特徵向量必為線性獨立：

設$k_1 x_1 + k_2 x_2 = \mathbf{0}$，現在要證明$k_1 = k_2 = \mathbf{0}$：

$\because x_1 \neq \mathbf{0}$且$x_2 \neq \mathbf{0}$（依定義，特徵向量不為 0）

$\therefore \boldsymbol{A}(k_1\boldsymbol{x}_1 + k_2\boldsymbol{x}_2) = k_1\boldsymbol{A}\boldsymbol{x}_1 + k_2\boldsymbol{A}\boldsymbol{x}_2 = k_1\lambda_1\boldsymbol{x}_1 + k_2\lambda_2\boldsymbol{x}_2 = \mathbf{0}$

$$\text{由}\begin{cases} k_1 \quad \boldsymbol{x}_1 + k_2 \quad \boldsymbol{x}_2 = \mathbf{0} & (1) \\ k_1\lambda_1\boldsymbol{x}_1 + k_2\lambda_2\boldsymbol{x}_2 = \mathbf{0} & (2) \end{cases}$$

$(1)\times\lambda_2 - (2)$得：$k_1(\lambda_2 - \lambda_1)\boldsymbol{x}_1 = \mathbf{0}$，但$\lambda_1 \neq \lambda_2$，$\boldsymbol{x}_1 \neq \mathbf{0}$

$\therefore k_1 = 0$，同理可證$k_2 = 0$

$\therefore$ $\boldsymbol{x}_1, \boldsymbol{x}_2$ 為線性獨立。以此類推，若λ_1，$\lambda_1, \lambda_2, \cdots, \lambda_n$相異則$\boldsymbol{x}_1, \boldsymbol{x}_2, \cdots, \boldsymbol{x}_n$為線性獨立

定理 J

A為n階方陣，則A可對角化之充要條件為A有n個線性獨立之特徵向量

證

設$\lambda_1, \lambda_2, \cdots, \lambda_n$對應之特徵向量$\boldsymbol{x}_1, \boldsymbol{x}_2, \cdots, \boldsymbol{x}_n$，取$\boldsymbol{S} = [\boldsymbol{x}_1, \boldsymbol{x}_2, \cdots, \boldsymbol{x}_n]$

$\because \boldsymbol{x}_1, \boldsymbol{x}_2, \cdots, \boldsymbol{x}_n$為線性獨立　$\therefore S$為可逆

$$\Rightarrow \boldsymbol{AS} = \boldsymbol{A}[\boldsymbol{x}_1, \boldsymbol{x}_2, \cdots, \boldsymbol{x}_n] = [\boldsymbol{Ax}_1, \boldsymbol{Ax}_2, \cdots, \boldsymbol{Ax}_n] = [\lambda_1\boldsymbol{x}_1, \lambda_2\boldsymbol{x}_3, \cdots, \lambda_n\boldsymbol{x}_n]$$

$$= (\boldsymbol{x}_1, \boldsymbol{x}_2, \cdots, \boldsymbol{x}_n) \cdot \underbrace{\begin{bmatrix} \lambda_1 & & & & \\ & \lambda_2 & & \boldsymbol{0} & \\ & & \ddots & & \\ & & & \ddots & \\ & \boldsymbol{0} & & & \ddots \\ & & & & \lambda_n \end{bmatrix}}_{\Lambda} = \boldsymbol{SA}$$

$\therefore \boldsymbol{A} = \boldsymbol{S}\Lambda\boldsymbol{S}^{-1}$ 從而 $\boldsymbol{S}^{-1}\boldsymbol{AS} = \Lambda$ 亦即 $\boldsymbol{A}$ 可對角化

定理 K

為 n 階方陣，若 A 有特徵值 $\lambda_1, \lambda_2, \cdots, \lambda_p$（其間可能有多重根），若 $\lambda_1, \lambda_2, \cdots, \lambda_p$ 之**代數重數**(algebraic multiplicity)（即重根之個數）分別為 $c_1, c_2, \cdots, c_p$（c_i 可為 1），$\text{rank}(A-\lambda_i I) = n - c_i$，$\forall i = 1, 2 \cdots p$，則 A 可對化角化

我們不打算證明它，在應用定理 K 時，必須測試完所有之特徵值，有一不等，那 A 就不可對角化。

例 5

判斷 $A\begin{bmatrix} 2 & -3 & 1 \\ 7 & 0 & 2 \\ 12 & 4 & 3 \end{bmatrix}$ 是否可對角化？

解

A 之特徵方程式 $\lambda^3 - 5\lambda^2 + 7\lambda - 3 = (\lambda-1)^2(\lambda-3) = 0$

$\therefore \lambda = 1$（二根），$\lambda = 3$

$\lambda=1$時， $\text{rank}(A-1I)=\text{rank}\left(\begin{bmatrix}2 & -3 & 1\\7 & 0 & 2\\12 & 4 & 3\end{bmatrix}-\begin{bmatrix}1 & 0 & 0\\0 & 1 & 0\\0 & 0 & 1\end{bmatrix}\right)$

$$=\text{rank}\left(\begin{bmatrix}1 & -3 & 1\\7 & -1 & 2\\12 & 4 & 2\end{bmatrix}\right)=\text{rank}\left(\begin{bmatrix}1 & -3 & 1\\0 & 20 & -5\\0 & 40 & -10\end{bmatrix}\right)$$

$$=\text{rank}\left(\begin{bmatrix}1 & -3 & 1\\0 & 20 & -5\\0 & 0 & 0\end{bmatrix}\right)=2\neq 3-2$$

$\therefore A$不可對角化

例 6

問 $\boldsymbol{A}=\begin{bmatrix}1 & 2\\3 & 2\end{bmatrix}$是否對角化？若是，請求一個非奇異陣 S 使得 $S^{-1}AS=D$， D 為對角陣

解

$\begin{bmatrix}1 & 2\\3 & 2\end{bmatrix}$之特徵方式為 $\lambda^2-3\lambda-4=0$

$\therefore \lambda^2-3\lambda-4=(\lambda-4)(\lambda+1)=0$ 之特徵值為 4, −1

因二個特徵值相異$\therefore A$可對角化。

(1) $\lambda=4$時

$(\boldsymbol{A}-\lambda\boldsymbol{I})\boldsymbol{x}=(A-4I)x=0$

$\therefore \left[\begin{array}{cc|c}-3 & 2 & 0\\3 & -2 & 0\end{array}\right]\to\left[\begin{array}{cc|c}-3 & 2 & 0\\0 & 0 & 0\end{array}\right]$

令 $x_1=2t$ ， $x_2=3t$ ，即 $x_1=t_1\begin{bmatrix}2\\3\end{bmatrix}$

(2) $\lambda=-1$時

$(\boldsymbol{A}+\boldsymbol{I})\boldsymbol{x}=\mathbf{0}$

$$\left[\begin{array}{cc|c}2&2&0\\3&3&0\end{array}\right]\to\left[\begin{array}{cc|c}1&1&0\\1&1&0\end{array}\right]\to\left[\begin{array}{cc|c}1&1&0\\0&0&0\end{array}\right]$$

$\therefore$可令 $x_2=t$，$x_1=-t$，即 $x_2=t_2\begin{bmatrix}-1\\1\end{bmatrix}$

取 $P=\begin{bmatrix}2&-1\\3&1\end{bmatrix}$，則 $\begin{bmatrix}2&-1\\3&1\end{bmatrix}^{-1}\begin{bmatrix}1&2\\3&2\end{bmatrix}\begin{bmatrix}2&-1\\3&1\end{bmatrix}=\begin{bmatrix}4&0\\0&-1\end{bmatrix}$

例 7

$\boldsymbol{A}=\begin{bmatrix}0&1&1\\1&0&1\\1&1&0\end{bmatrix}$是否可對角化？若是，請求一個非奇異陣 S 使得 $S^{-1}AS=D$，D為對角陣

解

$\boldsymbol{A}=\begin{bmatrix}0&1&1\\1&0&1\\1&1&0\end{bmatrix}$之特徵值方程式為

$$\lambda^3-0\lambda^2+(-1-1-1)\lambda-2=\lambda^3-3\lambda-2=(\lambda+1)^2(\lambda-2)=0$$

$\therefore\lambda=-1$（重根），2

現判斷 $\boldsymbol{A}$ 是否可對角化：

$$\begin{aligned}\operatorname{rank}(\boldsymbol{A}-(-1)\boldsymbol{I})&=\operatorname{rank}\left(\begin{bmatrix}0&1&1\\1&0&1\\1&1&0\end{bmatrix}+\begin{bmatrix}1&0&0\\0&1&0\\0&0&1\end{bmatrix}\right)\\&=\operatorname{rank}\left(\begin{bmatrix}1&1&1\\1&1&1\\1&1&1\end{bmatrix}\right)=1=3-2\end{aligned}$$

$$\text{rank}(\boldsymbol{A}-2\boldsymbol{I})=\text{rank}\left(\begin{bmatrix}0&1&1\\1&0&1\\1&1&0\end{bmatrix}-2\begin{bmatrix}1&0&0\\0&1&0\\0&0&1\end{bmatrix}\right)=\text{rank}\left(\begin{bmatrix}-2&1&1\\1&-2&1\\1&1&-2\end{bmatrix}\right)$$

$$=\text{rank}\left(\begin{bmatrix}-2&1&1\\1&-2&1\\0&0&0\end{bmatrix}\right)=2=3-1$$

$\therefore \boldsymbol{A}$ 可對角化

(1) $\lambda=-1$

$(\boldsymbol{A}+\boldsymbol{I})\boldsymbol{x}=\boldsymbol{0}$

$$\left[\begin{array}{ccc|c}1&1&1&0\\1&1&1&0\\1&1&1&0\end{array}\right]\to\left[\begin{array}{ccc|c}1&1&1&0\\0&0&0&0\\0&0&0&0\end{array}\right]$$

$\therefore$ 令 $x_3=t$， $x_2=s$， $x_1=-t-s$

$$x_1=\begin{bmatrix}-t-s\\t\\s\end{bmatrix}=t\begin{bmatrix}-1\\1\\0\end{bmatrix}+s\begin{bmatrix}-1\\0\\1\end{bmatrix}$$

(2) $\lambda=2$

$(\boldsymbol{A}-2\boldsymbol{x})=\boldsymbol{0}$

$$\left[\begin{array}{ccc|c}-2&1&1&0\\1&-2&1&0\\1&1&-2&0\end{array}\right]$$

取 $x=\begin{bmatrix}1\\1\\1\end{bmatrix}$，$S=\begin{bmatrix}-1&-1&1\\1&0&1\\0&1&1\end{bmatrix}$

$$\therefore\begin{bmatrix}-1&-1&1\\1&0&1\\0&1&1\end{bmatrix}^{-1}\begin{bmatrix}0&1&1\\1&0&1\\1&1&0\end{bmatrix}\begin{bmatrix}-1&-1&1\\1&0&1\\0&1&1\end{bmatrix}=\begin{bmatrix}-1&0&0\\0&-1&0\\0&0&2\end{bmatrix}$$

例 8

$\boldsymbol{A}$為$\boldsymbol{n}$階方陣(1)若存在一個非奇異陣$\boldsymbol{S}$，使得$\boldsymbol{S^{-1}AS=D}$，$\boldsymbol{D}$為對角陣，試證$\boldsymbol{S^{-1}AS=D}$，$n\in Z^{+}$，並利用此結果證明若$\boldsymbol{A\neq 0}$，且若存在一個正整數k，使得$\boldsymbol{A^{k}=0}$，則$\boldsymbol{A}$不可對角化

解

(1) 利用數學歸納法：

(i) $n=1$時，成立

(ii) $n=k$時，設$S^{-1}A^{k}S=D^{k}$

(iii) $n=k+1$時，$S^{-1}A^{k+1}S=S^{-1}A^{k}S\cdot S^{k}AS=D^{k}\cdot D=D^{k+1}$

$\therefore$當$n\in Z^{+}$時$S^{-1}A^{k}S=D^{k}$均成立

(2) 應用反證法，設$\boldsymbol{A}$可對角化，即存在一個非奇異陣S，使得$S^{-1}AS=D$，由(1)之結果$\boldsymbol{S^{-1}A^{k}S=D^{k}}$，但$\boldsymbol{A^{k}=0}$　$\therefore$ $\boldsymbol{A^{k}=0}\Rightarrow D=\boldsymbol{0}$

$\boldsymbol{A=SD^{k}S^{-1}=S0S^{-1}=0}$與$\boldsymbol{A\neq 0}$矛盾，故$\boldsymbol{A}$不可對角化

▶ 實對稱矩陣的對角化

定理 L

實對稱矩陣A的特徵值必為實數

定理 M

實對稱陣A的任意二個不同特徵值對應的特徵向量互相正交

證

設 λ，μ 為 A 之二個相異特徵值，$\boldsymbol{x}, \boldsymbol{y}$ 為對應之特徵向量，則

$\boldsymbol{Ax} = \lambda \boldsymbol{x}$，$\boldsymbol{Ay} = \mu \boldsymbol{y} \Rightarrow \boldsymbol{y}^T \boldsymbol{Ax} = \boldsymbol{y}^T \lambda \boldsymbol{x} = \lambda \boldsymbol{y}^T \boldsymbol{x}$

又 $\boldsymbol{y}^T \boldsymbol{Ax} = (\boldsymbol{A}^T \boldsymbol{y})^T \boldsymbol{x} = (\boldsymbol{Ay})^T \boldsymbol{x} = (\mu \boldsymbol{y})^T \boldsymbol{x} = \mu \boldsymbol{y}^T \boldsymbol{x}$

$\because \lambda \boldsymbol{y}^T \boldsymbol{x} = \mu \boldsymbol{y}^T \boldsymbol{x} \Rightarrow (\lambda - \mu) \boldsymbol{y}^T \boldsymbol{x} = 0$，但 $\lambda \neq \mu$

$\therefore \boldsymbol{y}^T \boldsymbol{x} = 0$，即 $\boldsymbol{x}, \boldsymbol{y}$ 為正交

定理 N

對於任一個 n 階實對稱矩陣 $\boldsymbol{A}$，一定存在 n 階正交陣 Q，使得 $Q^{-1}AQ$ 為對角矩陣

對實對稱矩陣 $\boldsymbol{A}$ 求出特徵向量後，只需將所有特徵向量正交化並予單位化，對有重根者需應用 Gram-Schmidt 正交過程。

亦即必有 $Q^{-1}AQ$ 為對角矩陣，其主對角線上的元素為 $\boldsymbol{A}$ 的全部特徵值。

例 9

對實對稱矩陣 A 求正交陣 Q，使得 $Q^{-1}AQ$ 為對角矩陣

$$\boldsymbol{A} = \begin{bmatrix} 3 & 2 & 4 \\ 2 & 0 & 2 \\ 4 & 2 & 3 \end{bmatrix}$$

解

特徵多項式

$$P(\lambda) = |\lambda I - A| = \lambda^3 - 6\lambda^2 - 15\lambda + 8 = (\lambda - 1)^2(\lambda + 8)$$

所以，特徵值為 $\lambda_1 = \lambda_2 = -1,\ \lambda_3 = 8$

當 $\lambda=-1$ 時，解齊次線性方程組 $(A+I)x=0$，

$$\left[\begin{array}{ccc|c}4&2&4&0\\2&-1&2&0\\4&2&4&0\end{array}\right]\to\left[\begin{array}{ccc|c}2&1&2&0\\0&0&0&0\\0&0&0&0\end{array}\right]$$

$\therefore$ 取 $x_3=t$， $x_2=2s$， $x_1=\frac{1}{2}(-2s-2t)=-s-t$

$$x=\begin{bmatrix}-s-t\\2s\\t\end{bmatrix}=s\begin{bmatrix}-1\\0\\1\end{bmatrix}+t\begin{bmatrix}-1\\2\\0\end{bmatrix}，令 v_1=\begin{pmatrix}-1\\0\\1\end{pmatrix}，v_2=\begin{pmatrix}-1\\2\\0\end{pmatrix}，v_3=\begin{pmatrix}2\\1\\2\end{pmatrix}$$

應用 Gram-Schmidt 正交過程：

令 $u_1=v_1=(-1,0,1)^T$

$$u_2=v_2-\frac{<v_2,u_1>}{<u_1,u_1>}u_1=(-1,2,0)^T-\frac{(-1,2,0)\cdot(-1,0,1)}{(-1,0,1)\cdot(-1,0,1)}\cdot(-1,0,1)^T$$

$$=(-1,2,0)^T-\frac{1}{2}(-1,0,1)^T=\left(-\frac{1}{2},2,-\frac{1}{2}\right)^T$$

$$y_1=\frac{u_1}{\|u_1\|}=\frac{1}{\sqrt{2}}\begin{bmatrix}-1\\0\\1\end{bmatrix}，y_2=\frac{u_2}{\|u_2\|}=\frac{1}{3\sqrt{2}}\begin{bmatrix}-1\\4\\-1\end{bmatrix}，$$

當 $\lambda=8$ 時，$(\boldsymbol{A}-8\boldsymbol{I})\boldsymbol{x}=0$

$$\left[\begin{array}{ccc|c}-5&2&4&0\\2&-8&2&0\\4&2&-5&0\end{array}\right]\to\left[\begin{array}{ccc|c}1&-4&1&0\\-5&2&4&0\\4&2&-5&0\end{array}\right]\to\left[\begin{array}{ccc|c}1&-4&1&0\\0&-18&9&0\\0&-18&9&0\end{array}\right]\to\left[\begin{array}{ccc|c}1&-4&1&0\\0&-2&1&0\\0&0&0&0\end{array}\right]$$

$$\to\left[\begin{array}{ccc|c}1&0&-1&0\\0&-2&1&0\\0&0&0&0\end{array}\right] 取 x_3=2t，x_2=t，則 x_1=2t \quad \therefore k=t\begin{pmatrix}2\\1\\2\end{pmatrix}$$

$$y_3 = \frac{u_3}{\|u_3\|} = \frac{1}{3}\begin{bmatrix} 2 \\ 1 \\ 2 \end{bmatrix},$$

$$Q = \begin{bmatrix} -\frac{1}{\sqrt{2}} & -\frac{1}{3\sqrt{2}} & \frac{2}{3} \\ 0 & \frac{4}{3\sqrt{2}} & \frac{1}{3} \\ \frac{1}{\sqrt{2}} & -\frac{1}{3\sqrt{2}} & \frac{2}{3} \end{bmatrix},$$

則Q為正交矩陣，且

$$Q^{-1}AQ = \begin{bmatrix} -1 & 0 & \mathbf{0} \\ 0 & -1 & 0 \\ \mathbf{0} & 0 & 8 \end{bmatrix}$$

習題 6.3 Exercise

1. $\boldsymbol{A}, \boldsymbol{B}$ 為 n 階實方陣，$n \geq 2$, 若 $|\boldsymbol{A}| \neq 0$，試證 $AB \sim BA$

2. 若 $\boldsymbol{A}$ 可對角化試證 $\boldsymbol{A}^T$ 亦可對角化

3. 問 $\boldsymbol{A} = \begin{bmatrix} a & b \\ c & d \end{bmatrix}$ 可對角化之條件

4. $\boldsymbol{A} = \begin{bmatrix} 7 & 2 \\ -4 & 1 \end{bmatrix}$，求一非奇異陣 P，使得 $P^{-1}AP = \wedge$

5. $\boldsymbol{A} = \begin{bmatrix} 2 & -1 & -1 \\ -1 & 3 & 0 \\ -1 & 0 & 3 \end{bmatrix}$ 試求正交陣 P，使得 $P^{-1}AP = \wedge$

6. 問 $\boldsymbol{A} = \begin{bmatrix} 4 & 9 \\ -1 & -2 \end{bmatrix}$ 可否對角化？

7. $\boldsymbol{A}$ 為 n 階方陣，若 $\boldsymbol{A}$ 之特徵方程式為 $(\lambda - a)^n = 0$，且 $\boldsymbol{A}$ 可為對角化，試證 $\boldsymbol{A} = aI$

8. $\boldsymbol{A} = \begin{bmatrix} 0 & 1 & 1 \\ 1 & 0 & 1 \\ 1 & 1 & 0 \end{bmatrix}$，試求正交陣 P，使得 $P^{-1}AP = \wedge$

6.4 二次形式

▶ 二次形式之定義

定義

$x_1, x_2, \cdots x_n$ 之二次多項式(quadratic polynomials)，

$q = a_{11}x_1^2 + a_{22}x_2^2 + \cdots + a_{nn}x_n^2 + 2\sum_{i<j} a_{ij}x_i x_j$ 均可寫成 $x^T Ax$，其中

$$x^T = (x_1, x_2 \cdots x_n)$$

$$\boldsymbol{A} = \begin{bmatrix} a_{11} & a_{12}\cdots & a_{1n} \\ a_{21} & a_{22}\cdots & a_{2n} \\ a_{n1} & a_{n2}\cdots & a_{nn} \end{bmatrix}$$，$\boldsymbol{A}$ 為對稱陣

我們稱 $q = \boldsymbol{x}^T \boldsymbol{A}\boldsymbol{x}$ 為一二次形式(quadratic form)

在定義中，若令　$\boldsymbol{x}^T = [x_1, x_2, \cdots x_n]$

則
$$\boldsymbol{x}^T \boldsymbol{A}\boldsymbol{x} = [x_1, x_2, \cdots, x_n] \begin{bmatrix} a_{11} & a_{12} & \cdots & a_{1n} \\ a_{21} & a_{22} & \cdots & a_{2n} \\ \vdots & \vdots & & \vdots \\ a_{n1} & a_{n2} & \cdots & a_{nn} \end{bmatrix} \begin{bmatrix} x_1 \\ x_2 \\ \vdots \\ x_n \end{bmatrix}$$
$$= \sum_{j=1}^{n} \sum_{i=1}^{n} a_{ij}x_i x_j$$

在對稱矩陣之要求下，對給定的一個 n 元二次形式而言，就有相應的一個 n 階對稱矩陣 $\boldsymbol{A}$；反之亦然。

例 1

試將 $q = x_1^2 + x_2^2 + 3x_1x_2$ 表成二次形式

解

$$q = x_1^2 + x_2^2 + 3x_1x_2 = \boldsymbol{x}^T \begin{bmatrix} 1 & \frac{3}{2} \\ \frac{3}{2} & 1 \end{bmatrix} \boldsymbol{x}, \quad \boldsymbol{x}^T = (x_1, x_2)$$

附記

$x^T Ax$ 之 A：

$a_i x_1^2$ 之係數 $\to a_{ii}$

$\frac{1}{2} a_{ij} x_i x_i$ 之係數 $\to a_{ij}$

例 2

將 $q = x_1^2 + x_2^2 + 2x_1x_3$ 化成二次形式

解

$$q = x_1^2 + x_2^2 + 2x_1x_3 = \boldsymbol{x}^T \begin{bmatrix} 1 & 0 & 1 \\ 0 & 1 & 0 \\ 1 & 0 & 0 \end{bmatrix} \boldsymbol{x} \text{ ；} \boldsymbol{x}^T = (x_1, x_2, x_3)$$

▸ 正定、半正定、負定、半負定

定義

設 $q = \boldsymbol{x}^T \boldsymbol{A}\boldsymbol{x}$ 表一二次式，$\boldsymbol{x}^T = (x_1, x_2, \cdots, x_n)$ 為一非零向量，A 為一實對稱陣，規定：

(1) 對每一個非零向量 $\boldsymbol{x}$ 而言，恆有 $\boldsymbol{x}^T A\boldsymbol{x} > 0$ 稱為**正定**(positive definite)，若恆有 $\boldsymbol{x}^T A\boldsymbol{x} < 0$ 則稱 q 為**負定**(negative definite)

(2) 若對某些非零向量 $\boldsymbol{x}$ 而言，$\boldsymbol{x}^T A\boldsymbol{x} > 0$，但存在另外某些非零向量可使得 $\boldsymbol{x}^T A\boldsymbol{x} = 0$，則稱 q 為**半正定**(positive semidefinite)，同理可定義出半負定

(3) 若對某些非零向量 $\boldsymbol{x}$ 而言 $\boldsymbol{x}^T A\boldsymbol{x}$ 為正，對另外某些非零向量 $\boldsymbol{x}$，$\boldsymbol{x}^T A\boldsymbol{x}$ 為負，則稱 q 為**不定性**(indefinite)

下列定理對判斷一二次式是為正定時極為有用。

定理 A

$q = \boldsymbol{x}^T A\boldsymbol{x}$ 為一二次式，$\boldsymbol{x}^T = (x_1, x_2, \cdots, \mathrm{x}_n)$ 為一非零向量，A 為對稱陣

(1) 若 A 之特徵值均>0(≥ 0)則 q 為正定（半正定）

(2) 若 A 有系統地沿至對角線（不作列互換）化為列梯形式時，所有 *pivor*（即非零列之每列最左第一個非零元素）均為正時，則 q 為正定

(3) 若 A 沿左上角起的所有主子行列式均大於 0，也就是

即 $a_{11} > 0$, $\begin{vmatrix} a_{11} & a_{12} \\ a_{21} & a_{22} \end{vmatrix} > 0$, $\begin{vmatrix} a_{11} & a_{12} & a_{13} \\ a_{21} & a_{22} & a_{23} \\ a_{31} & a_{32} & a_{33} \end{vmatrix} > 0 \cdots\cdots$

則 q 為正定

證

（只證(1)餘從略）

(1) A 為正定 $\Rightarrow \lambda > 0$：

$\because \boldsymbol{x}^T A\boldsymbol{x} = \boldsymbol{x}^T(\lambda\boldsymbol{x}) = \lambda\boldsymbol{x}^T\boldsymbol{x} = \lambda\|\boldsymbol{x}\|^2$

$\therefore \lambda = \dfrac{\boldsymbol{x}^T A\boldsymbol{x}}{\|\boldsymbol{x}\|^2} > 0$

(2) $\boldsymbol{A}$ 之所有特徵值均 $>0 \Rightarrow \boldsymbol{A}$ 為正定：

令 $\{x_1, x_2 \cdots x_n\}$ 為 $\boldsymbol{A}$ 特徵向量之一單範正交集，若 $\boldsymbol{x} \neq 0$, $\boldsymbol{x} \in \mathbf{R}^n$ 則

$\boldsymbol{x} = \alpha_1 x_1 + x_2 \alpha_2 + \cdots + \alpha_n x_n$，其中 $\alpha_i = x^T x_i$, $i = 1, 2 \cdots n$ 則

$$\boldsymbol{x}^T \boldsymbol{A} \boldsymbol{x} = (\alpha_1 x_1 + \alpha_2 x_2 \cdots + \alpha_n x_n)^T (\alpha_1 \lambda_1 x_1 + \alpha_2 \lambda_2 x_2 + \cdots + \alpha_n \lambda_n x_{n)}$$

$$= \sum_{i=1}^{n} (\alpha_i)^2 \lambda_i x_i^T x_i = \sum_{i=1}^{n} (\alpha_i)^2 \lambda_i \geq (\min \lambda_i) \|x_i\|^2 > 0$$

$\because \sum_{i=1}^{n} \alpha_i^2 = \|\boldsymbol{x}\|^2 > 0$

$\therefore \boldsymbol{A}$ 為正定

例 3

判別下列實二次型式 $q = 5x_1^2 + x_2^2 + 5x_3^2 + 4x_1x_2 - 8x_1x_3 - 4x_2x_3$ 是否正定

解

q 之矩陣表示 A 為

$$A = \begin{bmatrix} 5 & 2 & -4 \\ 2 & 1 & -2 \\ -4 & -2 & 5 \end{bmatrix}$$

它的主子行列式為

$$|5| > 0, \quad \begin{vmatrix} 5 & 2 \\ 2 & 1 \end{vmatrix} = 1 > 0, \quad \begin{vmatrix} 5 & 2 & -4 \\ 2 & 1 & -2 \\ -4 & -2 & 5 \end{vmatrix} = 1 > 0$$

$\therefore q$ 為正定

例 4

若二次形式 q 之矩陣表示 A 為 $A=\begin{bmatrix}1&2&0&0\\2&1&0&0\\0&0&1&2\\0&0&2&1\end{bmatrix}$，試問 q 是否為正定？

解

因 $\begin{vmatrix}1&2\\2&1\end{vmatrix}=-3<0$。$\therefore q$ 不為正定

例 5

$x_1^2+x_2^2+x_3^2+2x_1x_2+4x_1x_3+4x_2x_3$ 是否為正定

為 q 之矩陣表示 $A=\begin{bmatrix}1&1&2\\1&1&2\\2&2&1\end{bmatrix}$

$\because |1|>0$，$\begin{vmatrix}1&1\\1&1\end{vmatrix}=0$，$\begin{vmatrix}1&1&2\\1&1&2\\2&2&1\end{vmatrix}=0$ $\quad\therefore q$ 為半正定

我們剛才討論的都聚集在正定，現我們看負定之判定：(A 為對稱陣)

1. A 為負定之充要條件為 A 之特徵值均小於 0。

2. A 為負定之充要條件為 $a_{11}<0$, $\begin{vmatrix}a_{11}&a_{12}\\a_{21}&a_{22}\end{vmatrix}>0$, $\begin{vmatrix}a_{11}&a_{12}&a_{13}\\a_{21}&a_{22}&a_{23}\\a_{31}&a_{32}&a_{33}\end{vmatrix}<0$ 即奇數階之主子行列式為負，而偶數階之主子行列式為正。

例 6

試驗證 $q=-x^2-2xy-2y^2-z^2$ 為負定

解

$A=\begin{bmatrix}-1 & -1 & 0\\ -1 & -2 & 0\\ 0 & 0 & -1\end{bmatrix}$，$a_{11}=-1<0$，$\begin{vmatrix}a_{11} & a_{12}\\ a_{21} & a_{22}\end{vmatrix}=\begin{vmatrix}-1 & -1\\ -1 & -2\end{vmatrix}>0$

$$\begin{vmatrix}a_{11} & a_{12} & a_{13}\\ a_{21} & a_{22} & a_{23}\\ a_{31} & a_{32} & a_{33}\end{vmatrix}=\begin{vmatrix}-1 & -1 & 0\\ -1 & -2 & 0\\ 0 & 0 & -1\end{vmatrix}=-1<0$$

$\therefore q=-x^2-2xy-2y^2-z^2$ 為負定

我們看一些較理論的例子。

例 7

若 A 為正定試證 A^{-1} 亦為正定

解

A 為正定則 $|A|>0$，$\therefore A^{-1}$ 存在，且 A 之特徵值 $\lambda_1,\ \lambda_2\cdots\lambda_n>0$，$A^{-1}$ 之對應特徵值 $\dfrac{1}{\lambda_1},\ \dfrac{1}{\lambda_2}\cdots\dfrac{1}{\lambda_n}>0$

$\therefore A$ 為正定時 A^{-1} 亦為正定

例 8

A 為正定之 n 階實對稱陣，n 為偶數，試證 $|A+pI|>p^n$

解

設λ_1，$\lambda_2 \cdots \lambda_n$為$\boldsymbol{A}$之$n$階個特徵值，則

$\boldsymbol{A}+p\boldsymbol{I}$之特徵值為$\lambda_1+p_1, \lambda_2+p_1, \cdots, \lambda_n+p$

$\therefore |\boldsymbol{A}+p\boldsymbol{I}|=(\lambda_1+p)(\lambda_2+p)\cdots(\lambda_n+p)>p\cdot p\cdots p=p^n$

例 9

若A為奇異陣，問A^TA是否為正定？

解

$\because A^TA$之特徵值$\lambda_i \geq 0$，$\therefore A$不能為正定，而是半正定

習題 6.4 Exercise

1. 將下列之二次形式表成 $q = x^T Ax$ 之形式

(1) $q = 2x^2 + 2y^2 + xy + 3xz$

(2) $q = x^2 + y^2 + z^2 + xy + xz + yz$

2. 判斷下列方陣正定、半定定、負定抑半負定

(1) $\begin{bmatrix} 1 & -2 \\ -2 & 1 \end{bmatrix}$ (2) $\begin{bmatrix} 2 & 2 & -2 \\ 2 & 5 & -4 \\ -2 & 4 & 5 \end{bmatrix}$

3. A 為 n 階實對稱陣，I 為 n 階單位陣，若 A 滿足 $A^3 - 4A^2 + 5A - 2I = 0$，試證 A 為正定矩陣（提示：應用 Cayley-Hamilton 定理）

4. A 為對實對稱陣，問下列敘述何真？若是證證明，若否請舉一反例

(1) 若 $|A|>0$ 則 A 為正定矩陣

(2) I 為正定矩陣

5. 寫出下列對稱矩陣對應的二次型：

$$\boldsymbol{A} = \begin{bmatrix} 1 & -2 & 2 \\ -2 & -1 & 3 \\ 2 & 3 & 1 \end{bmatrix}$$

Memo

▶ 題 解

Chapter 01

▸ 習題 1.1

1. $\left[\begin{array}{cccc|c}1&0&1&0&0\\0&1&1&1&1\\1&0&2&1&0\\1&1&0&-1&1\end{array}\right]\to\left[\begin{array}{cccc|c}1&0&1&0&0\\0&1&1&1&1\\0&0&1&1&0\\0&1&-1&-1&1\end{array}\right]\to\left[\begin{array}{cccc|c}1&0&1&0&0\\0&1&1&1&0\\0&0&1&1&0\\0&0&2&2&0\end{array}\right]\to\left[\begin{array}{cccc|c}1&0&0&-1&0\\0&1&0&0&0\\0&0&1&1&0\\0&0&0&0&0\end{array}\right]$

   取 $w=t,\ \ z=-t,\ \ y=1,\ \ x=t,\ \ s,t\in\mathbf{R}$

2. $x+2y-z=3$，取 $z=t,\ \ y=s,\ \ x=3-2s+t,\ \ s,t\in\mathbf{R}$

3. $\left[\begin{array}{cccc|c}2&3&4&2&1\\3&1&-2&1&2\\5&4&2&3&4\end{array}\right]\to\left[\begin{array}{cccc|c}2&3&4&2&1\\2&3&-2&1&2\\0&0&0&0&7\end{array}\right]$，∴無解

4. $\left[\begin{array}{ccc|c}1&-1&3&1\\-1&2&-3&4\\3&-3&a^2&a\end{array}\right]\to\left[\begin{array}{ccc|c}1&-1&3&1\\0&1&0&5\\0&0&a^2-9&a-3\end{array}\right]$

   ∴ $a=3$時有無限多解，$a=-3$時無解，$a\neq\pm3$時恰有一解

5. $\boldsymbol{Ax}=\mathbf{0},\ \ \boldsymbol{Ay}=\boldsymbol{b}$，∴ $\boldsymbol{Az}=\boldsymbol{A}(\boldsymbol{x}+\boldsymbol{y})=\mathbf{0}+\boldsymbol{b}=\boldsymbol{b}\Rightarrow\boldsymbol{z}=\boldsymbol{x}+\boldsymbol{y}$ 為 $\boldsymbol{Az}=\boldsymbol{b}$ 之解

▸ 習題 1.2

1. (1) $2\boldsymbol{A}+3\boldsymbol{I}=\begin{bmatrix}2&2\\6&4\end{bmatrix}+\begin{bmatrix}3&0\\0&3\end{bmatrix}=\begin{bmatrix}5&2\\6&7\end{bmatrix}$

   (2) $\boldsymbol{A}^2-3\boldsymbol{A}-\boldsymbol{I}=\begin{bmatrix}1&1\\3&2\end{bmatrix}\begin{bmatrix}1&1\\3&2\end{bmatrix}-3\begin{bmatrix}1&1\\3&2\end{bmatrix}-\begin{bmatrix}1&0\\0&1\end{bmatrix}=\mathbf{0}$

2. (1)對　(2)錯，反例 $\boldsymbol{A}=\begin{bmatrix}0&1\\0&0\end{bmatrix}$　(3)對　(4)錯，反例：$\boldsymbol{A}=\begin{bmatrix}0&1\\0&0\end{bmatrix}$,

   $\boldsymbol{B}=\begin{bmatrix}1&0\\0&0\end{bmatrix}$

(5) 錯，反例 $\boldsymbol{A}=\begin{bmatrix}0 & 1\\ 0 & 0\end{bmatrix}$

(6) 對（$\because (\boldsymbol{A}+\boldsymbol{B})^2=\boldsymbol{A}^2+\boldsymbol{AB}+\boldsymbol{BA}+\boldsymbol{B}^2=\boldsymbol{A}^2+2\boldsymbol{AB}+\boldsymbol{B}^2 \quad \therefore \boldsymbol{AB}=\boldsymbol{BA}$）

(7) 錯，除非 $\boldsymbol{A}$ 為可逆

3. $n=1$時，$\boldsymbol{A}(\boldsymbol{I}+\boldsymbol{A})=\boldsymbol{A}$

$n=k$時，設 $\boldsymbol{A}(\boldsymbol{I}+\boldsymbol{A})^k=\boldsymbol{A}$

$n=k+1$時，$\boldsymbol{A}(\boldsymbol{I}+\boldsymbol{A})^{k+1}=(\boldsymbol{A}(\boldsymbol{I}+\boldsymbol{A})^k)(\boldsymbol{I}+\boldsymbol{A})=\boldsymbol{A}(\boldsymbol{I}+\boldsymbol{A})=\boldsymbol{A}+\boldsymbol{A}^2=\boldsymbol{A}$

4. (1) $\boldsymbol{A}=\begin{bmatrix}1 & 1\\ 0 & 1\end{bmatrix}$, $\boldsymbol{A}^2=\begin{bmatrix}1 & 2\\ 0 & 1\end{bmatrix}$, $\boldsymbol{A}^3=\boldsymbol{A}^2\cdot\boldsymbol{A}=\begin{bmatrix}1 & 2\\ 0 & 1\end{bmatrix}\begin{bmatrix}1 & 1\\ 0 & 1\end{bmatrix}=\begin{bmatrix}1 & 3\\ 0 & 1\end{bmatrix}$

$\therefore$猜 $\boldsymbol{A}^n=\begin{bmatrix}1 & n\\ 0 & 1\end{bmatrix}$

(2) $n=1$時，顯然成立

$n=k$時，設 $\boldsymbol{A}^k=\begin{bmatrix}1 & k\\ 0 & 1\end{bmatrix}$

$n=k+1$時，$\boldsymbol{A}^{k+1}=\begin{bmatrix}1 & k\\ 0 & 1\end{bmatrix}\begin{bmatrix}1 & 1\\ 0 & 1\end{bmatrix}=\begin{bmatrix}1 & k+1\\ 0 & 1\end{bmatrix}$

$\therefore n$為任意正整數，原關係式均成立

▶ 習題 1.3

1. (1) $\left[\begin{array}{cc|cc}1 & 3 & 1 & 0\\ 2 & 4 & 0 & 1\end{array}\right]\to\left[\begin{array}{cc|cc}1 & 3 & 1 & 0\\ 0 & 2 & 2 & -1\end{array}\right]\to\left[\begin{array}{cc|cc}1 & 3 & 1 & 0\\ 0 & 1 & 1 & -\frac{1}{2}\end{array}\right]\to\left[\begin{array}{cc|cc}1 & 0 & -2 & \frac{3}{2}\\ 0 & 1 & 1 & -\frac{1}{2}\end{array}\right]$

$\therefore \boldsymbol{A}^{-1}=\begin{bmatrix}-2 & \frac{3}{2}\\ 1 & -\frac{1}{2}\end{bmatrix}$

(2) $\left[\begin{array}{ccc|ccc} 1 & 0 & 0 & 1 & 0 & 0 \\ -2 & 1 & 0 & 0 & 1 & 0 \\ 2 & 1 & 1 & 0 & 0 & 1 \end{array}\right] \to \left[\begin{array}{ccc|ccc} 1 & 0 & 0 & 1 & 0 & 0 \\ 0 & 1 & 0 & 2 & 1 & 0 \\ 0 & 1 & 1 & -2 & 0 & 1 \end{array}\right] \to \left[\begin{array}{ccc|ccc} 1 & 0 & 0 & 1 & 0 & 0 \\ 0 & 1 & 0 & 2 & 1 & 0 \\ 0 & 0 & 1 & -4 & -1 & 1 \end{array}\right]$

$\therefore A^{-1} = \begin{bmatrix} 1 & 0 & 0 \\ 2 & 1 & 0 \\ -4 & -1 & 1 \end{bmatrix}$

(3) $\left[\begin{array}{ccc|ccc} 1 & -1 & 0 & 1 & 0 & 0 \\ 0 & 1 & -1 & 0 & 1 & 0 \\ 0 & 0 & 1 & 0 & 0 & 1 \end{array}\right] \to \left[\begin{array}{ccc|ccc} 1 & 0 & -1 & 1 & 1 & 0 \\ 0 & 1 & -1 & 0 & 1 & 0 \\ 0 & 0 & 1 & 0 & 0 & 1 \end{array}\right] \to \left[\begin{array}{ccc|ccc} 1 & 0 & 0 & 1 & 1 & 1 \\ 0 & 1 & 0 & 0 & 1 & 1 \\ 0 & 0 & 1 & 0 & 0 & 1 \end{array}\right]$

$\therefore A^{-1} = \begin{bmatrix} 1 & 1 & 1 \\ 0 & 1 & 1 \\ 0 & 0 & 1 \end{bmatrix}$

2. 設 $\boldsymbol{A} = \begin{bmatrix} a & b \\ c & d \end{bmatrix}$

令 $\boldsymbol{B} = \dfrac{1}{ad-bc}\begin{bmatrix} d & -b \\ -c & a \end{bmatrix}$，則

$\boldsymbol{AB} = \begin{bmatrix} a & b \\ c & d \end{bmatrix}\left(\dfrac{1}{ad-bc}\begin{bmatrix} d & -b \\ -c & a \end{bmatrix}\right) = \dfrac{1}{ad-bc}\begin{bmatrix} a & b \\ c & d \end{bmatrix}\begin{bmatrix} d & -b \\ -c & a \end{bmatrix} = \begin{bmatrix} 1 & 0 \\ 0 & 1 \end{bmatrix}$

$\boldsymbol{BA} = \dfrac{1}{ad-bc}\begin{bmatrix} d & -b \\ -c & a \end{bmatrix}\begin{bmatrix} a & b \\ c & d \end{bmatrix} = \begin{bmatrix} 1 & 0 \\ 0 & 1 \end{bmatrix}$

$\therefore \boldsymbol{A}^{-1} = \dfrac{1}{ad-bc}\begin{bmatrix} d & -b \\ -c & a \end{bmatrix}$

3. (1) $3+0+5=8$

(2) $tr(\boldsymbol{A}+\boldsymbol{B}) = \sum_{i=1}^{n}(a_{ii}+b_{ii}) = \sum_{i=1}^{n} a_{ii} + \sum_{i=1}^{n} b_{ii} = tr(\boldsymbol{A}) + tr(\boldsymbol{B})$

$tr(\boldsymbol{AB}) = \sum_{i=1}^{n}\sum_{j=1}^{n} a_{ij}b_{ji} = \sum_{i=1}^{n}\sum_{j=1}^{n} b_{ij}a_{ji} = tr(\boldsymbol{BA})$

(3) $\because tr(\mathbf{AB}-\mathbf{BA})=tr(\mathbf{AB})-tr(\mathbf{BA})=0$ ， $tr(2\mathbf{I})=2n$ ，

$tr(\mathbf{AB})-tr(\mathbf{BA})=0\neq 2n$

$\therefore$不存在二個同階方陣 $\mathbf{A},\mathbf{B}$ 滿足 $\mathbf{AB}-\mathbf{BA}=2\mathbf{I}$

(4) $tr(\mathbf{B}^{-1}\mathbf{AB})=tr[\mathbf{B}(\mathbf{B}^{-1}\mathbf{A})]=tr[(\mathbf{BB}^{-1})\mathbf{A}]=tr(\mathbf{A})$ ，是

4. 由教學歸納法

$n=1$時，左式=右式

$n=k$時，設 $(\mathbf{A}^{k})^{-1}=(\mathbf{A}^{-1})^{k}$

$n=k+1$時， $(\mathbf{A}^{k+1})^{-1}=(\mathbf{A}^{r}\cdot\mathbf{A})^{-1}=\mathbf{A}^{-1}\cdot(\mathbf{A}^{k})^{-1}=\mathbf{A}^{-1}\cdot(\mathbf{A}^{-1})^{k}=(\mathbf{A}^{-1})^{k+1}$

5. $\mathbf{A}^2+\mathbf{A}-4\mathbf{I}=\mathbf{A}(\mathbf{A}-\mathbf{I})+2(\mathbf{A}-\mathbf{I})-2\mathbf{I}=0 \quad (\mathbf{A}+2\mathbf{I})(\mathbf{A}-\mathbf{I})=2\mathbf{I}$

$\left[\frac{1}{2}(\mathbf{A}+2\mathbf{I})\right](\mathbf{A}-\mathbf{I})=\mathbf{I}$ $\quad\therefore \mathbf{A}-\mathbf{I}$ 為可逆，且 $(\mathbf{A}-\mathbf{I})^{-1}=\frac{1}{2}(\mathbf{A}+2\mathbf{I})$

6. $\mathbf{A}^2=0$ ， $\therefore \mathbf{A}^2-\mathbf{I}=0-\mathbf{I}=-\mathbf{I} \quad (\mathbf{A}-\mathbf{I})(\mathbf{A}+\mathbf{I})=-\mathbf{I}$

$\therefore \mathbf{A}-\mathbf{I}$ 為可逆，且 $(\mathbf{A}-\mathbf{I})^{-1}=-(\mathbf{A}+\mathbf{I})$

7. (1) $\begin{bmatrix}1 & 3\\ 2 & 4\end{bmatrix}\begin{bmatrix}x\\ y\end{bmatrix}=\begin{bmatrix}4\\ 6\end{bmatrix} \quad \therefore \begin{bmatrix}x\\ y\end{bmatrix}=\begin{bmatrix}1 & 3\\ 2 & 4\end{bmatrix}^{-1}\begin{bmatrix}4\\ 6\end{bmatrix}=\begin{bmatrix}-2 & \frac{3}{2}\\ 1 & -\frac{1}{2}\end{bmatrix}\begin{bmatrix}4\\ 6\end{bmatrix}=\begin{bmatrix}1\\ 1\end{bmatrix}$

即 $x=1,\ \ y=1$

(2) $\begin{bmatrix}1 & -1 & 0\\ 0 & 1 & -1\\ 0 & 0 & 1\end{bmatrix}\begin{bmatrix}x\\ y\\ z\end{bmatrix}=\begin{bmatrix}2\\ 1\\ -1\end{bmatrix}$

$\therefore \begin{bmatrix}x\\ y\\ z\end{bmatrix}=\begin{bmatrix}1 & -1 & 0\\ 0 & 1 & -1\\ 0 & 0 & 2\end{bmatrix}^{-1}\begin{bmatrix}2\\ 1\\ -1\end{bmatrix}=\begin{bmatrix}1 & 1 & 1\\ 0 & 1 & 1\\ 0 & 0 & 1\end{bmatrix}\begin{bmatrix}2\\ 2\\ -1\end{bmatrix}=\begin{bmatrix}3\\ 1\\ -1\end{bmatrix}$

即 $x=3,\ \ y=1,\ \ z=-1$

8. (1) $\boldsymbol{A}\boldsymbol{A}^T=\begin{bmatrix}1&1\\3&2\end{bmatrix}\begin{bmatrix}1&3\\1&2\end{bmatrix}=\begin{bmatrix}2&5\\5&13\end{bmatrix}$

(2) $\boldsymbol{A}=\dfrac{1}{2}(\boldsymbol{A}+\boldsymbol{A}^T)+\dfrac{1}{2}(\boldsymbol{A}+\boldsymbol{A}^T)=\dfrac{1}{2}\left(\begin{bmatrix}1&1\\3&2\end{bmatrix}+\begin{bmatrix}1&3\\1&2\end{bmatrix}\right)+\dfrac{1}{2}\left(\begin{bmatrix}1&1\\3&2\end{bmatrix}-\begin{bmatrix}1&3\\1&2\end{bmatrix}\right)$

$=\dfrac{1}{2}\begin{bmatrix}2&4\\4&4\end{bmatrix}+\dfrac{1}{2}\begin{bmatrix}0&-2\\2&0\end{bmatrix}$

9. $\boldsymbol{A}\boldsymbol{B}^T-3\boldsymbol{A}=\begin{bmatrix}1&2\\3&4\end{bmatrix}\begin{bmatrix}-1&2\\0&3\end{bmatrix}-\begin{bmatrix}3&6\\9&12\end{bmatrix}=\begin{bmatrix}-4&2\\-12&6\end{bmatrix}$

▶ 習題 1.4

1. (1) $\boldsymbol{A}^{-1}(\boldsymbol{I}\quad \boldsymbol{A})=(\boldsymbol{A}^{-1}\boldsymbol{I}\quad \boldsymbol{A}^{-1}\boldsymbol{A})=(\boldsymbol{A}^{-1}\quad \boldsymbol{I})$

(2) $(\boldsymbol{A}\quad \boldsymbol{I})^T(\boldsymbol{A}\quad \boldsymbol{I})=\begin{pmatrix}\boldsymbol{A}^T\\ \boldsymbol{I}\end{pmatrix}(\boldsymbol{A}\quad \boldsymbol{I})=\begin{bmatrix}\boldsymbol{A}^T\boldsymbol{A}&\boldsymbol{A}^T\\ \boldsymbol{A}&\boldsymbol{I}\end{bmatrix}$

(3) $\begin{bmatrix}\boldsymbol{A}^{-1}\\ \boldsymbol{I}\end{bmatrix}\boldsymbol{A}=\begin{bmatrix}\boldsymbol{I}\\ \boldsymbol{A}\end{bmatrix}$

(4) $(\boldsymbol{I}\quad \boldsymbol{A})(\boldsymbol{I}\quad \boldsymbol{A})^T=(\boldsymbol{I}\quad \boldsymbol{A})\begin{pmatrix}\boldsymbol{I}\\ \boldsymbol{A}^T\end{pmatrix}=\boldsymbol{I}+\boldsymbol{A}\boldsymbol{A}^T$

2. $\boldsymbol{A}\cdot\boldsymbol{A}^{-1}=\begin{bmatrix}\boldsymbol{B}&\boldsymbol{D}\\ \boldsymbol{O}&\boldsymbol{C}\end{bmatrix}\begin{bmatrix}\boldsymbol{B}^{-1}&-\boldsymbol{B}^{-1}\boldsymbol{D}\boldsymbol{C}^{-1}\\ \boldsymbol{O}&\boldsymbol{C}^{-1}\end{bmatrix}$

$=\begin{bmatrix}\boldsymbol{B}\cdot\boldsymbol{B}^{-1}+\boldsymbol{D}\cdot\boldsymbol{O}&\boldsymbol{B}(-\boldsymbol{B}^{-1}\boldsymbol{D}\boldsymbol{C}^{-1})+\boldsymbol{D}\boldsymbol{C}^{-1}\\ \boldsymbol{O}\cdot\boldsymbol{B}^{-1}+\boldsymbol{C}\cdot\boldsymbol{O}&\boldsymbol{O}(-\boldsymbol{B}^{-1}\boldsymbol{D}\boldsymbol{C}^{-1})+\boldsymbol{C}\cdot\boldsymbol{C}^{-1}\end{bmatrix}=\begin{bmatrix}\boldsymbol{I}&\boldsymbol{O}\\ \boldsymbol{O}&\boldsymbol{I}\end{bmatrix}=\boldsymbol{I}_{2n}$

3. $\boldsymbol{A}=\left[\begin{array}{cc:ccc}1&2&0&0&0\\0&1&0&0&0\\ \hdashline 0&0&1&-1&0\\0&0&0&1&-1\\0&0&0&0&1\end{array}\right]$

(1) $\boldsymbol{A}_{11}=\begin{bmatrix}1&2\\0&1\end{bmatrix}$, $\boldsymbol{A}_{11}^{-1}=\begin{bmatrix}1&-2\\0&1\end{bmatrix}$

(2) $\boldsymbol{A}_{22}=\begin{bmatrix}1&-1&0\\0&1&-1\\0&0&1\end{bmatrix}$, $\boldsymbol{A}_{22}^{-1}=\begin{bmatrix}1&1&1\\0&1&1\\0&0&1\end{bmatrix}$

（A_{22}^{-1}之求法請見上節習題第 1 題第 3 小題）

$$\therefore \boldsymbol{A}^T=\begin{bmatrix}A_{11}^T & A_{21}^T\\ A_{12}^T & A_{22}^T\end{bmatrix}=\begin{bmatrix}1&0&0&0&0\\2&1&0&0&0\\0&0&1&0&0\\0&0&-1&1&0\\0&0&0&-1&1\end{bmatrix}\qquad \boldsymbol{A}^{-1}=\begin{bmatrix}1&-2&0&0&0\\0&1&0&0&0\\0&0&1&1&1\\0&0&0&1&1\\0&0&0&0&1\end{bmatrix}$$

附記

若$\begin{bmatrix}a&c\\b&d\end{bmatrix}$可逆則$\begin{bmatrix}a&c\\b&d\end{bmatrix}^{-1}=\dfrac{1}{ad-bc}\begin{bmatrix}d&-c\\-b&a\end{bmatrix}$

4. $$\boldsymbol{A}=\left[\begin{array}{cc:ccc}1&1&0&0&0\\3&4&0&0&0\\\hdashline 0&0&2&0&0\\0&0&0&3&0\\0&0&0&0&4\end{array}\right]$$

$\boldsymbol{A}_{11}=\begin{bmatrix}1&1\\3&4\end{bmatrix}$, $\boldsymbol{A}_{11}^{-1}=\begin{bmatrix}4&-1\\-3&1\end{bmatrix}$

$\boldsymbol{A}_{22}=\begin{bmatrix}2&0&0\\0&3&0\\0&0&4\end{bmatrix}$, $\boldsymbol{A}_{22}^{-1}=\begin{bmatrix}\frac{1}{2}&0&0\\0&\frac{1}{3}&0\\0&0&\frac{1}{4}\end{bmatrix}$

$$\therefore A^{-1} = \begin{bmatrix} 4 & -1 & 0 & 0 & 0 \\ -3 & 1 & 0 & 0 & 0 \\ 0 & 0 & \frac{1}{2} & 0 & 0 \\ 0 & 0 & 0 & \frac{1}{3} & 0 \\ 0 & 0 & 0 & 0 & \frac{1}{4} \end{bmatrix}$$

5. $$A = \left[\begin{array}{cc:cc} 3 & 2 & 0 & 0 \\ 1 & 1 & 0 & 0 \\ \hdashline 0 & 0 & 2 & 3 \\ 0 & 0 & 1 & 2 \end{array}\right]$$

$$A_{11} = \begin{bmatrix} 3 & 2 \\ 1 & 1 \end{bmatrix},\quad A_{11}^{-1} = \begin{bmatrix} 1 & -2 \\ -1 & 3 \end{bmatrix}$$

$$A_{22} = \begin{bmatrix} 2 & 3 \\ 1 & 2 \end{bmatrix},\quad A_{22}^{-1} = \begin{bmatrix} 2 & -3 \\ -1 & 2 \end{bmatrix}$$

$$\therefore A^{-1} = \begin{bmatrix} 1 & -2 & 0 & 0 \\ -1 & 3 & 0 & 0 \\ 0 & 0 & 2 & -3 \\ 0 & 0 & -1 & 2 \end{bmatrix}$$

6. $$\begin{bmatrix} A_{11}^{-1} & & & \mathbf{0} \\ & A_{22}^{-1} & & \\ & & \ddots & \\ \mathbf{0} & & & A_{nn}^{-1} \end{bmatrix} \begin{bmatrix} A_{11} & & & \mathbf{0} \\ & A_{22} & & \\ & & \ddots & \\ \mathbf{0} & & & A_{nn} \end{bmatrix} = \begin{bmatrix} I & & \mathbf{0} \\ & \ddots & \\ \mathbf{0} & & I \end{bmatrix} = I_{mn}$$

▶ 習題 1.5

1. (1) $\begin{bmatrix}4 & -2\\1 & -1\end{bmatrix}\xrightarrow{E_{12}}\begin{bmatrix}1 & -1\\4 & -2\end{bmatrix}\xrightarrow{E_{12}(-4)}\begin{bmatrix}1 & -1\\0 & 2\end{bmatrix}\xrightarrow{E_2\left(\frac{1}{2}\right)}\begin{bmatrix}1 & -1\\0 & 1\end{bmatrix}$

$\xrightarrow{E_{21}(1)}\begin{bmatrix}1 & 0\\0 & 1\end{bmatrix}$

$\therefore \boldsymbol{E}_{21}(1)\boldsymbol{E}_2\left(\frac{1}{2}\right)\boldsymbol{E}_{12}(-4)\boldsymbol{E}_{12}A=\boldsymbol{I}$

$\Rightarrow \boldsymbol{A}=\left[\boldsymbol{E}_{21}(1)\boldsymbol{E}_2\left(\frac{1}{2}\right)\boldsymbol{E}_{12}(-4)\boldsymbol{E}_{12}\right]^{-1}\boldsymbol{I}$

$=\boldsymbol{E}_{12}^{-1}\boldsymbol{E}_{12}^{-1}(-4)\boldsymbol{E}_2^{-1}\left(\frac{1}{2}\right)\boldsymbol{E}_{21}^{-1}(1)$

$=\boldsymbol{E}_{12}\boldsymbol{E}_{12}(4)\boldsymbol{E}_2(2)\boldsymbol{E}_{21}(-1)$

$\therefore \begin{bmatrix}0 & 1\\1 & 0\end{bmatrix}\begin{bmatrix}1 & 0\\4 & 1\end{bmatrix}\begin{bmatrix}1 & 0\\0 & 2\end{bmatrix}\begin{bmatrix}1 & -1\\0 & 1\end{bmatrix}=\begin{bmatrix}4 & -2\\1 & -1\end{bmatrix}$

(2) $\begin{bmatrix}3 & 2\\1 & 1\end{bmatrix}\xrightarrow{E_{12}}\begin{bmatrix}1 & 1\\3 & 2\end{bmatrix}\xrightarrow{E_{12}(-3)}\begin{bmatrix}1 & 1\\0 & -1\end{bmatrix}\xrightarrow{E_2(-1)}\begin{bmatrix}1 & 1\\0 & 1\end{bmatrix}\xrightarrow{E_{21}(-1)}\begin{bmatrix}1 & 0\\0 & 1\end{bmatrix}$

得 $\boldsymbol{E}_{21}(-1)\boldsymbol{E}_2(-1)\boldsymbol{E}_{12}(-3)\boldsymbol{E}_{12}\boldsymbol{A}=\boldsymbol{I}$

$\Rightarrow \boldsymbol{A}=\left[\boldsymbol{E}_{21}(-1)\boldsymbol{E}_2(-1)\boldsymbol{E}_{12}(-3)\boldsymbol{E}_{12}\right]$

$=\boldsymbol{E}_{12}^{-1}\boldsymbol{E}_{12}^{-1}(-3)\boldsymbol{E}_2^{-1}(-1)\boldsymbol{E}_{21}^{-1}(-1)$

$=\boldsymbol{E}_{12}\boldsymbol{E}_{12}(3)\boldsymbol{E}_2(-1)\boldsymbol{E}_{21}(1)$

$=\begin{bmatrix}0 & 1\\1 & 0\end{bmatrix}\begin{bmatrix}1 & 0\\3 & 1\end{bmatrix}\begin{bmatrix}1 & 0\\0 & -1\end{bmatrix}\begin{bmatrix}1 & 1\\0 & 1\end{bmatrix}$

2. (1) $\boldsymbol{A}=\boldsymbol{E}_{12}(6)\quad \therefore \boldsymbol{A}^{-1}=\boldsymbol{E}_{12}^{-1}(6)=\boldsymbol{E}_{12}(-6)=\begin{bmatrix}1 & 0\\-6 & 1\end{bmatrix}$

(2) $\boldsymbol{A}^3=\boldsymbol{E}_{12}^3(6)=\boldsymbol{E}_{12}(6)\boldsymbol{E}_{12}(6)\boldsymbol{E}_{12}(6)=\begin{bmatrix}1 & 0\\6 & 1\end{bmatrix}\begin{bmatrix}1 & 0\\6 & 1\end{bmatrix}\begin{bmatrix}1 & 0\\6 & 1\end{bmatrix}$

$=\begin{bmatrix}1 & 0\\12 & 1\end{bmatrix}\begin{bmatrix}1 & 0\\6 & 1\end{bmatrix}=\begin{bmatrix}1 & 0\\18 & 1\end{bmatrix}$

3. $A=\begin{bmatrix} a_{11} & a_{12} & a_{13} \\ a_{21} & a_{22} & a_{23} \\ a_{31} & a_{32} & a_{33} \end{bmatrix} \xrightarrow{E_{13}(1)} \begin{bmatrix} a_{11} & a_{12} & a_{13} \\ a_{21} & a_{22} & a_{23} \\ a_{11}+a_{31} & a_{12}+a_{32} & a_{13}+a_{33} \end{bmatrix}$

$\xrightarrow{E_{12}} \begin{bmatrix} a_{21} & a_{12} & a_{13} \\ a_{11} & a_{22} & a_{23} \\ a_{11}+a_{31} & a_{12}+a_{32} & a_{13}+a_{33} \end{bmatrix} = B$

$B = E_{12}E_{13}(1) \quad A = P_1P_2A$

Chapter 02

▶ 習題 2.1

1. $\begin{vmatrix} 0 & 0 & 0 & d \\ 0 & 0 & c & 0 \\ 0 & b & 0 & 0 \\ a & 0 & 0 & 0 \end{vmatrix} = (-1)^{4+1}a\begin{vmatrix} 0 & 0 & d \\ 0 & c & 0 \\ b & 0 & 0 \end{vmatrix} = -a\begin{vmatrix} 0 & 0 & d \\ 0 & c & 0 \\ b & 0 & 0 \end{vmatrix}$

$= -a(-1)^{3+1}b\begin{vmatrix} 0 & d \\ c & 0 \end{vmatrix} = abcd$

2. 由第四行展開

原式 $= (-1)^{3+4}f\begin{vmatrix} a & b & 0 \\ 0 & c & d \\ g & h & 0 \end{vmatrix} = -f\left((-1)^{2+3}d\begin{vmatrix} a & b \\ g & h \end{vmatrix}\right)$

$= fd(ah-bg)$

3. 原式 $= 1\cdot 2\cdot 9\cdot 1 = 18$

4. $\begin{vmatrix} 1 & 0 & 0 \\ 2 & 3 & 0 \\ 0 & 0 & x \end{vmatrix} = (-1)^{3+3}x\begin{vmatrix} 1 & 0 \\ 2 & 3 \end{vmatrix} = 3x = 6 \quad \therefore x = 2$

5. $a_{11}A_{31}-a_{12}A_{32}+a_{13}A_{33}$

$$=a_{11}\begin{vmatrix} a_{12} & a_{13} \\ a_{22} & a_{23} \end{vmatrix}-a_{12}\begin{vmatrix} a_{11} & a_{13} \\ a_{21} & a_{23} \end{vmatrix}+a_{13}\begin{vmatrix} a_{11} & a_{12} \\ a_{21} & a_{22} \end{vmatrix}$$

$=0$（自行驗證之）

6. (1)2　(2)1　(3) −6　(4)15　(5)20

▶ 習題 2.2

1. (1) (×) $\boldsymbol{A}$, $\boldsymbol{B}$ 為同階方陣，$\boldsymbol{AB}$ 非奇異陣 $\Rightarrow |\boldsymbol{AB}|\neq 0$，又 $|\boldsymbol{AB}|=|\boldsymbol{A}||\boldsymbol{B}|\neq 0$

$\therefore \boldsymbol{A}$, $\boldsymbol{B}$ 均為非奇異陣

(2) (×)反例 $\boldsymbol{A}=\begin{bmatrix} 1 & 0 \\ 0 & 0 \end{bmatrix}$, $\boldsymbol{B}=\begin{bmatrix} 0 & 0 \\ 0 & 1 \end{bmatrix}$為奇異陣但 $\boldsymbol{A}+\boldsymbol{B}=\begin{bmatrix} 1 & 0 \\ 0 & 1 \end{bmatrix}$為非奇異陣

(3) (×)反例 $\boldsymbol{A}=\begin{bmatrix} 1 & 0 & 1 \\ 0 & 1 & 1 \end{bmatrix}$, $\boldsymbol{B}=\begin{bmatrix} 1 & 0 \\ 0 & 1 \\ 1 & 1 \end{bmatrix}$，則 $|\boldsymbol{AB}|=3$, $|\boldsymbol{BA}|=0$

2. (1) 用凡德蒙行列式

$$\begin{vmatrix} 1 & 3 & 3^2 \\ 1 & 5 & 5^2 \\ 1 & 7 & 7^2 \end{vmatrix}=(7-5)(7-3)(5-3)=16$$

(2) 用 Chio 氏降階法

$$\begin{vmatrix} 1 & 3 & 9 \\ 1 & 5 & 25 \\ 1 & 7 & 49 \end{vmatrix}=1\begin{vmatrix} 2 & 16 \\ 4 & 40 \end{vmatrix}=80-64=16$$

3. $\because |\boldsymbol{A}|^4=\begin{vmatrix} 1 & 2 \\ 1 & 1 \end{vmatrix}=-1$，$\therefore$不存在一個實方陣滿足 $\boldsymbol{A}^4=\begin{bmatrix} 1 & 2 \\ 1 & 1 \end{bmatrix}$

4. $|\boldsymbol{A}^T\boldsymbol{A}|=|\boldsymbol{A}^T||\boldsymbol{A}|=|\boldsymbol{A}||\boldsymbol{A}|=|\boldsymbol{A}|^2$，$\because A$為非奇異陣

$\therefore |\boldsymbol{A}|\neq 0$從而 $|\boldsymbol{A}^T\boldsymbol{A}|=|\boldsymbol{A}|^2\neq 0$，即 A 非奇異陣則 A^TA亦非奇異陣

5. (1) $$\begin{vmatrix} a & b & a+b \\ b & a+b & a \\ a+b & a & b \end{vmatrix} = \begin{vmatrix} 2(a+b) & b & c+b \\ 2(a+b) & a+b & a \\ 2(a+b) & a & b \end{vmatrix}$$

$$= 2(a+b)\begin{vmatrix} 1 & b & a+b \\ 1 & a+b & a \\ 1 & a & b \end{vmatrix} \underline{\underline{\text{Chio 氏法}}} 2(a+b)\begin{vmatrix} a & -b \\ a-b & -a \end{vmatrix}$$

$$= 2(a+b)(-a^2+ab-b^2) = -2(a^3+b^3)$$

(2) $$\begin{vmatrix} 1 & 1 & 1 & 1 \\ 1 & 1+a & 1 & 1 \\ 1 & 1 & 1+b & 1 \\ 1 & 1 & 1 & 1+c \end{vmatrix} \underline{\underline{\text{Chio 氏法}}} \begin{vmatrix} a & 0 & 0 \\ 0 & b & 0 \\ 0 & 0 & c \end{vmatrix} = abc$$

(3) $$\begin{vmatrix} b+c & a+c & a+b \\ a & b & c \\ a^2 & b^2 & c^2 \end{vmatrix} = \begin{vmatrix} a+b+c & a+b+c & a+b+c \\ a & b & c \\ a^2 & b^2 & c^2 \end{vmatrix}$$

$$= (a+b+c)\begin{vmatrix} 1 & 1 & 1 \\ a & b & c \\ a^2 & b^2 & c^2 \end{vmatrix}$$

$$= (a+b+c)(c-b)(c-a)(b-a)$$

6. (1) $$\begin{vmatrix} b_1+c_1 & c_1+a_1 & a_1+b_1 \\ b_2+c_2 & c_2+a_2 & a_2+b_2 \\ b_3+c_3 & c_3+a_3 & a_3+b_3 \end{vmatrix} = 2\begin{vmatrix} b_1+c_1 & c_1+a_1 & a_1+b_1+c_1 \\ b_2+c_2 & c_2+a_2 & a_2+b_2+c_2 \\ b_3+c_3 & c_3+a_3 & a_3+b_3+c_3 \end{vmatrix}$$

$$= 2\begin{vmatrix} a_1 & c_1+a_1 & a_1+b_1+c_1 \\ a_2 & c_2+a_2 & a_2+b_2+c_2 \\ a_3 & c_3+a_3 & a_3+b_3+c_3 \end{vmatrix}$$

$$= 2\begin{vmatrix} a_1 & b_1 & a_1+b_1+c_1 \\ a_2 & b_2 & a_2+b_2+c_2 \\ a_3 & b_3 & a_3+b_3+c_3 \end{vmatrix}$$

$$= 2\begin{vmatrix} a_1 & b_1 & c_1 \\ a_2 & b_2 & c_2 \\ a_3 & b_3 & c_3 \end{vmatrix}$$

(2) $\begin{vmatrix} bcd & a & a^2 & a^3 \\ acd & b & b^2 & b^3 \\ abd & c & c^2 & c^3 \\ abc & d & d^2 & d^3 \end{vmatrix} = \dfrac{1}{abcd}\begin{vmatrix} abcd & a & a^2 & a^3 \\ abcd & b & b^2 & b^3 \\ abcd & c & c^2 & c^3 \\ abcd & d & d^2 & d^3 \end{vmatrix} = \begin{vmatrix} 1 & a & a^2 & a^3 \\ 1 & b & b^2 & b^3 \\ 1 & c & c^2 & c^3 \\ 1 & d & d^2 & d^3 \end{vmatrix}$

▶ 習題 2.3

1. (1) $x = \dfrac{\begin{vmatrix} 5 & 3 \\ 2 & -1 \end{vmatrix}}{\begin{vmatrix} 2 & 3 \\ 3 & -1 \end{vmatrix}} = \dfrac{-11}{-11} = 1$，$y = \dfrac{\begin{vmatrix} 2 & 5 \\ 3 & 2 \end{vmatrix}}{\begin{vmatrix} 2 & 3 \\ 3 & -1 \end{vmatrix}} = \dfrac{-11}{-11} = 1$

(2) $x = \dfrac{\begin{vmatrix} 1 & -1 & -1 \\ 0 & -1 & -2 \\ 3 & 1 & -4 \end{vmatrix}}{3} = \dfrac{1}{3}\begin{vmatrix} -1 & -2 \\ 4 & -1 \end{vmatrix} = 3$　　$\Delta = \begin{vmatrix} 1 & -1 & -1 \\ 1 & -1 & -2 \\ 2 & 1 & -4 \end{vmatrix} = \begin{vmatrix} 0 & -1 \\ 3 & -2 \end{vmatrix} = 3$

$y = \dfrac{\begin{vmatrix} 1 & 1 & -1 \\ 1 & 0 & -2 \\ 2 & 3 & -4 \end{vmatrix}}{3} = \dfrac{1}{3}\begin{vmatrix} -1 & -1 \\ 1 & -2 \end{vmatrix} = 1$，$z = \dfrac{\begin{vmatrix} 1 & -1 & 1 \\ 2 & -1 & 0 \\ 2 & 1 & 3 \end{vmatrix}}{3} = \dfrac{1}{3}\begin{vmatrix} 0 & -1 \\ 3 & 1 \end{vmatrix} = 1$

2. 設 (x_1, y_1)，(x_2, y_2)，(x_3, y_3) 為直線方程式 $ax + by + c = 0$ 之三點，則此三點必須滿足

$\begin{cases} ax_1 + by_1 + c = 0 \\ ax_2 + by_2 + c = 0 \\ ax_3 + by_3 + c = 0 \end{cases}$，即 $\begin{bmatrix} x_1 & y_1 & 1 \\ x_2 & y_2 & 1 \\ x_3 & y_3 & 1 \end{bmatrix}\begin{bmatrix} a \\ b \\ c \end{bmatrix} = \begin{bmatrix} 0 \\ 0 \\ 0 \end{bmatrix}$

$\therefore \begin{bmatrix} a \\ b \\ c \end{bmatrix}$ 有異於 0 之點之解時必須 $\begin{vmatrix} x_1 & y_1 & 1 \\ x_2 & y_2 & 1 \\ x_3 & y_3 & 1 \end{vmatrix} = 0$

3. 過 (x_1, y_1)，(x_2, y_2) 之直線方程式必須滿足

$$\begin{cases} ax+by+c=0 \\ ax_1+by_1+c=0 \\ ax_2+by_2+c=0 \end{cases}$$

即 $\begin{bmatrix} x & y & 1 \\ x_1 & y_1 & 1 \\ x_2 & y_2 & 1 \end{bmatrix}\begin{bmatrix} a \\ b \\ c \end{bmatrix}=\begin{bmatrix} 0 \\ 0 \\ 0 \end{bmatrix}$ 其有異於 0 之解為 $\begin{vmatrix} x & y & 1 \\ x_1 & y_2 & 1 \\ x_2 & y_3 & 1 \end{vmatrix}=0$

4. $adj(\boldsymbol{AB})=|\boldsymbol{AB}|(\boldsymbol{AB})^{-1}=|\boldsymbol{A}||\boldsymbol{B}|(\boldsymbol{B}^{-1}\boldsymbol{A}^{-1})=|\boldsymbol{B}|\boldsymbol{B}^{-1}\cdot|\boldsymbol{A}|\boldsymbol{A}^{-1}=adj(\boldsymbol{B})adj(\boldsymbol{A})$

5. 考慮 $\begin{vmatrix} k+3 & 4 \\ k & k-1 \end{vmatrix}=k^2-2k-3=(k-3)(k+1)=0$

$\therefore$(1) $k\neq -1$ 或 3 時只有零解

(2) $k=-1, 3$ 時有異於 0 之解

Chapter 03

▶ 習題 3.1

1. $C[a,b]$ 為一非空集合且對任意 f，$g\in C[a,b]$ 均有 $f+g\in C[a,b]$ 又 $\alpha f\in C[a,b]$，滿足封閉性。

對 f，g，$h\in C[a,b]$ 而言，檢驗是否滿足之 8 個假設：

P1. $f+g=g+f$ 成立，$\forall f\cdot g\in C[a,b]$

P2. $(f+g)+h=f+(g+h)$ 成立，$\forall$，f，g，$h\in C[a,b]$

P3. 存在一個零函數 $0\in C[a,b]$ 使得 $f+0=f$，

P4. 對任一 $f\in C[a,b]$ 均存在一 $f\in C[a,b]$ 使得 $f+(-f)=0$

P5. $\alpha(f+g)=\alpha f+\alpha g$，$f$，$g\in C[a,b]$

P6. $(\alpha+\beta)f=\alpha f+\beta f$， α， $\beta\in F$， $f\in C[a,b]$

P7. $\alpha(\beta f)=(\alpha\beta)f$， α， $\beta\in F$ 且 $f\in C[a,b]$

P8. $1f=f$， $\forall f\in C[a,b]$

$\therefore C[a,b]$為一向量空間

2. $\alpha(x_1,x_2)+\beta(x_1,x_2)=(\alpha x_1,x_2)+(\beta x_1,x_2)$

$$=((\alpha+\beta)x_1,2x_2)\neq(\alpha+\beta)(x_1,x_2)=((\alpha+\beta)x_1,x_2)$$

違反 P6 $\therefore S$定義之加乘法不為向量空間

3. $(x_1,x_2)+(y_1,y_2)=(x_1+y_2,x_2+y_2)$

$(y_1,y_2)+(x_1,x_2)=(y_1+x_2,y_2+x_1)$

違反 P1 $\therefore S$定義之加乘法不為向量空間

4. $(x_1,x_2)+(y_1,y_2)=(x_1x_2,y_1y_2)$

$(y_1,y_2)+(x_1,x_2)=(y_1y_2,x_1x_2)$

違反 P1 $\therefore S$定義加乘法不為向量空間

5. $x=x+[y+(-y)]=(x+y)+(-y)=(z+y)+(-y)$

$=z+(y+(-y)=z+0=z$

▶ 習題 3.2

1. (1) $\because 0\notin W_1$ $\therefore W_1$不為 $\mathbf{R}^2$之子空間

(2) $\therefore 0\notin W_2$ $\therefore W_2$不為 $\mathbf{R}^2$之子空間

(3) W_3是 $\mathbf{R}^2$之子空間，證明如下：

$\because \begin{pmatrix}x_1\\x_2\end{pmatrix}$之 $x_1=-2x_2$

$\therefore$令 $\boldsymbol{u}=\begin{pmatrix}-2c\\c\end{pmatrix}$, $\boldsymbol{v}=\begin{pmatrix}-2d\\d\end{pmatrix}$

$$\boldsymbol{u}+\boldsymbol{v}=\begin{pmatrix}-2c-2d\\ \lambda c\end{pmatrix}\in W_3$$

$$ku=k\begin{pmatrix}-2c\\ c\end{pmatrix}=\begin{pmatrix}-2kc\\ kc\end{pmatrix}\in W_1$$

$\therefore W_3$是$\mathbf{R}^2$之子空間

(4) 令 $\boldsymbol{u}=\begin{pmatrix}c\\ |c|\end{pmatrix}$, $\boldsymbol{v}=\begin{pmatrix}d\\ |d|\end{pmatrix}$

$$\begin{pmatrix}c+d\\ |c+d|\end{pmatrix}\neq\begin{pmatrix}c\\ |c|\end{pmatrix}+\begin{pmatrix}d\\ |d|\end{pmatrix}$$

$\therefore W_4$不是$\mathbf{R}^2$之子空間

2. (1) 令 $\boldsymbol{u}=\begin{bmatrix}a & d\\ c & -a\end{bmatrix}$, $\boldsymbol{v}=\begin{bmatrix}m & n\\ p & -m\end{bmatrix}$

則 $\boldsymbol{u}+\boldsymbol{v}=\begin{bmatrix}a+m & d+n\\ c+p & -(a+m)\end{bmatrix}\in\mathbf{R}^{2\times 2}$

$\alpha\boldsymbol{u}=\begin{bmatrix}\alpha a & \alpha d\\ \alpha c & -\alpha a\end{bmatrix}\in\mathbf{R}^{2\times 2}$ W_1為$\mathbf{R}^{2\times 2}$之子空間。

(2) 令 $\boldsymbol{u}=\begin{bmatrix}a & b\\ c & a\end{bmatrix}$, $\boldsymbol{v}=\begin{bmatrix}m & n\\ p & m\end{bmatrix}$

則 $\boldsymbol{u}+\boldsymbol{v}=\begin{bmatrix}a+m & b+n\\ c+p & a+m\end{bmatrix}\in\mathbf{R}^{2\times 2}$

$\alpha\boldsymbol{u}=\begin{bmatrix}\alpha a & \alpha b\\ \alpha c & \alpha a\end{bmatrix}\in\mathbf{R}^{2\times 2}$ $\therefore W_2$為$\mathbf{R}^{2\times 2}$之子空間

(3) 取 $\boldsymbol{M}_1=\begin{bmatrix}1 & 0\\ 0 & 0\end{bmatrix}$, $\boldsymbol{M}_2=\begin{bmatrix}0 & 0\\ 0 & 1\end{bmatrix}$, $\boldsymbol{M}_1+\boldsymbol{M}_2\notin W_3$

$\therefore W_3$不為$\mathbf{R}^{2\times 2}$之子空間

(4) 取 $\boldsymbol{u}=\begin{bmatrix}0 & a\\ b & c\end{bmatrix}$, $\boldsymbol{v}=\begin{bmatrix}0 & p\\ q & r\end{bmatrix}$，則 $\boldsymbol{u}+\boldsymbol{v}=\begin{bmatrix}0 & a+p\\ b+q & c+r\end{bmatrix}\in W_4$

$\alpha\boldsymbol{u}=\begin{bmatrix}0 & \alpha a\\ \alpha b & \alpha c\end{bmatrix}\in W_4$ $\therefore W_4$為$\mathbf{R}^{2\times 2}$之子空間

3. (1) (i) 設 $\boldsymbol{M}_1$, $\boldsymbol{M}_2$ 為二對稱陣，由對稱陣之性

$\because \boldsymbol{M}_1+\boldsymbol{M}_2$ 亦為對稱陣，$\alpha\boldsymbol{M}_1$ 亦為對稱陣

$\therefore \boldsymbol{W}_1$ 為 V 之子空間

(ii) 設 $\boldsymbol{N}_1$, $\boldsymbol{N}_2$ 為二斜對稱陣，則

$(\boldsymbol{N}_1+\boldsymbol{N}_2)^T=\boldsymbol{N}_1^T+\boldsymbol{N}_2^T=-\boldsymbol{N}_1-\boldsymbol{N}_2=-(\boldsymbol{N}_1+\boldsymbol{N}_2)$

$\therefore \boldsymbol{N}_1+\boldsymbol{N}_2$ 亦為對斜稱陣

$\alpha\boldsymbol{N}_1$ 亦為斜對稱陣，$\therefore W_2$ 為 V 之子空間

(2) 對任意一方陣均可表成對稱陣與斜對稱陣之和

$\because \boldsymbol{A}=\dfrac{\boldsymbol{A}+\boldsymbol{A}^T}{2}+\dfrac{\boldsymbol{A}-\boldsymbol{A}^T}{2}$ 其中 $\dfrac{\boldsymbol{A}+\boldsymbol{A}^T}{2}\in\boldsymbol{W}_1$, $\dfrac{\boldsymbol{A}-\boldsymbol{A}^T}{2}\in\boldsymbol{W}_2$

$\therefore V=\boldsymbol{W}_1+\boldsymbol{W}_2$

又 $\boldsymbol{W}_1\cap\boldsymbol{W}_2=\{\mathbf{0}\}$, $\mathbf{0}\in\mathbf{R}^{2\times 2}$

$\therefore V=W_1\oplus W_2$

▶ 習題 3.3

1. (1) $\begin{vmatrix}1&1\\1&2\end{vmatrix}\neq 0$，$\therefore\left\{\begin{pmatrix}1\\1\end{pmatrix},\begin{pmatrix}1\\2\end{pmatrix}\right\}$ 為線性獨立

(2) $\because \begin{pmatrix}1\\1\end{pmatrix}+\begin{pmatrix}1\\2\end{pmatrix}-\begin{pmatrix}2\\3\end{pmatrix}=0$，$\therefore \begin{pmatrix}1\\1\end{pmatrix}$, $\begin{pmatrix}1\\2\end{pmatrix}$, $\begin{pmatrix}2\\3\end{pmatrix}$ 為線性相依

(3) $\because \left\{\begin{pmatrix}1\\2\\1\end{pmatrix},\begin{pmatrix}3\\5\\2\end{pmatrix},\begin{pmatrix}3\\3\\6\end{pmatrix},\begin{pmatrix}1\\2\\2\end{pmatrix}\right\}$ 有 4 個向量 $\therefore$ 在 $\mathbf{R}^3$ 中為線性相依

(4) 令 $\alpha\begin{bmatrix}1\\2\\-1\end{bmatrix}+\beta\begin{bmatrix}1\\1\\4\end{bmatrix}=\begin{bmatrix}0\\0\\0\end{bmatrix}$

$\therefore\begin{cases}\alpha+\beta=0\\2\alpha+\beta=0\\-\alpha+4\beta=0\end{cases}$，解之 $\alpha=\beta=0$ $\quad\therefore \begin{bmatrix}1\\2\\-1\end{bmatrix},\begin{bmatrix}1\\1\\4\end{bmatrix}$ 為線性獨立

2. $\begin{vmatrix} a & b \\ c & d \end{vmatrix} = ad - bc \neq 0$

3. 令 $x\begin{pmatrix} 1 \\ -1 \\ 2 \end{pmatrix} + y\begin{pmatrix} 2 \\ 1 \\ 1 \end{pmatrix} = \begin{pmatrix} 1 \\ k \\ 0 \end{pmatrix}$

$$\left[\begin{array}{cc|c} 1 & 2 & 1 \\ -1 & 1 & k \\ 2 & 1 & 0 \end{array}\right] \to \left[\begin{array}{cc|c} 1 & 2 & 1 \\ 0 & 3 & 1+k \\ 0 & -3 & -2 \end{array}\right] \to \left[\begin{array}{cc|c} 1 & 2 & 1 \\ 0 & 3 & 1+k \\ 0 & 0 & 1-k \end{array}\right]$$

$\therefore k=1$時方程式有解，即$k=1$

4. 設 $y \in \text{span}(V_1 \cap V_2)$ 則 $y = a_1\boldsymbol{v}_1 + a_2\boldsymbol{v}_2 + \cdots + a_n\boldsymbol{v}_n$， $\boldsymbol{v}_1, \boldsymbol{v}_2 \cdots, \boldsymbol{v}_n \in V_1 \cap V_2$

$\therefore$ (1) $\boldsymbol{v}_1, \boldsymbol{v}_2, \cdots, \boldsymbol{v}_n \in V_1 \Rightarrow y = a_1\boldsymbol{v}_1 + a_2\boldsymbol{v}_2 + \cdots + a_n\boldsymbol{v}_n \in \text{span}(V_1)$

(2) $\boldsymbol{v}_1, \boldsymbol{v}_2, \cdots, \boldsymbol{v}_n \in V_2 \Rightarrow y = a_1\boldsymbol{v}_1 + a_2\boldsymbol{v}_2 + \cdots + a_n\boldsymbol{v}_n \in \text{span}(V_2)$

即 $y = a_1\boldsymbol{v}_1 + a_2\boldsymbol{v}_2 + \cdots + a_n\boldsymbol{v}_n \in \text{span}(V_1) \cap \text{span}(V_2)$

從而 $\text{span}(V_1 \cap V_2) \subseteq \text{span}(V_1) \cap \text{span}(V_2)$

5. $\boldsymbol{v}_1, \boldsymbol{v}_2$ 為線性相依之非零向量，則必可找到二個不為 0 之純量 $k_1\boldsymbol{v}_1 + k_2\boldsymbol{v}_2 = 0$

$\boldsymbol{v}_1 = -\dfrac{k_2}{k_1}\boldsymbol{v}_2$，取 $k = -\dfrac{\boldsymbol{k}_2}{\boldsymbol{k}_1}$ $\quad \therefore \boldsymbol{v}_1 = k\boldsymbol{v}_2$

6. 令 $\alpha(\boldsymbol{u}+\boldsymbol{v}) + \beta(\boldsymbol{v}+\boldsymbol{w}) + \gamma(\boldsymbol{u}+\boldsymbol{w}) = \boldsymbol{0}$

$\because \alpha(\boldsymbol{u}+\boldsymbol{v}) + \beta(\boldsymbol{v}+\boldsymbol{w}) + \gamma(\boldsymbol{u}+\boldsymbol{w})$

$= (\alpha+\gamma)\boldsymbol{u} + (\alpha+\beta)\boldsymbol{v} + (\beta+\gamma)\boldsymbol{w} = \boldsymbol{0}$

$$\begin{cases} \alpha \quad\quad +\gamma = 0 \\ \alpha + \beta \quad\quad = 0 \\ \quad\quad \beta + \gamma = 0 \end{cases} \quad \because \begin{vmatrix} 1 & 0 & 1 \\ 1 & 1 & 0 \\ 0 & 1 & 1 \end{vmatrix} \neq 0$$

$\therefore \alpha = \beta = \gamma = 0$

即 $\boldsymbol{u}+\boldsymbol{v}$， $\boldsymbol{v}+\boldsymbol{w}$ 與 $\boldsymbol{u}+\boldsymbol{w}$ 為線性獨立

7. $W(\sin x, \cos x)=\begin{vmatrix} \sin x & \cos x \\ \cos x & -\sin x \end{vmatrix}=-1\neq 0$

$\therefore \sin x$， $\cos x$在$C\left[-\frac{\pi}{2},\frac{\pi}{2}\right]$為線性獨立

8. $\because \begin{vmatrix} 1 & 0 & 0 \\ 1 & 1 & 0 \\ 0 & 2 & 1 \end{vmatrix}=\begin{vmatrix} 1 & 0 \\ 2 & 1 \end{vmatrix}=1\neq 0$

$\therefore u, v, w$為線性獨立， $\text{span}(u, v, w)=\mathbf{R}^3$

9. 令 $\alpha \boldsymbol{w}_1+\beta \boldsymbol{w}_2=\alpha(a\boldsymbol{u}+b\boldsymbol{v})+\beta(c\boldsymbol{u}+d\boldsymbol{v})$

$=(\alpha a+\beta c)\boldsymbol{u}+(\alpha b+\beta d)\boldsymbol{v}=0$ 為線性獨立

則 $\alpha a+\beta c=\alpha b+\beta d=0$

$\begin{bmatrix} a & c \\ b & d \end{bmatrix}\begin{bmatrix} \alpha \\ \beta \end{bmatrix}=\begin{bmatrix} 0 \\ 0 \end{bmatrix}$有唯一零解之條件為$\begin{vmatrix} a & c \\ b & d \end{vmatrix}=ad-bc=0$

▶ 習題 3.4

1. $W=\left\{(x_1, x_2, x_3)^T, x_1=x_2, x_2=x_3, x_1, x_2, x_3\in\mathbf{R}\right\}=\left\{\begin{pmatrix} x \\ x \\ x \end{pmatrix}, x\in\mathbf{R}\right\}$

$\therefore \left\{\begin{pmatrix} 1 \\ 1 \\ 1 \end{pmatrix}\right\}$是一組基底

2. $\begin{bmatrix} a & b \\ -a & c \end{bmatrix}=a\begin{bmatrix} 1 & 0 \\ -1 & 0 \end{bmatrix}+b\begin{bmatrix} 0 & 1 \\ 0 & 0 \end{bmatrix}+c\begin{bmatrix} 0 & 0 \\ 0 & 1 \end{bmatrix}$，

$W=\text{span}\left\{\begin{bmatrix} 1 & 0 \\ -1 & 0 \end{bmatrix}, \begin{bmatrix} 0 & 1 \\ 0 & 0 \end{bmatrix}, \begin{bmatrix} 0 & 1 \\ 0 & 0 \end{bmatrix}\right\}$

又$\begin{bmatrix} 1 & 0 \\ -1 & 0 \end{bmatrix}$, $\begin{bmatrix} 0 & 1 \\ 0 & 0 \end{bmatrix}$及$\begin{bmatrix} 0 & 1 \\ 0 & 0 \end{bmatrix}$之座標向量

列梯形式為$\begin{bmatrix} 1 & 0 & -1 & 0 \\ 0 & 1 & 0 & 0 \\ 0 & 0 & 0 & 1 \end{bmatrix}$ $\therefore \begin{bmatrix} 1 & 0 \\ -1 & 0 \end{bmatrix}, \begin{bmatrix} 0 & 1 \\ 0 & 0 \end{bmatrix}, \begin{bmatrix} 0 & 0 \\ 0 & 1 \end{bmatrix}$為線性獨立

$\therefore W$之一組基底為$\left\{\begin{bmatrix} 1 & 0 \\ -1 & 0 \end{bmatrix}, \begin{bmatrix} 0 & 1 \\ 0 & 0 \end{bmatrix}, \begin{bmatrix} 0 & 0 \\ 0 & 1 \end{bmatrix}\right\}$, $\dim W = 3$

3. $\begin{bmatrix} 0 & a & b \\ -a & 0 & c \\ -b & -c & 0 \end{bmatrix}_n = a\begin{bmatrix} 0 & 1 & 0 \\ -1 & 0 & 0 \\ 0 & 0 & 0 \end{bmatrix} + b\begin{bmatrix} 0 & 0 & 1 \\ 0 & 0 & 0 \\ 1 & 0 & 0 \end{bmatrix} + c\begin{bmatrix} 0 & 0 & 0 \\ 0 & 0 & 1 \\ 0 & -1 & 0 \end{bmatrix}$

$\therefore W = \text{span}\left\{\begin{bmatrix} 0 & 1 & 0 \\ -1 & 0 & 0 \\ 0 & 0 & 0 \end{bmatrix}, \begin{bmatrix} 0 & 0 & 1 \\ 0 & 0 & 0 \\ -1 & 0 & 0 \end{bmatrix}, \begin{bmatrix} 0 & 0 & 0 \\ 0 & 0 & 1 \\ 0 & -1 & 0 \end{bmatrix}\right\}$

又$\begin{bmatrix} 0 & 1 & 0 \\ -1 & 0 & 0 \\ 0 & 0 & 0 \end{bmatrix}$, $\begin{bmatrix} 0 & 0 & 1 \\ 0 & 0 & 0 \\ -1 & 0 & 0 \end{bmatrix}$, $\begin{bmatrix} 0 & 0 & 0 \\ 0 & 0 & 1 \\ 0 & -1 & 0 \end{bmatrix}$之座標向量的列梯形為

$\begin{bmatrix} 0 & \textcircled{1} & 0 & -1 & 0 & 0 & 0 & 0 & 0 \\ 0 & 0 & \textcircled{1} & 0 & 0 & 0 & -1 & 0 & 0 \\ 0 & 0 & 0 & 0 & 0 & \textcircled{1} & 0 & -1 & 0 \end{bmatrix}$ $\therefore u, v, w$為線性獨立

W之一組基底為$\left\{\begin{bmatrix} 0 & 1 & 0 \\ -1 & 0 & 0 \\ 0 & 0 & 0 \end{bmatrix}, \begin{bmatrix} 0 & 0 & 1 \\ 0 & 0 & 0 \\ -1 & 0 & 0 \end{bmatrix}, \begin{bmatrix} 0 & 0 & 0 \\ 0 & 0 & 1 \\ 0 & -1 & 0 \end{bmatrix}\right\}$

▸ 習題 3.5

1. 因A已為列梯形式$\therefore RS(A) = \{(1, 0, 0, 0), (0, 1, 0, 0), (0, 0, 1, 0)\}$

   $\dim RS(A) = 3$

$$CS(A)=\left\{\begin{pmatrix}1\\0\\0\\0\end{pmatrix},\begin{pmatrix}0\\1\\0\\0\end{pmatrix},\begin{pmatrix}0\\0\\1\\0\end{pmatrix}\right\},\quad \dim CS(A)=3$$

$$N(A)=\left\{\begin{pmatrix}0\\0\\0\\0\end{pmatrix}\right\},\quad \dim N(A)=1$$

2. $\begin{bmatrix}1&1&3&3&0\\3&5&8&8&2\\3&5&8&8&1\end{bmatrix}\to\begin{bmatrix}1&1&3&3&0\\0&2&-1&-1&2\\0&2&-1&-1&1\end{bmatrix}\to\begin{bmatrix}①&1&3&3&0\\0&①&-\frac{1}{2}&-\frac{1}{2}&2\\0&0&0&0&①\end{bmatrix}$

$\therefore RS(A)=\{[1,1,3,3,0],[3,5,8,8,2],[3,5,8,8,1]\}$, $\dim RS(A)=3$

$$CS(A)=\left\{\begin{bmatrix}1\\3\\3\end{bmatrix},\begin{bmatrix}1\\5\\5\end{bmatrix},\begin{bmatrix}0\\2\\1\end{bmatrix}\right\},\quad \dim CS(A)=3$$

3. $\begin{bmatrix}1&0&1\\-1&1&1\\1&2&5\end{bmatrix}\to\begin{bmatrix}1&0&1\\0&1&2\\0&1&4\end{bmatrix}\to\begin{bmatrix}1&0&1\\0&1&2\\0&0&2\end{bmatrix}\to\begin{bmatrix}①&0&1\\0&①&2\\0&0&①\end{bmatrix}$

$\therefore RS(A)=\{[1,0,1],[-1,1,1],[1,2,5]\}$，$\dim RS(A)=3$

$$CS(A)=\left\{\begin{bmatrix}1\\-1\\1\end{bmatrix},\begin{bmatrix}0\\1\\2\end{bmatrix},\begin{bmatrix}1\\1\\5\end{bmatrix}\right\}，\dim CS(A)=3$$

4. 若 $\boldsymbol{x}\in N(\boldsymbol{A})$ 則 $\boldsymbol{Ax}=\boldsymbol{0}\Rightarrow \boldsymbol{A}^T\boldsymbol{Ax}=\boldsymbol{A}^T\boldsymbol{0}=\boldsymbol{0}$

$\therefore \boldsymbol{x}\in N(\boldsymbol{A}^T\boldsymbol{A})$ 即 $N(\boldsymbol{A})\subseteq N(\boldsymbol{A}^T\boldsymbol{A})$

▸ 習題 3.6

1. (1) A 到 E 之轉換矩陣 $\begin{bmatrix} 0 & -1 \\ 1 & 2 \end{bmatrix}$，$E$ 到 B 之轉換矩陣 $\begin{bmatrix} 1 & 2 \\ -4 & -7 \end{bmatrix}^{-1}$

   $\therefore$ A 到 B 之轉換矩陣為

   $$\begin{bmatrix} 1 & 2 \\ -4 & -7 \end{bmatrix}^{-1}\begin{bmatrix} 0 & -1 \\ 1 & 2 \end{bmatrix}=\begin{bmatrix} -7 & -2 \\ 4 & 1 \end{bmatrix}\begin{bmatrix} 0 & -1 \\ 1 & 2 \end{bmatrix}=\begin{bmatrix} -2 & 3 \\ 1 & -2 \end{bmatrix}$$

   (2) $\left[\begin{pmatrix} -1 \\ 2 \end{pmatrix}\right]_B=\begin{bmatrix} -2 & 3 \\ 1 & -2 \end{bmatrix}\begin{bmatrix} -1 \\ 2 \end{bmatrix}=\begin{bmatrix} 8 \\ -5 \end{bmatrix}$

2. (1) A 到 E 之轉換矩陣 $\begin{bmatrix} 1 & 0 \\ 0 & 1 \end{bmatrix}$，$E$ 到 B 之轉移矩陣 $\begin{bmatrix} 2 & 2 \\ -1 & 1 \end{bmatrix}^{-1}$

   $\therefore$ A 到 B 之轉移矩陣為 $\begin{bmatrix} 2 & 2 \\ -1 & 1 \end{bmatrix}^{-1}\begin{bmatrix} 1 & 0 \\ 0 & 1 \end{bmatrix}=\dfrac{1}{4}\begin{bmatrix} 1 & -2 \\ 1 & 2 \end{bmatrix}\begin{bmatrix} 1 & 0 \\ 0 & 1 \end{bmatrix}=\begin{bmatrix} \frac{1}{4} & \frac{-2}{4} \\ \frac{1}{4} & \frac{2}{4} \end{bmatrix}$

   (2) B 到 E 之轉移矩陣 $\begin{bmatrix} 2 & 2 \\ -1 & 1 \end{bmatrix}$，$E$ 到 A 之轉移矩陣 $\begin{bmatrix} 1 & 0 \\ 0 & 1 \end{bmatrix}^{-1}=\begin{bmatrix} 1 & 0 \\ 0 & 1 \end{bmatrix}$

   $\therefore$ B 到 A 之轉移矩陣為 $\begin{bmatrix} 1 & 0 \\ 0 & 1 \end{bmatrix}^{-1}\begin{bmatrix} 2 & 2 \\ -1 & 1 \end{bmatrix}=\begin{bmatrix} 2 & 2 \\ -1 & 1 \end{bmatrix}$

3. (1) U 到 E 之轉移矩陣 $\begin{bmatrix} 0 & 1 \\ 1 & 0 \end{bmatrix}$

   (2) V 到 E 之轉移矩陣 $\begin{bmatrix} 0 & 1 \\ 1 & 0 \end{bmatrix}^{-1}=\begin{bmatrix} 0 & 1 \\ 1 & 0 \end{bmatrix}$

4. (1) A 到 E 之轉移矩陣 $\begin{bmatrix} 1 & 1 \\ 0 & 1 \end{bmatrix}$，$E$ 到 B 之轉移矩陣 $\begin{bmatrix} 1 & 0 \\ 1 & 1 \end{bmatrix}^{-1}$

   $\therefore$ A 到 B 之轉換矩陣 $\begin{bmatrix} 1 & 0 \\ 1 & 1 \end{bmatrix}^{-1}\begin{bmatrix} 1 & 1 \\ 0 & 1 \end{bmatrix}=\begin{bmatrix} 1 & 0 \\ -1 & 1 \end{bmatrix}\begin{bmatrix} 1 & 1 \\ 0 & 1 \end{bmatrix}=\begin{bmatrix} 1 & 1 \\ -1 & 0 \end{bmatrix}$

(2) $[x]_B = \begin{bmatrix} 1 & 1 \\ -1 & 0 \end{bmatrix} \begin{bmatrix} 2 \\ -5 \end{bmatrix} = \begin{bmatrix} -3 \\ -2 \end{bmatrix}$

(3) $2\boldsymbol{v}_1 - 5\boldsymbol{v}_2 = 2\begin{pmatrix} 1 \\ 0 \end{pmatrix} - 5\begin{pmatrix} 1 \\ 1 \end{pmatrix} = \begin{pmatrix} -3 \\ -5 \end{pmatrix}$

$3\boldsymbol{v}_1 - 2\boldsymbol{v}_2 = -3\begin{pmatrix} 1 \\ 1 \end{pmatrix} - 2\begin{pmatrix} 0 \\ 1 \end{pmatrix} = \begin{pmatrix} -3 \\ -5 \end{pmatrix}$

$\therefore 2\boldsymbol{v}_1 - 5\boldsymbol{v}_2 = -3\boldsymbol{u}_1 - 2\boldsymbol{u}_2$

Chapter 04

▶ 習題 4.1

1. $T\left(\begin{pmatrix} x_1 \\ x_2 \end{pmatrix} + \begin{pmatrix} y_1 \\ y_2 \end{pmatrix}\right) = T\begin{pmatrix} x_1 + y_1 \\ x_2 + y_2 \end{pmatrix} = \begin{pmatrix} x_1 + y_1 \\ -x_2 - y_2 \end{pmatrix} = T\begin{pmatrix} x_1 \\ -x_2 \end{pmatrix} + T\begin{pmatrix} y_1 \\ -y_2 \end{pmatrix}$

$T\left(\alpha\begin{pmatrix} x_1 \\ x_2 \end{pmatrix}\right) = T\begin{pmatrix} \alpha x_1 \\ \alpha x_2 \end{pmatrix} = \begin{pmatrix} \alpha x_1 \\ -\alpha x_2 \end{pmatrix} = \alpha\begin{pmatrix} x_1 \\ -x_2 \end{pmatrix} + \alpha T\begin{pmatrix} x_1 \\ x_2 \end{pmatrix}$

$\therefore T$ 為一線性變換

2. (1) $T\begin{pmatrix} x_1 \\ x_2 \end{pmatrix} = \begin{pmatrix} x_1 + x_2 \\ x_1 \\ 0 \end{pmatrix}$

(i) $T\left(\begin{pmatrix} x_1 \\ x_2 \end{pmatrix} + \begin{pmatrix} y_1 \\ y_2 \end{pmatrix}\right) = T\begin{pmatrix} x_1 + y_1 \\ x_2 + y_2 \end{pmatrix} = \begin{pmatrix} x_1 + x_2 + y_1 + y_2 \\ x_1 + x_0 \\ 0 \end{pmatrix}$

$= T\begin{pmatrix} x_1 \\ x_2 \end{pmatrix} + T\begin{pmatrix} y_1 \\ y_2 \end{pmatrix}$

$$(\text{ii})\, T\left(\alpha\begin{pmatrix}x_1\\x_2\end{pmatrix}\right)=T\begin{pmatrix}\alpha x_1\\\alpha x_2\end{pmatrix}=\begin{pmatrix}\alpha x_1+\alpha x_2\\\alpha x_2\\0\end{pmatrix}$$

$$=\alpha\begin{pmatrix}x_1+x_3\\x_2\\0\end{pmatrix}=\alpha T\begin{pmatrix}x_1\\x_2\end{pmatrix}$$

$\therefore T$ 為一線性變換

(2) $T\begin{pmatrix}0\\0\end{pmatrix}=\begin{pmatrix}0\\0\\e^0\end{pmatrix}=\begin{pmatrix}0\\0\\1\end{pmatrix}\neq\begin{pmatrix}0\\0\\0\end{pmatrix}$

$\therefore T$ 不為線性變換

(3) $T\left[\begin{pmatrix}x_1\\x_2\end{pmatrix}+\begin{pmatrix}y_1\\y_2\end{pmatrix}\right]=T\begin{pmatrix}x_1+x_2\\y_1+y_2\end{pmatrix}=\begin{pmatrix}(x_1+x_2)^2\\y_1+y_2\end{pmatrix}$

$T\begin{pmatrix}x_1\\x_2\end{pmatrix}+T\begin{pmatrix}y_1\\y_2\end{pmatrix}=\begin{pmatrix}x_1^2\\x_2\end{pmatrix}+\begin{pmatrix}y_1^2\\y_2\end{pmatrix}$

$\therefore T\left[\begin{pmatrix}x_1\\x_2\end{pmatrix}+\begin{pmatrix}y_1\\y_2\end{pmatrix}\right]\neq T\begin{pmatrix}x_1\\x_2\end{pmatrix}+T\begin{pmatrix}y_1\\y_2\end{pmatrix}\Rightarrow T$ 不為線性變換

(4) $T(\mathbf{0})\neq 0$

$\therefore T$ 不為線性變換

(5) 取 $P(x)=a+bx$

$T(P(x))=T(a+bx)=b+x(a+bx)+x^2(a+bx)'=b+ax+2bx^2$

取 $q(x)=c+dx$ 則

$$T(P(x)+q(x))=T((a+bx)+(c+dx))=T(a+c)+(b+d)x$$
$$=(b+d)+(a+c)x+2(b+d)x^2$$
$$=(b+ax+2bx^2)+(d+cx+2dx^2)$$
$$=p(x)+q(x)$$

$$T(cp(x))=T(ac+bcx)=bc+acx+2bcx^2$$
$$=c(b+ax+2bx^2)=cp(x)$$

$\therefore T$ 為一線性變換

(6) 設 A, $B\in\mathbf{R}^{n\times n}$ 則

$$T(\boldsymbol{A}+\boldsymbol{B})=(\boldsymbol{A}+\boldsymbol{B})+(\boldsymbol{A}+\boldsymbol{B})^T=\boldsymbol{A}+\boldsymbol{B}+\boldsymbol{A}^T+\boldsymbol{B}^T=(\boldsymbol{A}+\boldsymbol{A}^T)+(\boldsymbol{B}+\boldsymbol{B}^T)$$
$$=T(\boldsymbol{A})+T(\boldsymbol{B})$$
$$T(c\boldsymbol{A})=(c\boldsymbol{A}+c\boldsymbol{A}^T)$$
$$=c(\boldsymbol{A}+\boldsymbol{A}^T)=cT(\boldsymbol{A})$$

$\therefore T$ 為一線性變換

▶ 習題 4.2

1. (1) 令 $\begin{pmatrix}x\\y\end{pmatrix}=a\begin{pmatrix}1\\3\end{pmatrix}+b\begin{pmatrix}2\\7\end{pmatrix}$

$\therefore\begin{cases}a+2b=x\\3a+7b=y\end{cases}$ 解之 $b=y-3x$, $a=7x-2y$

$$T\begin{pmatrix}x\\y\end{pmatrix}=\mathrm{T}\left[(7x-2y)\begin{pmatrix}1\\3\end{pmatrix}+(y-3x)\begin{pmatrix}2\\7\end{pmatrix}\right]=(7x-2y)T\begin{pmatrix}1\\3\end{pmatrix}+(y-3x)T\begin{pmatrix}2\\7\end{pmatrix}$$
$$=(7x-2y)\begin{pmatrix}1\\1\end{pmatrix}+(y-3x)\begin{pmatrix}3\\1\end{pmatrix}=\begin{pmatrix}-2x+y\\4x-y\end{pmatrix}$$

(2) $T\begin{pmatrix}-1\\2\end{pmatrix}=\begin{pmatrix}2+2\\-4-2\end{pmatrix}=\begin{pmatrix}4\\-6\end{pmatrix}$

(3)、(4) $T\begin{pmatrix}0\\0\end{pmatrix}=\begin{pmatrix}0\\0\end{pmatrix}$ $\therefore T$ 為一對一從而映成有反映射 T^{-1}

(5) 令 $T\begin{pmatrix}x\\y\end{pmatrix}=\begin{pmatrix}-2x+y\\4x-y\end{pmatrix}=\begin{pmatrix}\alpha\\\beta\end{pmatrix}$ 解之 $x=\dfrac{\alpha+\beta}{2}$, $y=2\alpha+\beta$

$$\therefore T^{-1}\begin{pmatrix}\alpha\\\beta\end{pmatrix}=\begin{pmatrix}\dfrac{\alpha+\beta}{2}\\2\alpha+\beta\end{pmatrix}$$

2. 令 $\begin{pmatrix} x \\ y \\ z \end{pmatrix} = a\begin{pmatrix} 1 \\ 1 \\ 0 \end{pmatrix} + b\begin{pmatrix} 1 \\ 0 \\ 1 \end{pmatrix} + c\begin{pmatrix} 0 \\ 1 \\ 1 \end{pmatrix}$

$\therefore \begin{cases} a+b \quad\; = x \\ a \quad\; +c = y \\ \quad\; b+c = z \end{cases}$ 解之 $a = \dfrac{x+y-z}{2}$， $b = \dfrac{x-y+z}{2}$， $c = \dfrac{-x+y+z}{2}$

$$\therefore T\begin{pmatrix} x \\ y \\ z \end{pmatrix} = T\left(\frac{x+y-z}{2}\begin{pmatrix} 1 \\ 1 \\ 0 \end{pmatrix} + \frac{x-y+z}{2}\begin{pmatrix} 1 \\ 0 \\ 1 \end{pmatrix} + \frac{-x+y+z}{2}\begin{pmatrix} 0 \\ 1 \\ 1 \end{pmatrix}\right)$$

$$= \frac{x+y-z}{2}\begin{pmatrix} 1 \\ -1 \end{pmatrix} + \frac{x-y+z}{2}\begin{pmatrix} 3 \\ 2 \end{pmatrix} + \frac{-x+y+z}{2}\begin{pmatrix} -3 \\ 2 \end{pmatrix}$$

$$= \frac{1}{2}\begin{pmatrix} 7x-5y-z \\ -x-y+5z \end{pmatrix}$$

3. 令 $\begin{pmatrix} 2 \\ 3 \end{pmatrix} = x\begin{pmatrix} 1 \\ 0 \end{pmatrix} + y\begin{pmatrix} 1 \\ 1 \end{pmatrix}$， $\therefore x=-1$， $y=3$

$$T\begin{pmatrix} 2 \\ 3 \end{pmatrix} = T\left(-\begin{pmatrix} 1 \\ 0 \end{pmatrix} + 3\begin{pmatrix} 1 \\ 1 \end{pmatrix}\right) = -T\begin{pmatrix} 1 \\ 0 \end{pmatrix} + 3T\begin{pmatrix} 1 \\ 1 \end{pmatrix} = -\begin{pmatrix} 1 \\ 4 \end{pmatrix} + 3\begin{pmatrix} 2 \\ 5 \end{pmatrix} = \begin{pmatrix} 5 \\ 11 \end{pmatrix}$$

4. $P(T) = T^2 - 5T - 2I$ ：

$$T^2\begin{pmatrix} x \\ y \end{pmatrix} = T\left(T\begin{pmatrix} x \\ y \end{pmatrix}\right) = T\begin{pmatrix} x+2y \\ 3x+4y \end{pmatrix} = \begin{pmatrix} (x+2y)+2(3x+4y) \\ 3(x+2y)+4(3x+4y) \end{pmatrix}$$

$$= \begin{pmatrix} 7x+10y \\ 15x+22y \end{pmatrix}$$

$$\therefore T^2 - 5T - 2I = \begin{pmatrix} 7x+10y \\ 15x+22y \end{pmatrix} - 5\begin{pmatrix} x+2y \\ 3x+4y \end{pmatrix} - 2\begin{pmatrix} x \\ y \end{pmatrix} = \begin{pmatrix} 0 \\ 0 \end{pmatrix}$$

5. 令 $v = a_1u_1 + a_2u_2 + \cdots + a_nu_n$

$$\therefore T_1(v) = T_1(a_1u_1 + a_2u_2 + \cdots + a_nu_n)$$

$$= a_1T_1(u_1) + a_2T_1(u_2) + \cdots + a_nT_1(u_n)$$

$$= a_1T_2(u_1) + a_2T_2(u_2) + \cdots + a_nT_2(u_n)$$

$$= T_2(a_1u_1 + a_2u_2 + \cdots + a_nu_n)$$

$$= T_2(v)$$

6. 令 $x\begin{bmatrix}1\\0\\0\end{bmatrix} + y\begin{bmatrix}0\\1\\1\end{bmatrix} + z\begin{bmatrix}1\\1\\2\end{bmatrix} = \begin{bmatrix}4\\2\\5\end{bmatrix}$

$$\begin{cases} x \quad + z = 4 \\ y + z = 2 \\ y + 2z = 5 \end{cases} ; \left[\begin{array}{ccc|c}1&0&1&4\\0&1&1&2\\0&1&2&5\end{array}\right] \to \left[\begin{array}{ccc|c}1&0&1&4\\0&1&1&2\\0&0&1&3\end{array}\right] \to \left[\begin{array}{ccc|c}1&0&0&1\\0&1&0&-1\\0&0&1&3\end{array}\right]$$

$\therefore x = 1$， $y = -1$， $z = 3$

$$\therefore T\begin{pmatrix}4\\2\\5\end{pmatrix} = 1T\begin{pmatrix}1\\0\\0\end{pmatrix} - T\begin{pmatrix}0\\1\\1\end{pmatrix} + 3T\begin{pmatrix}1\\1\\2\end{pmatrix} = \begin{pmatrix}3\\2\end{pmatrix} - \begin{pmatrix}-1\\0\end{pmatrix} + 3\begin{pmatrix}0\\1\end{pmatrix} = \begin{pmatrix}4\\5\end{pmatrix}$$

7. 令 $x\begin{bmatrix}1\\0\end{bmatrix} + y\begin{bmatrix}1\\1\end{bmatrix} = \begin{bmatrix}3\\5\end{bmatrix}$，由視察易知 $y = 5$， $x = -2$

$$\therefore T\begin{pmatrix}2\\3\end{pmatrix} = T\left(-2\begin{pmatrix}1\\0\end{pmatrix} + 5\begin{pmatrix}1\\1\end{pmatrix}\right) = -2T\begin{pmatrix}1\\0\end{pmatrix} + 5T\begin{pmatrix}1\\1\end{pmatrix} = -2\begin{pmatrix}1\\4\end{pmatrix} + 5\begin{pmatrix}2\\5\end{pmatrix}$$

$$= \begin{pmatrix}8\\17\end{pmatrix}$$

▶ 習題 4.3

1. (1) $\begin{bmatrix}2&-2&4\\-1&4&4\\1&-2&2\end{bmatrix} \to \begin{bmatrix}1&-1&2\\-1&4&4\\1&-2&2\end{bmatrix} \to \begin{bmatrix}1&1&2\\0&3&6\\0&-1&0\end{bmatrix} \to \begin{bmatrix}1&1&2\\0&1&2\\0&-1&0\end{bmatrix} \to \begin{bmatrix}1&1&2\\0&1&2\\0&0&2\end{bmatrix}$

$\therefore \text{rank}(A) = 3$

(2) (i) $\begin{bmatrix} 1 & -2 & 3 & 0 & 0 \\ 1 & -3 & 3 & -2 & -3 \\ -1 & 7 & -3 & 4 & 9 \\ 1 & 1 & 3 & 7 & 10 \end{bmatrix} \to \begin{bmatrix} 1 & -2 & 3 & 0 & 0 \\ 0 & -1 & 0 & -2 & -3 \\ 0 & 5 & 0 & 4 & 9 \\ 0 & 3 & 0 & 7 & 10 \end{bmatrix}$

$\to \begin{bmatrix} 1 & -2 & 3 & 0 & 0 \\ 0 & 1 & 0 & 2 & 3 \\ 0 & 0 & 0 & -6 & -6 \\ 0 & 0 & 0 & 1 & 1 \end{bmatrix} \to \begin{bmatrix} \textcircled{1} & 2 & 3 & 0 & 0 \\ 0 & \textcircled{1} & 0 & 2 & 3 \\ 0 & 0 & 0 & \textcircled{1} & 1 \\ 0 & 0 & 0 & 0 & 0 \end{bmatrix}$

$\therefore \operatorname{rank}(A) = 3$

(ii) 列空間之一個基底，$\{[1, -2, 3, 0, 0], [1, -3, 3, -2, -3], [-1, 7, -3, 4, 9]\}$

(iii)行空間之一個基底 $\left\{ \begin{bmatrix} 1 \\ 1 \\ -1 \\ 1 \end{bmatrix}, \begin{bmatrix} -2 \\ -3 \\ 7 \\ 1 \end{bmatrix}, \begin{bmatrix} 0 \\ -2 \\ 4 \\ 7 \end{bmatrix} \right\}$

2. $\operatorname{rank}\left(\left[\begin{array}{ccc|c} 1 & 3 & 7 & 4 \\ 2 & -3 & -5 & -1 \\ 4 & -6 & -10 & 1 \end{array}\right] \right) \to \operatorname{rank}\left(\left[\begin{array}{ccc|c} 1 & 3 & 7 & 4 \\ 0 & 9 & 19 & 9 \\ 0 & 0 & 0 & -3 \end{array}\right] \right) = 3$

但 $\operatorname{rank}\left(\begin{bmatrix} 1 & 3 & 7 \\ 2 & -3 & -5 \\ 4 & -6 & 10 \end{bmatrix} \right) = 2$，$\therefore$ 方程組無解

3. $\operatorname{rank}(AB) \le \operatorname{rank}(B) \le n < m$，因 AB 為 m 階方陣，而 AB 之秩小於 m

$\therefore$ AB 之各列為線性相依

4. $\because \operatorname{rank}(PA) \le \operatorname{rank}(A)$

又 $\operatorname{rank}(P^{-1}PA) \le \operatorname{rank}(IA) = \operatorname{rank}(A)$ (1)

但 $\operatorname{rank}(P^{-1}PA) = \operatorname{rank}(IA) = \operatorname{rank}(A)$ $\therefore \operatorname{rank}(PA) \ge \operatorname{rank}(A)$ (2)

由(1), (2)，$\operatorname{rank}(PA) = \operatorname{rank}(A)$

Chapter 05

▶ 習題 5.1

1. (1) $\theta=\cos^{-1}\dfrac{x^T y}{\|x\|\|y\|}=\cos^{-1}\dfrac{3}{\sqrt{2}\sqrt{3}}=\cos^{-1}\dfrac{3}{\sqrt{10}}$

(2) $\theta=\cos^{-1}\dfrac{x^T y}{\|x\|\|y\|}=\cos^{-1}\dfrac{9}{\sqrt{6}\sqrt{14}}=\cos^{-1}\dfrac{9}{\sqrt{84}}$

2. 不恆成立，也許 $x\neq z$

3. (1) $(x_1, x_2, x_3)\begin{pmatrix}x_1\\x_2\\x_3\end{pmatrix}=x_1^2+x_2^2+x_3^2\geq 0$

(2) $x^T y=(x_1, x_2, x_3)\begin{pmatrix}y_1\\y_2\\y_3\end{pmatrix}=x_1y_1+x_2y_2+x_3y_3=y_1x_1+y_2x_2+y_3x_3=y^T x$

(3) $x^T(y+z)=(x_1, x_2, x_3)\left[\begin{pmatrix}y_1\\y_2\\y_3\end{pmatrix}+\begin{pmatrix}z_1\\z_2\\z_3\end{pmatrix}\right]=(x_1, x_2, x_3)\begin{pmatrix}y_1+z_1\\y_2+z_2\\y_3+z_3\end{pmatrix}$

$=x_1(y_1+z_1)+x_2(\mathrm{y}_2+z_2)+x_3(y_3+z_3)$

$=(x_1y_1+x_2y_2+x_3y_3)+(x_1z_1+x_2z_2+x_3z_3)=x^T y+x^T z$

4. $w=(1, 3)^T$, $Q^T=\left(\dfrac{v^T w}{w^T w}\right)w=\left(\dfrac{16}{10}\right)\begin{pmatrix}1\\3\end{pmatrix}=\begin{pmatrix}1.6\\4.8\end{pmatrix}$

即 $Q=(1.6, 4.8)$ 是 $y=3x$ 上距(1, 5)點最近之點

5. 若 $x\in W_2^{\perp}$ 則 $<x, y>=0$, $\forall y\in W_2$ 但 $W_1\subseteq W_2$

$\therefore <x, y>=0$, $\forall y\in W_1$，故 $W_2^{\perp}\subseteq W_1^{\perp}$

6. (1) 設 $u=\begin{pmatrix}x\\y\\z\end{pmatrix}\in W^{\perp}$ 則 $<\begin{pmatrix}1\\2\\3\end{pmatrix},\begin{pmatrix}x\\y\\z\end{pmatrix}>=0$，$\therefore x+2y+3z=0$

取 $y=t$，$y=s$，則 $x=-2s-3t$，解為 $\begin{pmatrix}-2s-3t\\s\\t\end{pmatrix}=s\begin{pmatrix}-2\\1\\0\end{pmatrix}+t\begin{pmatrix}-3\\0\\1\end{pmatrix}$

$\therefore W^{\perp}$ 之一組基底為 $=\left\{\begin{pmatrix}-2\\0\\1\end{pmatrix},\begin{pmatrix}-3\\0\\1\end{pmatrix}\right\}$

(2) 設 $u=\begin{pmatrix}x\\y\\z\end{pmatrix}\in W^{\perp}$ 則需

$$\begin{cases}(x,y,z)\begin{pmatrix}1\\2\\3\end{pmatrix}=0\\(x,y,z)\begin{pmatrix}1\\0\\1\end{pmatrix}=0\end{cases}\text{，即}\begin{cases}x\ +2y+3z=0\\x\ +z=0\end{cases}$$

$$\left[\begin{array}{ccc|c}1&2&3&0\\1&0&1&0\end{array}\right]\to\left[\begin{array}{ccc|c}1&2&3&0\\0&-2&-2&0\end{array}\right]\to\left[\begin{array}{ccc|c}1&2&3&0\\0&1&1&0\end{array}\right]\to\left[\begin{array}{ccc|c}1&0&1&0\\0&1&1&0\end{array}\right]$$

$\therefore$ 解為 $z=-t$，$y=-t$，$x=t$，$t\in\mathbf{R}$

即 $t\begin{pmatrix}1\\1\\-1\end{pmatrix}$，$t\in\mathbf{R}$，因此 $W^{\perp}$ 之一組基底為 $\left\{\begin{pmatrix}1\\1\\-1\end{pmatrix}\right\}$

▶ 習題 5.2

1. P1：$<\boldsymbol{A},\boldsymbol{A}>=tr(\boldsymbol{A}\boldsymbol{A}^T)=\sum_{i=1}^{n}a_{ij}a_{ji}=\sum_{i=1}^{n}a_{ij}^2\geq 0$

又 $\boldsymbol{A}=\mathbf{0}$ 時 $<\boldsymbol{A},\boldsymbol{A}>=0$

P2：$<\boldsymbol{A},\boldsymbol{B}>=tr(\boldsymbol{A}\boldsymbol{B}^T)$，$<\boldsymbol{B},\boldsymbol{A}>=tr(\boldsymbol{B}\boldsymbol{A}^T)$

因方陣 $\boldsymbol{A}$ 之跡與 $\boldsymbol{A}^T$ 之跡相等

$\therefore <\boldsymbol{A},\boldsymbol{B}>=tr(\boldsymbol{A}\boldsymbol{B}^T)=tr((\boldsymbol{B}^T)^T\boldsymbol{A}^T)=tr(\boldsymbol{B}\boldsymbol{A}^T)=<\boldsymbol{B},\boldsymbol{A}>$

P3：$<\alpha\boldsymbol{A}+\beta\boldsymbol{B},\boldsymbol{C}>=tr((\alpha\boldsymbol{A}+\beta\boldsymbol{B})\boldsymbol{C}^T)=tr(\alpha\boldsymbol{A}\boldsymbol{C}^T+\beta\boldsymbol{B}\boldsymbol{C}^T)$

$$=\alpha tr(\boldsymbol{A}\boldsymbol{C}^T)+\beta tr(\boldsymbol{B}\boldsymbol{C}^T)$$

$$=\alpha<\boldsymbol{A},\boldsymbol{C}>+\beta<\boldsymbol{B},\boldsymbol{C}>$$

$\therefore V$ 為內積空間

2. (1) $<f,g>=\int_0^1(t^2+1)tdt=\int_0^1(t^3+t)dt=\left.\frac{t^4}{4}+\frac{t^2}{2}\right]_0^1=\frac{3}{4}$

(2) $\|f\|^2=<f,f>=\int_0^1(t^2+1)(t^2+1)dt$

$$=\int_0^1(t^4+2t^2+1)dt=\left.\frac{t^5}{5}+\frac{2}{3}t^3+t\right]_0^1=\frac{28}{15}$$

$\therefore \|f\|=\sqrt{\frac{28}{15}}$

3. $<\boldsymbol{u}+\boldsymbol{v},\boldsymbol{u}-\boldsymbol{v}>=<\boldsymbol{u},\boldsymbol{u}>+<\boldsymbol{u},-\boldsymbol{v}>+<\boldsymbol{v},\boldsymbol{u}>+<\boldsymbol{v},-\boldsymbol{v}>$

$$=<\boldsymbol{u},\boldsymbol{u}>-<\boldsymbol{u},\boldsymbol{v}>+<\boldsymbol{u},\boldsymbol{v}>-<\boldsymbol{v},\boldsymbol{v}>$$

$$=\|\boldsymbol{u}\|^2-\|\boldsymbol{v}\|^2=0 \quad \|\boldsymbol{u}\|=\|\boldsymbol{v}\|$$

4. P1：$<\boldsymbol{A},\boldsymbol{A}>=a_{11}b_{11}+a_{12}b_{12}+a_{21}b_{21}+a_{22}b_{22}$

$$=a_{11}^2+a_{12}^2+a_{21}^2+a_{22}^2\geq 0$$

當 $\boldsymbol{A}=\boldsymbol{0}$ 時 $<\boldsymbol{A},\boldsymbol{A}>=\boldsymbol{0}$

P2：$<\boldsymbol{A},\boldsymbol{B}>=a_{11}b_{11}+a_{12}b_{12}+a_{21}b_{21}+a_{22}b_{22}$

$$=b_{11}a_{11}+b_{12}a_{12}+b_{21}a_{21}+b_{22}a_{22}=<\boldsymbol{B},\boldsymbol{A}>$$

P3：$<\alpha \boldsymbol{A}+\beta \boldsymbol{B}, \boldsymbol{C}>=\left\langle\begin{bmatrix}\alpha a_{11}+\beta b_{11} & \alpha a_{21}+\beta b_{21} \\ \alpha a_{21}+\beta b_{21} & \alpha a_{22}+\beta b_{22}\end{bmatrix},\begin{bmatrix}c_{11} & c_{12} \\ c_{21} & c_{22}\end{bmatrix}\right\rangle$

$$=(\alpha a_{11}+\beta b_{11})c_{11}+(\alpha a_{12}+\beta b_{12})c_{12}+(\alpha a_{21}+\beta_{21})c_{21}$$

$$+(\alpha a_{21}+\beta_{21})c_{21}+(\alpha a_{22}+\beta b_{22})c_{22}$$

$$=\alpha a_{11}c_{11}+\alpha a_{12}c_{12}+\alpha a_{21}+\alpha a_{21}c_{21}+\alpha a_{22}c_{22}$$

$$+\beta b_{11}c_{11}+\beta b_{12}c_{12}+\beta_{21}c_{21}+\beta b_{22}c_{22}$$

$$=\alpha<\boldsymbol{A}, \boldsymbol{C}>+\beta<\boldsymbol{B}, \boldsymbol{C}>$$

$\therefore V$ 為一內積空間

5. (1) $<\boldsymbol{u}+\boldsymbol{v}, \boldsymbol{u}+\boldsymbol{v}>=<\boldsymbol{u}, \boldsymbol{u}>+<\boldsymbol{u}, \boldsymbol{v}>+<\boldsymbol{v}, \boldsymbol{u}>+<\boldsymbol{u}, \boldsymbol{u}>$

$$=\|\boldsymbol{u}\|^2+<\boldsymbol{u}, \boldsymbol{v}>+<\boldsymbol{u}, \boldsymbol{v}>+\|\boldsymbol{v}\|^2$$

$$=\|\boldsymbol{u}\|^2+\|\boldsymbol{v}\|^2+2<\boldsymbol{u}, \boldsymbol{v}>$$

$$=(\|\boldsymbol{u}\|+\|\boldsymbol{v}\|)^2$$

又 $<\boldsymbol{u}+\boldsymbol{v}, \boldsymbol{u}+\boldsymbol{v}>=\|\boldsymbol{u}+\boldsymbol{v}\|^2$

$\therefore \|\boldsymbol{u}+\boldsymbol{v}\| \leq \|\boldsymbol{u}\|+\|\boldsymbol{v}\|$

(2) $\|\boldsymbol{u}+\boldsymbol{v}\|^2+\|\boldsymbol{u}-\boldsymbol{v}\|^2=<\boldsymbol{u}+\boldsymbol{v}, \boldsymbol{u}+\boldsymbol{v}>+<\boldsymbol{u}-\boldsymbol{v}, \boldsymbol{u}-\boldsymbol{v}>$

$$=<\boldsymbol{u}, \boldsymbol{u}>+<\boldsymbol{u}, \boldsymbol{v}>+<\boldsymbol{v}, \boldsymbol{u}>+<\boldsymbol{v}, \boldsymbol{v}>+<\boldsymbol{u}, \boldsymbol{u}>$$

$$+<\boldsymbol{u}, -\boldsymbol{v}>+<-\boldsymbol{v}, \boldsymbol{u}>-<-\boldsymbol{v}, -\boldsymbol{v}>$$

$$=\|\boldsymbol{u}\|^2+2<\boldsymbol{u}, \boldsymbol{v}>+\|\boldsymbol{v}\|^2+\|\boldsymbol{u}\|^2-2<\boldsymbol{u}, \boldsymbol{v}>+\|\boldsymbol{v}\|^2$$

$$=2(\|\boldsymbol{u}\|^2+\|\boldsymbol{v}\|^2)$$

▶ 習題 5.3

1. (1) $\begin{bmatrix}\cos\theta & -\sin\theta \\ \sin\theta & \cos\theta\end{bmatrix}\begin{bmatrix}\cos\theta & \sin\theta \\ -\sin\theta & \cos\theta\end{bmatrix}=\begin{bmatrix}1 & 0 \\ 0 & 1\end{bmatrix}$ $\therefore$為正交陣

(2) $\begin{bmatrix} 1 & -\frac{1}{2} & \frac{1}{3} \\ -\frac{1}{2} & 1 & \frac{1}{2} \\ \frac{1}{3} & \frac{1}{2} & -1 \end{bmatrix}\begin{bmatrix} 1 & \frac{1}{2} & \frac{1}{3} \\ -\frac{1}{2} & 1 & \frac{1}{2} \\ -\frac{1}{3} & \frac{1}{2} & -1 \end{bmatrix} \neq I_3$ $\therefore$不為正交陣

2. 定理 D (2) A為正交陣，$AA^T = I$，$\therefore A^T = A^{-1}$

定理 D (3) A為正交陣，$(AA^T)^{-1} = I^{-1} = I \Rightarrow (A^T)^{-1}A^{-1} = I$

但$(A^T)^{-1} = (A^{-1})^T$ $\therefore (A^{-1})^T(A^{-1}) = I$，即 A^{-1}亦為正交陣

定理 D (4) $(AB)^{-1} = B^{-1}A^{-1} = B^T A^T = (AB)^T$

$\therefore AB$ 亦為正交陣

3. 先求W之一個基底：

$$令\ u = \begin{bmatrix} a \\ b \\ c \\ d \end{bmatrix} 則 \begin{cases} <u, u_1> = [a, b, c, d]\begin{bmatrix} -1 \\ 0 \\ 1 \\ 2 \end{bmatrix} = -a + c + 2d = 0 \\ <u, u_2> = [a, b, c, d]\begin{bmatrix} 0 \\ 1 \\ 0 \\ 1 \end{bmatrix} = b + d = 0 \end{cases}$$

解之

令 $d = t$, $b = -t$, $c = s$, $a = s + 2t$

$$\begin{bmatrix} a \\ b \\ c \\ d \end{bmatrix} = s\begin{bmatrix} 1 \\ 0 \\ 1 \\ 0 \end{bmatrix} + t\begin{bmatrix} 2 \\ -1 \\ 0 \\ 1 \end{bmatrix} 得\ W^T 之一個基底 \left\{\begin{bmatrix} 1 \\ 0 \\ 1 \\ 0 \end{bmatrix}, \begin{bmatrix} 2 \\ -1 \\ 0 \\ 1 \end{bmatrix}\right\}$$

次求 W 之單範正交基底

令 $v_1 = \begin{bmatrix} 1 \\ 0 \\ 1 \\ 0 \end{bmatrix}$, $v_2 = \begin{bmatrix} 2 \\ -1 \\ 0 \\ 1 \end{bmatrix}$，由 Gram-Schmidt 正交過程

$$u_1 v_1 \text{ ——————————— } = \begin{bmatrix} 1 \\ 0 \\ 1 \\ 0 \end{bmatrix}$$

$$u_2 = v_2 - \frac{< u_2, u_1 >}{< u_1, u_1 >} u_1$$

$$= \begin{bmatrix} 2 \\ -1 \\ 0 \\ 1 \end{bmatrix} - \frac{2}{2} \begin{bmatrix} 1 \\ 0 \\ 1 \\ 0 \end{bmatrix} = \begin{bmatrix} 1 \\ -1 \\ -1 \\ 1 \end{bmatrix}$$

$\therefore W$ 之一個單範正交基底為 $\left\{ \begin{bmatrix} \frac{1}{\sqrt{2}} \\ 0 \\ \frac{1}{\sqrt{2}} \\ 0 \end{bmatrix}, \begin{bmatrix} \frac{1}{2} \\ -\frac{1}{2} \\ -\frac{1}{2} \\ \frac{1}{2} \end{bmatrix} \right\}$

4. $H = I - \frac{2}{u^T u} u u^T$

$$= \begin{bmatrix} 1 & 0 & 0 \\ 0 & 1 & 0 \\ 0 & 0 & 1 \end{bmatrix} - \frac{2}{3} \begin{bmatrix} 1 \\ 1 \\ 1 \end{bmatrix} [1, 1, 1] = \begin{bmatrix} \frac{1}{3} & -\frac{2}{3} & -\frac{2}{3} \\ -\frac{2}{3} & \frac{1}{3} & -\frac{2}{3} \\ \frac{2}{3} & -\frac{2}{3} & \frac{1}{3} \end{bmatrix}$$

5. $< u_2, u_1 > = \left\langle v_2 - \frac{< v_2, u_1 >}{< u_1, u_1 >} u_1, u_1 \right\rangle = < v_2, u_1 > - \frac{< v_2, u_1 >}{< u_1, u_1 >} < u_1, u_1 >$

$= < v_2, u_1 > - < v_2, u_1 > = 0$

Chapter 06

▶ 習題 6.1

1. (1) 特徵方程式 $|A - \lambda I| = \lambda^2 - 3\lambda - 10 = (\lambda - 5)(\lambda - 2) = 0$

   ∴得特徵值為 $\lambda = -2, 5$

   (2) (i) $\lambda = -2$ 時，$(A + 2I)x = 0$

   $$\left[\begin{array}{cc|c} 3 & 4 & 0 \\ 3 & 4 & 0 \end{array}\right] \to \left[\begin{array}{cc|c} 3 & 4 & 0 \\ 0 & 0 & 0 \end{array}\right] \text{取 } x_1 = t\begin{pmatrix} -4 \\ 3 \end{pmatrix}, \quad t \in \mathbf{R}$$

   (ii) $\lambda = 5$時，$(A - 5I)x = 0$

   $$\left[\begin{array}{cc|c} -4 & 4 & 0 \\ 3 & -3 & 0 \end{array}\right] \to \left[\begin{array}{cc|c} 1 & -1 & 0 \\ 0 & 0 & 0 \end{array}\right] \text{取 } x_2 = t\begin{pmatrix} 1 \\ 1 \end{pmatrix}, \quad t \in \mathbf{R}$$

2. (1) A之特徵方程式 $\lambda^3 - 4\lambda^2 + 3\lambda = \lambda(\lambda - 1)(\lambda - 3) = 0$

   ∴得特徵值為 $\lambda = 0, 3$

   (2) (i) $\lambda = 0$時，$(A - 0I)x = 0$

   $$(A - 0I)x = \left[\begin{array}{ccc|c} 1 & -1 & 0 & 0 \\ -1 & 2 & -1 & 0 \\ 0 & -1 & 1 & 0 \end{array}\right] \to \left[\begin{array}{ccc|c} 1 & -1 & 0 & 0 \\ 0 & 1 & -1 & 0 \\ 0 & -1 & 1 & 0 \end{array}\right] \to \left[\begin{array}{ccc|c} 1 & 0 & -1 & 0 \\ 0 & 1 & -1 & 0 \\ 0 & 0 & 0 & 0 \end{array}\right]$$

   $$\therefore \text{取 } x_1 = t\begin{pmatrix} 1 \\ 1 \\ 1 \end{pmatrix}$$

(ii) $\lambda=1$時，$(A-I)x=0$：

$$\left[\begin{array}{ccc|c}0&-1&0&0\\-1&1&-1&0\\0&-1&0&0\end{array}\right]\to\left[\begin{array}{ccc|c}-1&1&1&0\\0&-1&0&0\\0&-1&0&0\end{array}\right]\to\left[\begin{array}{ccc|c}1&-1&1&0\\0&-1&0&0\\0&-1&0&0\end{array}\right]\to\left[\begin{array}{ccc|c}1&0&1&0\\0&1&0&0\\0&0&0&0\end{array}\right]$$

$\therefore$取 $x_2=t\begin{bmatrix}-1\\0\\1\end{bmatrix}$

(iii) $\lambda=3$時，$(A-3I)x=0$

$$\left[\begin{array}{ccc|c}-2&-1&0&0\\-1&-1&-1&0\\0&-1&-2&0\end{array}\right]\to\left[\begin{array}{ccc|c}2&1&0&0\\1&1&1&0\\0&1&2&0\end{array}\right]\to\left[\begin{array}{ccc|c}1&1&1&0\\2&1&0&0\\0&1&2&0\end{array}\right]\to$$

$$\left[\begin{array}{ccc|c}1&1&1&0\\0&1&2&0\\0&1&2&0\end{array}\right]\to\left[\begin{array}{ccc|c}1&1&1&0\\0&1&2&0\\0&0&0&0\end{array}\right]\to\left[\begin{array}{ccc|c}1&0&-1&0\\0&1&2&0\\0&0&0&0\end{array}\right]$$

$\therefore$取 $x_3=t\begin{pmatrix}1\\-2\\1\end{pmatrix}$

3. (1) 特徵方程式為 $\lambda^3-3\lambda-2=(\lambda+1)^2(\lambda-2)=0$

$\therefore$得特徵值為 $\lambda=-1$（重根），2

(2) (i) $\lambda=-1$時，$(A+I)x=0$

$$\left[\begin{array}{ccc|c}1&1&1&0\\1&1&1&0\\1&1&1&0\end{array}\right]\to\left[\begin{array}{ccc|c}1&1&1&0\\0&0&0&0\\0&0&0&0\end{array}\right],\quad x_3=t,\quad x_2=s,\quad x_1=-t-s$$

$\therefore x=\begin{pmatrix}-t-s\\s\\t\end{pmatrix}=s\begin{pmatrix}-1\\1\\0\end{pmatrix}+t\begin{pmatrix}-1\\0\\1\end{pmatrix}$，即特徵向量 $x_1=s\begin{pmatrix}-1\\1\\0\end{pmatrix}$，$x_2=t\begin{pmatrix}-1\\0\\1\end{pmatrix}$

(ii) $\lambda=2$時，$(A-2I)x=0$

$$\left[\begin{array}{ccc|c} -2 & 1 & 1 & 0 \\ 1 & -2 & 1 & 0 \\ 1 & 1 & -2 & 0 \end{array}\right] \to \left[\begin{array}{ccc|c} 1 & -2 & 1 & 0 \\ -1 & 1 & 1 & 0 \\ 1 & 1 & -2 & 0 \end{array}\right] \to \left[\begin{array}{ccc|c} 1 & -2 & 1 & 0 \\ 0 & -3 & 3 & 0 \\ 0 & 3 & -3 & 0 \end{array}\right]$$

$$\to \left[\begin{array}{ccc|c} 1 & -2 & 1 & 0 \\ 0 & 1 & -1 & 0 \\ 0 & 1 & -1 & 0 \end{array}\right] \to \left[\begin{array}{ccc|c} 1 & 0 & -1 & 0 \\ 0 & 1 & -1 & 0 \\ 0 & 0 & 0 & 0 \end{array}\right]$$

$$\therefore x_3 = t\begin{pmatrix} 1 \\ 1 \\ 1 \end{pmatrix}$$

4. $\lambda^3+c\lambda^2+b\lambda+a=0$

5. (1) A之特徵值$\lambda=5, 0$（4 個重根）

(2) B之特徵值$\lambda=0$（5 個重根）

(3) C之特徵值$\lambda=1, 0$（4 個重根）

▶ 習題 6.2

1. A之特徵方程式為$\lambda^2-3\lambda+4=0$

$\lambda^3-2\lambda^2+\lambda-2=(\lambda-1)(\lambda^2-3\lambda+4)-6\lambda+2$

$$\therefore \boldsymbol{A}^3-2\boldsymbol{A}^2+\boldsymbol{A}-2\boldsymbol{I}=(\boldsymbol{A}-\boldsymbol{I})(\boldsymbol{A}^2-3\boldsymbol{A}+4\boldsymbol{I})-6\boldsymbol{A}+2\boldsymbol{I}$$

$$=-6\boldsymbol{A}+2\boldsymbol{I}=-6\begin{bmatrix} 1 & 2 \\ -4 & -4 \end{bmatrix}+2\begin{bmatrix} 1 & 0 \\ 0 & 1 \end{bmatrix}$$

$$=\begin{bmatrix} -4 & -12 \\ 24 & 26 \end{bmatrix}$$

2. A之特徵方程式為 $\lambda^2-\lambda-2=0$

$\lambda^3-3\lambda^2-7\lambda+4=(\lambda-2)(\lambda^2-\lambda-2)-7\lambda$

即 $\boldsymbol{A}^3-3\boldsymbol{A}^2-7\boldsymbol{A}+4\boldsymbol{I}=(\boldsymbol{A}-2\boldsymbol{I})(\boldsymbol{A}^2-\boldsymbol{A}-2\boldsymbol{I})-7\boldsymbol{A}=-7\begin{bmatrix}0&1\\2&1\end{bmatrix}$

$=\begin{bmatrix}0&-7\\-14&-7\end{bmatrix}$

3. $\boldsymbol{Ax}=\lambda\boldsymbol{x}$, $\boldsymbol{x}^T\boldsymbol{Ax}=\boldsymbol{x}^T\lambda\boldsymbol{x}=\lambda\boldsymbol{x}^T\boldsymbol{x}=\lambda$

4. 若λ, μ有共同之特徵向量x則

$\boldsymbol{Ax}=\lambda\boldsymbol{x}$ $\quad\therefore \boldsymbol{x}^T\boldsymbol{Ax}=\lambda\boldsymbol{x}^T\boldsymbol{x}$

$\boldsymbol{Ax}=\mu\boldsymbol{x}$ $\quad\therefore \boldsymbol{x}^T\boldsymbol{Ax}=\mu\boldsymbol{x}^T\boldsymbol{x}$

$\therefore(\lambda-\mu)\boldsymbol{x}^T\boldsymbol{x}=0$，又 $\boldsymbol{x}\neq\boldsymbol{0}$, $\boldsymbol{x}^T\boldsymbol{x}\neq\boldsymbol{0}$ $\quad\therefore\lambda-\mu=0$即$\lambda=\mu$

此與假設不合，故A之二個相異特徵值不可能有相同之特徵向量

5. $\because A\underset{\sim}{1}=1\underset{\sim}{1}$, $\underset{\sim}{1}=\begin{pmatrix}1\\1\\\vdots\\1\end{pmatrix}$則

$$A\underset{\sim}{1}=\begin{pmatrix}a_{11}&a_{12}&\cdots&a_{1n}\\a_{21}&a_{22}&\cdots&a_{2n}\\\cdots&\cdots&\cdots&\cdots\\a_{n1}&a_{n2}&\cdots&a_{nn}\end{pmatrix}\begin{pmatrix}1\\1\\\vdots\\1\end{pmatrix}=1\begin{pmatrix}a_{11}+a_{12}+\cdots+a_{1n}\\a_{21}+a_{22}+\cdots a_{2n}\\\cdots\cdots\cdots\cdots\cdots\\a_{n1}+a_{n2}+\cdots a_{nn}\end{pmatrix}$$

$$=1\begin{pmatrix}1\\1\\\vdots\\1\end{pmatrix}$$

$\therefore 1$為A之一個特徵值

▶ 習題 6.3

1. $\because |A| \neq 0$, A^{-1}存在$\therefore$ $A^{-1}(AB)A = A^{-1}ABA = BA$ $\quad\therefore AB \sim BA$

2. $\because A$可對角化$\therefore$存在一個奇異陣P，使得$P^{-1}AP = \wedge$或$A = P \wedge P^{-1}$

   $A^{-1} = (P \wedge P^{-1})^T = (P^{-1})^T \wedge^T P^T = (P^T)^{-1} \wedge P^T$，$A$表對角陣

3. A之特徵方程式$\lambda^2 - (a+d)\lambda + (ad-bc) = 0$

   A可對角化之條件為特徵值各異

   $\therefore [-(a+d)]^2 - 4(ad-bc) \neq 0$或$(a+d)^2 - 4(ad-bc) \neq 0$

4. A之特徵方程式為$\lambda^2 - 8\lambda + 15 = (\lambda-3)(\lambda-5)=0$ $\quad\therefore = 3, 5$

   (1) $\lambda = 3$時，$(A-3I)x = \mathbf{0}$

   $$\left[\begin{array}{cc|c} 4 & 2 & 0 \\ -4 & -2 & 0 \end{array}\right] \to \left[\begin{array}{cc|c} 2 & 1 & 0 \\ -4 & -2 & 0 \end{array}\right] = \left[\begin{array}{cc|c} 2 & 1 & 0 \\ 0 & 0 & 0 \end{array}\right]$$

   $\therefore x_2 = 2t$, $x_1 = -t$, 取$x = t\begin{bmatrix} -1 \\ 2 \end{bmatrix}$

   (2) $\lambda = 5$時，$(A-5I)x = \mathbf{0}$

   $$\left[\begin{array}{cc|cc} 2 & 2 & 0 & 0 \\ -4 & -4 & 0 & 0 \end{array}\right] \to \left[\begin{array}{cc|c} 1 & 1 & 0 \\ -4 & -4 & 0 \end{array}\right] = \left[\begin{array}{cc|c} 1 & 1 & 0 \\ 0 & 0 & 0 \end{array}\right]$$

   $\therefore x_2 = t$, $x_1 = -t$, 取$x = t\begin{bmatrix} -1 \\ 1 \end{bmatrix}$

   $\therefore P = \begin{bmatrix} -1 & -1 \\ 2 & 1 \end{bmatrix}$，則$P^{-1}\begin{bmatrix} 7 & 2 \\ -4 & 1 \end{bmatrix}P = \begin{bmatrix} 3 & 0 \\ 0 & 5 \end{bmatrix}$

5. A之特徵多項式

   $P(\lambda) = |A - \lambda I| = \lambda^3 - 8\lambda^2 + 14\lambda - 12 = (\lambda-1)(\lambda-3)(\lambda-4) = 0$

   $\therefore \lambda = 1, 3, 4$

(1) $\lambda=1$時，$(A-1I)x=\mathbf{0}$

$$\left[\begin{array}{ccc|c}1&-1&-1&0\\-1&2&0&0\\-1&0&2&0\end{array}\right]\to\left[\begin{array}{ccc|c}1&-1&-1&0\\0&1&-1&0\\0&0&0&0\end{array}\right]$$

$\therefore x_3=t,\ \ x_2=t,\ \ x_1=2t$　取 $x=t\begin{bmatrix}2\\1\\1\end{bmatrix}$

(2) $\lambda=3$時，$(A-3I)x=\mathbf{0}$

$$\left[\begin{array}{ccc|c}-1&-1&-1&0\\-1&0&0&0\\-1&0&0&0\end{array}\right]\to\left[\begin{array}{ccc|c}1&1&1&0\\1&0&0&0\\1&0&0&0\end{array}\right]\to\left[\begin{array}{ccc|c}1&1&1&0\\1&0&0&0\\0&0&0&0\end{array}\right]\to\left[\begin{array}{ccc|c}0&1&1&0\\1&0&0&0\\0&0&0&0\end{array}\right]$$

$\therefore x_1=0,\ \ x_3=t,\ \ x_2=-t$，取 $x=t\begin{bmatrix}0\\-1\\1\end{bmatrix}$

(3) $\lambda=4$時，$(A-4I)x=\mathbf{0}$

$$\left[\begin{array}{ccc|c}-2&-1&-1&0\\-1&-1&0&0\\-1&0&-1&0\end{array}\right]\to\left[\begin{array}{ccc|c}1&1&0&0\\2&1&1&0\\1&0&1&0\end{array}\right]\to\left[\begin{array}{ccc|c}1&1&0&0\\0&1&-1&0\\0&1&-1&0\end{array}\right]\to\left[\begin{array}{ccc|c}1&0&1&0\\0&1&-1&0\\0&0&0&0\end{array}\right]$$

$\therefore x_3=t,\ \ x_2=t,\ \ x_1=-t,\ \ x=t\begin{bmatrix}-1\\1\\1\end{bmatrix}$

將 $v_1=\begin{bmatrix}2\\1\\1\end{bmatrix},\ \ v_2=\begin{bmatrix}0\\-1\\1\end{bmatrix},\ \ v_3=\begin{bmatrix}-1\\1\\1\end{bmatrix}$

單位化得 $y_1=\begin{bmatrix}\frac{2}{\sqrt{6}}\\ \frac{1}{\sqrt{6}}\\ \frac{1}{\sqrt{6}}\end{bmatrix}$，$y_2=\begin{bmatrix}0\\ -\frac{1}{\sqrt{2}}\\ \frac{1}{\sqrt{2}}\end{bmatrix}$，$y_3=\begin{bmatrix}\frac{-1}{\sqrt{3}}\\ \frac{1}{\sqrt{3}}\\ \frac{1}{\sqrt{3}}\end{bmatrix}$

$$\therefore P=\begin{bmatrix}\frac{2}{\sqrt{6}} & 0 & \frac{-1}{\sqrt{3}}\\ \frac{1}{\sqrt{6}} & -\frac{1}{\sqrt{2}} & \frac{1}{\sqrt{3}}\\ \frac{1}{\sqrt{6}} & \frac{1}{\sqrt{2}} & \frac{1}{\sqrt{3}}\end{bmatrix},\quad P^{-1}AP=\begin{bmatrix}1 & 0 & 0\\ 0 & 3 & 0\\ 0 & 0 & 4\end{bmatrix}$$

6. A之特徵方程式$\lambda^2-2\lambda+1=(\lambda-1)^2=0$，$\lambda=1$（重根）

$\because \text{rank}(A-I)=\text{rank}\left(\begin{bmatrix}3 & 9\\ -1 & -3\end{bmatrix}\right)=1\neq 2-2=0$

$\therefore A$不可對角化

7. A之特徵方程式$(\lambda-a)^n=0\ \therefore A$有徵一特徵值$\lambda=a$（$n$重根）

$\because A$為可對角化之條件為$\text{rank}(\boldsymbol{A}-a\boldsymbol{I})=n-n=0$

$\therefore \boldsymbol{A}-a\boldsymbol{I}=0\Rightarrow \boldsymbol{A}=a\boldsymbol{I}$

8. A之特徵多項式$\lambda^3-3\lambda-2=(\lambda-1)^2(\lambda-2)$

(1) $\lambda=-1$時，$(A+I)x=0$

$$\left[\begin{array}{ccc|c}1 & 1 & 1 & 0\\ 1 & 1 & 1 & 0\\ 1 & 1 & 1 & 0\end{array}\right]\rightarrow\left[\begin{array}{ccc|c}1 & 1 & 1 & 0\\ 0 & 0 & 0 & 0\\ 0 & 0 & 0 & 0\end{array}\right]\Rightarrow x_3=t,\ \ x_2=s,\ \ x_1=-s,\ \ t$$

$$\therefore x=s\begin{pmatrix}-1\\ 1\\ 0\end{pmatrix}+t\begin{pmatrix}-1\\ 0\\ 1\end{pmatrix}$$

取 $v_1=\begin{pmatrix}-1\\1\\0\end{pmatrix}$, $v_2=\begin{pmatrix}-1\\0\\1\end{pmatrix}$，利用 Gram-Schmidt 正交過程：

$u_1=v_1$

$$u_2=v_2-\frac{<v_2,u_1>}{<u_1,u_1>}u_1=\begin{bmatrix}-1\\0\\1\end{bmatrix}-\frac{1}{2}\begin{bmatrix}-1\\1\\0\end{bmatrix}=\begin{bmatrix}-\frac{1}{2}\\-\frac{1}{2}\\1\end{bmatrix}$$

將 u_1, u_2 單位化，$y_1=\begin{bmatrix}\frac{-1}{\sqrt{2}}\\\frac{1}{\sqrt{2}}\\0\end{bmatrix}$, $y_2=\begin{bmatrix}-\frac{1}{\sqrt{6}}\\-\frac{1}{\sqrt{6}}\\\frac{2}{\sqrt{6}}\end{bmatrix}$

(2) $\lambda=2$ 時，$(A-2I)x=0$

$$\left[\begin{array}{ccc|c}-2&1&1&0\\1&-2&1&0\\1&1&-2&0\end{array}\right]\to\left[\begin{array}{ccc|c}1&-2&1&0\\-2&1&1&0\\1&1&-2&0\end{array}\right]\to\left[\begin{array}{ccc|c}1&-2&1&0\\0&-3&3&0\\0&3&-3&0\end{array}\right]$$

$$\to\left[\begin{array}{ccc|c}1&-2&1&0\\0&1&-1&0\\0&3&-3&0\end{array}\right]\to\left[\begin{array}{ccc|c}1&0&-1&0\\0&1&-1&0\\0&0&0&0\end{array}\right]$$ $\therefore v_3=\begin{bmatrix}1\\1\\1\end{bmatrix}$，單位化後 $y_3=\begin{bmatrix}\frac{1}{\sqrt{3}}\\\frac{1}{\sqrt{3}}\\\frac{1}{\sqrt{3}}\end{bmatrix}$

$\therefore P=\begin{bmatrix}\frac{-1}{\sqrt{2}}&-\frac{1}{\sqrt{6}}&\frac{1}{\sqrt{3}}\\\frac{1}{\sqrt{2}}&-\frac{1}{\sqrt{6}}&\frac{1}{\sqrt{3}}\\0&\frac{2}{\sqrt{6}}&\frac{1}{\sqrt{3}}\end{bmatrix}$，$P^{-1}AP=\begin{bmatrix}-1&&0\\0&-1&\\&&2\end{bmatrix}$

▶ 習題 6.4

1. (1) $q=x^T Ax$， $A=\begin{bmatrix} 2 & 3 & \frac{3}{2} \\ 3 & 2 & 0 \\ \frac{3}{2} & 0 & 0 \end{bmatrix}$

(2) $q=x^T Ax$， $A=\begin{bmatrix} 1 & \frac{1}{2} & \frac{1}{2} \\ \frac{1}{2} & 1 & \frac{1}{2} \\ \frac{1}{2} & \frac{1}{2} & 1 \end{bmatrix}$

2. (1) 特徵方程式：$\lambda^2-2\lambda-3=(\lambda-3)(\lambda+1)=0$， $\lambda=-1,3$ $\therefore$均非

(2) 主行列式 $a_1=2$， $\begin{vmatrix} 2 & 2 \\ 2 & 5 \end{vmatrix}=6$， $\begin{vmatrix} 2 & 2 & -2 \\ 2 & 5 & -4 \\ -2 & 4 & 5 \end{vmatrix}=42$ $\therefore$正定

或 $\begin{bmatrix} 2 & 2 & -2 \\ 2 & 5 & -4 \\ -2 & 4 & 5 \end{bmatrix}\to\begin{bmatrix} 2 & 2 & -2 \\ 0 & 3 & 2 \\ 0 & 6 & 3 \end{bmatrix}\to\begin{bmatrix} 2 & 2 & -2 \\ 0 & 3 & 2 \\ 0 & 0 & 1 \end{bmatrix}$ $\therefore$正定

3. A之特徵方程式為 $\lambda^3-4\lambda^2+5\lambda-2=(\lambda-1)(\lambda^2-3\lambda+2)=(\lambda-1)^2(\lambda-2)=0$

$\lambda=1,1,2$ 均 >0 $\therefore A$ 為正定

4. (1) $\begin{bmatrix} -1 & 0 \\ 0 & -1 \end{bmatrix}$不為正定矩陣，但$\begin{vmatrix} -1 & 0 \\ 0 & -1 \end{vmatrix}>0$

(2) 是

5. $q=x^2+y^2+z^2-4xy+4xz-6yz$

國家圖書館出版品預行編目資料

線性代數/黃河清著. -- 初版. -- 新北市：新文京開發出版股份有限公司, 2022.06
面； 公分

ISBN 978-986-430-839-2（平裝）

1.CST: 線性代數

313.3 111007789

線性代數 （書號：**A309**）

作　者　黃河清
出版者　新文京開發出版股份有限公司
地　址　新北市中和區中山路二段 362 號 9 樓
電　話　(02) 2244-8188（代表號）
F A X　(02) 2244-8189
郵　撥　1958730-2
初　版　西元 2022 年 06 月 15 日

建議售價：350 元

法律顧問：蕭雄淋律師
ISBN 978-986-430-839-2

New Wun Ching Developmental Publishing Co., Ltd.

New Age · New Choice · The Best Selected Educational Publications — NEW WCDP

NEW WCDP 新文京開發出版股份有限公司
新世紀・新視野・新文京 — 精選教科書・考試用書・專業參考書